战略性新兴领域"十四五"高等教育系列教材

高碳资源的低碳化利用技术

主　编　梁鼎成　解　强

参　编　张一昕　刘德钱　张志军　任　强　解　炜

　　　　崔彦斌　熊楚安　宋　洋　孙凯蒂　孙　慧

　　　　李　君　刘　潇　郑玉华　郭凡辉　刘　俊

U0367141

机械工业出版社

CHINA MACHINE PRESS

能源是人类社会赖以生存和发展的物质资源，是关系一个国家经济命脉的战略物资。高碳资源利用产生的温室效应不断影响和威胁着人类赖以生存的自然生态环境，并日益成为国际社会关注的焦点。本书以教育部战略性新兴领域"十四五"高等教育系列教材建设项目为背景，详细总结了高碳资源的低碳化利用技术，主要内容包括绪论、煤炭资源及开采与利用、煤炭的低碳化利用、石油资源及开采与利用、石油的低碳化利用、天然气资源及开采与利用、天然气的低碳化利用。

本书可作为矿业工程、化工工程、环境工程等相关专业师生的教材，也可作为相关行业工程技术人员的参考书。

图书在版编目（CIP）数据

高碳资源的低碳化利用技术／梁鼎成，解强主编.
北京：机械工业出版社，2024.10. --（战略性新兴领域"十四五"高等教育系列教材）. -- ISBN 978-7-111-77109-8

Ⅰ. TK018
中国国家版本馆 CIP 数据核字第 2024BM3047 号

机械工业出版社（北京市百万庄大街22号　邮政编码100037）
策划编辑：林　辉　　　　　　责任编辑：林　辉　舒　宜
责任校对：陈　越　李　杉　　　封面设计：马若濛
责任印制：张　博
北京建宏印刷有限公司印刷
2024年12月第1版第1次印刷
184mm×260mm · 13.25印张 · 306千字
标准书号：ISBN 978-7-111-77109-8
定价：49.00元

电话服务　　　　　　　　　网络服务
客服电话：010-88361066　　机 工 官 网：www.cmpbook.com
　　　　　010-88379833　　机 工 官 博：weibo.com/cmp1952
　　　　　010-68326294　　金 书 网：www.golden-book.com
封底无防伪标均为盗版　机工教育服务网：www.cmpedu.com

系列教材编审委员会

丛书序一

面对全球气候变化日益严峻的形势，碳中和已成为各国政府、企业和社会各界关注的焦点。早在 2015 年 12 月，第二十一届联合国气候变化大会上通过的《巴黎协定》首次明确了全球实现碳中和的总体目标。2020 年 9 月 22 日，习近平主席在第七十五届联合国大会一般性辩论上，首次提出碳达峰新目标和碳中和愿景。党的二十大报告提出，"积极稳妥推进碳达峰碳中和"。围绕碳达峰碳中和国家重大战略部署，我国政府发布了系列文件和行动方案，以推进碳达峰碳中和目标任务实施。

2023 年 3 月，教育部办公厅下发《教育部办公厅关于组织开展战略性新兴领域"十四五"高等教育教材体系建设工作的通知》（教高厅函〔2023〕3 号），以落实立德树人根本任务，发挥教材作为人才培养关键要素的重要作用。中国矿业大学（北京）刘波教授团队积极行动，申请并获批建设未来产业（碳中和）领域之一系列教材。为建设高质量的未来产业（碳中和）领域特色的高等教育专业教材，融汇产学共识，凸显数字赋能，由 63 所高等院校、31 家企业与科研院所的 165 位编者（含院士、教学名师、国家千人、杰青、长江学者等）组成编写团队，分碳中和基础、碳中和技术、碳中和矿山与碳中和建筑四个类别（共计 14 本）编写。本系列教材集理论、技术和应用于一体，系统阐述了碳捕集、封存与利用、节能减排等方面的基本理论、技术方法及其在绿色矿山、智能建造等领域的应用。

截至 2023 年，煤炭生产消费的碳排放占我国碳排放总量的 63% 左右，据《2023 中国建筑与城市基础设施碳排放研究报告》，全国房屋建筑全过程碳排放总量占全国能源相关碳排放的 38.2%，煤炭和建筑已经成为碳减排碳中和的关键所在。本系列教材面向国家战略需求，聚焦煤炭和建筑两个行业，紧跟国内外最新科学研究动态和政策发展，以矿业工程、土木工程、地质资源与地质工程、环境科学与工程等多学科视角，充分挖掘新工科领域的规律和特点、蕴含的价值和精神；融入思政元素，以彰显"立德树人"育人目标。本系列教材突出基本理论和典型案例结合，强调技术的重要性，如高碳资源的低碳化利用技术、二氧化碳转化与捕集技术、二氧化碳地质封存与监测技术、非二氧化碳类温室气体减排技术等，并列举了大量实际应用案例，展示了理论与技术结合的实践情况。同时，邀请了多位经验丰富的专家和学者参编和指导，确保教材的科学性和前瞻性。本系列教材力求提供全面、可持续的解决方案，以应对碳排放、减排、中和等方面的挑战。

本系列教材结构体系清晰，理论和案例融合，重点和难点明确，用语通俗易懂；融入了编写团队多年的实践教学与科研经验，能够让学生快速掌握相关知识要点，真正达到学以致用的效果。教材编写注重新形态建设，灵活使用二维码，巧妙地将微课视频、模拟试卷、虚拟结合案例等应用样式融入教材之中，以激发学生的学习兴趣。

本系列教材凝聚了高校、企业和科研院所等编者们的智慧，我衷心希望本系列教材能为从事碳排放碳中和领域的技术人员、高校师生提供理论依据、技术指导，为未来产业的创新发展提供借鉴。希望广大读者能够从中受益，在各自的领域中积极推动碳中和工作，共同为建设绿色、低碳、可持续的未来而努力。

谢和平

中国工程院院士

深圳大学特聘教授

2024 年 12 月

2015 年 12 月，第二十一届联合国气候变化大会上通过的《巴黎协定》首次明确了全球实现碳中和的总体目标，"在本世纪下半叶实现温室气体源的人为排放与汇的清除之间的平衡"，为世界绿色低碳转型发展指明了方向。2020 年 9 月 22 日，习近平主席在第七十五届联合国大会一般性辩论上宣布，"中国将提高国家自主贡献力度，采取更加有力的政策和措施，二氧化碳排放力争于 2030 年前达到峰值，努力争取 2060 年前实现碳中和"，首次提出碳达峰新目标和碳中和愿景。2021 年 9 月，中共中央、国务院发布《中共中央 国务院关于完整准确全面贯彻新发展理念做好碳达峰碳中和工作的意见》。2021 年 10 月，国务院印发《2030 年前碳达峰行动方案》，推进碳达峰碳中和目标任务实施。2024 年 5 月，国务院印发《2024—2025 年节能降碳行动方案》，明确了 2024—2025 年化石能源消费减量替代行动、非化石能源消费提升行动和建筑行业节能降碳行动具体要求。

党的二十大报告提出，"积极稳妥推进碳达峰碳中和""推动能源清洁低碳高效利用，推进工业、建筑、交通等领域清洁低碳转型"。聚焦"双碳"发展目标，能源领域不断优化能源结构，积极发展非化石能源。2023 年全国原煤产量 47.1 亿 t、煤炭进口量 4.74 亿 t，2023 年煤炭占能源消费总量的占比降至 55.3%，清洁能源消费占比提高至 26.4%，大力推进煤炭清洁高效利用，有序推进重点地区煤炭消费减量替代。不断发展降碳技术，二氧化碳捕集、利用及封存技术取得明显进步，依托矿山、油田和咸水层等有利区域，降碳技术已经得到大规模应用。国家发展改革委数据显示，初步测算，扣除原料用能和非化石能源消费量后，"十四五"前三年，全国能耗强度累计降低约 7.3%，在保障高质量发展用能需求的同时，节约化石能源消耗约 3.4 亿 t 标准煤、少排放 CO_2 约 9 亿 t。但以煤为主的能源结构短期内不能改变，以化石能源为主的能源格局具有较大发展惯性。因此，我们需要积极推动能源转型，进行绿色化、智能化矿山建设，坚持数字赋能，助力低碳发展。

联合国环境规划署指出，到 2030 年若要实现所有新建筑在运行中的净零排放，建筑材料和设备中的隐含碳必须比现在水平至少减少 40%。据《2023 中国建筑与城市基础设施碳排放研究报告》，2021 年全国房屋建筑全过程碳排放总量为 40.7 亿 t CO_2，占全国能源相关碳排放的 38.2%。建材生产阶段碳排放 17.0 亿 t CO_2，占全国的 16.0%，占全过程碳排放的 41.8%。因此建筑建造业的低能耗和低碳发展势在必行，要大力发展节能低碳建筑，优化建筑用能结构，推行绿色设计，加快优化建筑用能结构，提高可再生能源使用比例。

面对新一轮能源革命和产业变革需求，以新质生产力引领推动能源革命发展，近年来，中国矿业大学（北京）调整和新增新工科专业，设置全国首批碳储科学与工程、智能采矿工程专业，开设新能源科学与工程、人工智能、智能建造、智能制造工程等专业，积极响应未来产业（碳中和）领域人才自主培养质量的要求，聚集煤炭绿色开发、碳捕集利用与封存等领域前沿理论与关键技术，推动智能矿山、洁净利用、绿色建筑等深度融合，促进相关学科数字化、智能化、低碳化融合发展，努力培养碳中和领域需要的复合型创新人才，为教育强国、能源强国建设提供坚实人才保障和智力支持。

为此，我们团队积极行动，申请并获批承担教育部组织开展的战略性新兴领域"十四五"高等教育教材体系建设任务，并荣幸负责未来产业（碳中和）领域之一系列教材建设。本系列教材共计 14 本，分为碳中和基础、碳中和技术、碳中和矿山与碳中和建筑四个类别，碳中和基础包括《碳中和概论》《碳资产管理与碳金融》和《高碳资源的低碳化利用技术》，碳中和技术包括《二氧化碳转化原理与技术》《二氧化碳捕集原理与技术》《二氧化碳地质封存与监测》和《非二氧化碳类温室气体减排技术》，碳中和矿山包括《绿色矿山概论》《智能采矿概论》《矿山环境与生态工程》，碳中和建筑包括《绿色智能建造概论》《绿色低碳建筑设计》《地下空间工程智能建造概论》和《装配式建筑与智能建造》。本系列教材以碳中和基础理论为先导，以技术为驱动，以矿山和建筑行业为主要应用领域，加强系统设计，构建以碳源的降、减、控、储、用为闭环的碳中和教材体系，服务于未来拔尖创新人才培养。

本系列教材从矿业工程、土木工程、地质资源与地质工程、环境科学与工程等多学科融合视角，系统介绍了基础理论、技术、管理等内容，注重理论教学与实践教学的融合融汇；建设了以知识图谱为基础的数字资源与核心课程，借助虚拟教研室构建了知识图谱，灵活使用二维码形式，配套微课视频、模拟试卷、虚拟结合案例等资源，凸显数字赋能，打造新形态教材。

本系列教材的编写，组织了 63 所高等院校和 31 家企业与科研院所，编写人员累计达到 165 名，其中院士、教学名师、国家千人、杰青、长江学者等 24 人。另外，本系列教材得到了谢和平院士、彭苏萍院士、何满潮院士、武强院士、葛世荣院士、陈湘生院士、张锁江院士、崔愷院士等专家的无私指导，在此表示衷心的感谢！

未来产业（碳中和）领域的发展方兴未艾，理论和技术会不断更新。编撰本系列教材的过程，也是我们与国内外学者不断交流和学习的过程。由于编者们水平有限，教材中难免存在不足或者欠妥之处，敬请读者不吝指正。

刘波

教育部战略性新兴领域"十四五"高等教育教材体系

未来产业（碳中和）团队负责人

2024 年 12 月

　　节能降碳是积极稳妥推进碳达峰碳中和、全面推进美丽中国建设、促进经济社会发展全面绿色转型的重要举措。我们要坚持以习近平新时代中国特色社会主义思想为指导，深入贯彻党的二十大精神，全面贯彻习近平经济思想、习近平生态文明思想，围绕坚持稳中求进工作总基调，完整、准确、全面贯彻新发展理念，一以贯之坚持节约优先方针，完善能源消耗总量和强度调控，重点控制化石能源消费，强化碳排放强度管理，分领域分行业实施节能降碳专项行动，更高水平更高质量做好节能降碳工作，更好发挥节能降碳的经济效益、社会效益和生态效益，为实现碳达峰碳中和目标奠定坚实基础。

　　在"双碳"目标要求下，高碳资源低碳化利用的任务更加明确。一方面，需要全面推进大规模开发利用清洁能源，建设多元清洁能源供应体系，特别是突破高碳资源的燃料属性与原料属性耦合技术，以及行业间耦合技术，固碳减排，促进高碳资源与新能源协同融合发展；另一方面，需要充分利用高碳资源的原料属性，通过不断优化和创新高碳资源利用技术，减少碳排放，实现高碳资源的高效、清洁、低碳利用。因此，全面认识、了解煤炭、石油和天然气等高碳资源的来源、发展历史和利用等多方面知识，对于高碳资源的低碳化利用至关重要。

　　本书的编写叙述力求做到系统、深入、实用，选择最基本、最必要的内容，注重与工程实际紧密结合，强化应用能力的培养，以满足教学需求。同时，本书力图准确阐述基本概念、基本原理与基本方法，做到条理清晰、层次分明，强调理论联系实际；内容上突出重点，化解难点，深入浅出，循序渐进，图文并茂，力求使读者易读、易懂。

　　在本书编写过程中，编者参阅了大量相关文献，特向文献的作者表示衷心的感谢！

　　限于编者水平，书中不妥之处在所难免，恳请广大读者批评指正。

编　者

目　录

1.1 高碳资源

高碳资源又称高碳能源，是指作为能源利用时所含碳元素排放比例系数较高的一类化石能源。表 1-1 列举了不同种类资源在燃烧过程中排放二氧化碳（CO_2）的数量，从表中可以看出，煤炭、石油、天然气等高碳资源显著高于核能、太阳能、风能、水能、生物质能、潮汐能、地热能等非化石资源。煤炭、石油、天然气均属于高碳资源。

表 1-1　不同种类资源在燃烧过程中排放 CO_2 的数量

资源类型	煤炭	石油	天然气	非化石资源（核能、太阳能、风能、水能、生物质能、潮汐能、地热能等）
燃烧每吨物质产生的 CO_2 /（t/t 标准煤或 kW·h）	2.66	2.02	1.47	0~0.1

有关煤炭、石油、天然气等高碳资源的起源有众多假说，目前被接受的说法是，这些高碳资源是由远古时期动植物遗骸在复杂地质作用下经过长时期的演变形成的，属于短期内不可再生的宝贵资源。在过去的几个世纪里，高碳资源主要作为能源使用，尽管有力地促进了人类社会和经济的高速、繁荣发展，但是这种高速的发展却是以高投入、高消耗、低产出的粗放式增长为主要特征，并伴随着大量高碳资源的消耗、生态环境持续恶化及气候变化等众多问题。在此背景下，开展高碳资源低碳化利用，是人类应对社会可持续发展和环境变化的必然选择。2009 年，中国工程院院士谢克昌在中国能源科学家论坛上提出高碳能源低碳化利用的概念，即要求煤炭、石油、天然气等高碳能源在从源头、过程到终端使用的过程中实现高效率、低排放、少污染，实现低碳化利用的目标。

值得注意的是，2020 年 9 月，习近平主席在第 75 届联合国大会一般性辩论上发表重要讲话，提出我国二氧化碳排放力争于 2030 年前达到峰值，努力争取 2060 年前实现碳中和。"双碳"目标的提出，意味着高碳资源低碳化利用的任务更加明确且紧迫，一方面，需要优化现行能源消费结构，大幅降低煤炭、石油、天然气等高碳资源作为一次能源的比重，提高风能、太阳能、生物质能、海洋能、地热能等可再生资源等作为一次能源的比例，建设多元清洁能源供应体系，推动高碳资源与可再生资源的协同融合发展，力求形成能源结构多元化局面；另一方面，需要充分利用高碳资源的原料属性，大力发展高碳资源高效清洁利用技术，推动煤炭高效燃烧和转化、石油天然气高效利用，推广碳捕集、利用与封存技术（CCUS），强化高碳资源燃料与原料属性的耦合，达到固碳减排的目的。

因此，推动高碳资源低碳化利用技术高质量发展，不仅能实现能源系统及经济社会转型，还将助力我国实现"双碳"目标。全面认识、了解人类对于煤炭、石油和天然气等高碳资源利用的发展脉络，有助于理解高碳资源低碳化利用技术的理论基础和发展趋势，从而引发思考，探索高碳资源在未来绿色低碳经济下高价值利用的更多途径。

1.1.1 煤炭

煤炭是我国重要的基础矿产资源和主体能源原料，为国家经济和社会发展做出了不可磨灭的贡献。煤炭是古代植物埋藏在地下经历了复杂的生物化学和物理化学变化，逐渐形成的一种固体可燃性有机岩，俗称煤或炭。《山海经》中称煤为石涅，魏、晋时称为石墨或石炭。明代李时珍的《本草纲目》中使用"煤"这一名称。古代还有"乌薪""黑金""燃石""山炭""炭"等名称。

中国人使用煤炭最早可以追溯到新石器时代。1973 年发掘的沈阳新乐新石器时代遗址中就出土有煤玉雕成的数十件饰品，经中国社会科学院考古研究所测定，新乐遗址距今有7200 多年的历史。煤燃烧性的发现可能要推迟至春秋时代五霸相争时期，煤作为理想的燃料被用来冶炼铁器。到了 2000 多年前的汉代，煤作为燃料大量用于冶铁、煮盐及烧窑等手工业，形成我国历史上煤炭利用的第一个高峰。

南宋时期，我国开始炼焦和用焦炭冶炼金属。1961 年，在广东新会发掘的南宋咸淳末年（公元 1270 年左右）的炼铁遗址中，除发现了炉渣、石灰石、矿石外，还有焦炭出土。这是我国炼焦和用焦炭冶金的最早的实物，说明当时我国已经学会炼焦并用以冶炼金属了。1000 多年前的宋朝对煤这种新型化石能源的开发利用，不仅拯救了宋朝能源经济危机，而且中国也因"柴改煤"这场古代的"燃料革命"脱颖而出，领跑世界，这应该是我国历史上煤炭利用的第二个高峰，在人类能源史上具有里程碑意义。

煤被广泛用作工业生产的燃料，始于 18 世纪末的工业革命。随着蒸汽机的发明，机械力开始大规模代替人力，低热值的木材已经满足不了巨大的能源需求，煤炭以其高热值、分布广的优点成为全球第一大能源。这也带动了钢铁、铁路、军事等工业的迅速发展，大大促进了世界工业化进程，煤炭时代所推动的世界经济发展超过了以往数千年的时间，因此也赢得了"工业粮食"的美誉。

19 世纪中期，随着电力的广泛应用，世界由"蒸汽时代"跨入"电气时代"，内燃机的发明解决了长期困扰人类的动力不足的问题。由蒸汽轮机作动力的发电机出现后，煤炭燃烧产生的热能被转换成更加便于输送和利用的二次能源——电能。19 世纪末，人们发明了以汽油和柴油为燃料的内燃机。福特成功制造出世界第一辆量产汽车。自这一时期起，石油以其更高热值、更易运输等特点，于 20 世纪 60 年代取代了煤炭第一能源的地位，成为新一代主体能源。

如今，煤炭仍然是火力发电的主要原料，但越来越多的煤炭已经被作为化工产品的原料，例如煤炭经过焦化制造焦炭和各种化工产品，经过气化或者液化生产化肥、甲醇、甲烷、各种油品。煤炭还是众多碳素制品的主要原料，如吸附材料活性炭，导电材料电极糊、阴极炭块和耐火材料炭块等。

1.1.2 石油

作为大自然赐予人类的最宝贵的资源之一，石油在世界各国国民经济的发展中一直起着举足轻重的作用，被誉为"工业的血液"。石油，或称原油，是一种从地下深处开采出来的黄色、褐色乃至黑色的流动和半流动的可燃性黏稠液体，常与天然气并存。石油按其产地不同，性质也有不同程度的差异。它是由烃类和非烃类组成的复杂混合物，其沸点范围很宽，从常温到 500℃，相对分子量范围从数十到数千。

据考证，人类于 5000 年前就已发现和利用石油。古代，亚洲幼发拉底河和底格里斯河流域的古巴比伦（今伊拉克境内）人曾把石油用于建筑和铺路；非洲古埃及人曾把石油作为车轴的润滑剂和木乃伊的防腐剂。我国是最早发现和利用石油的国家之一，早在西周（约公元前 11 世纪~公元前 8 世纪）初期，在《周易》中就有了"泽中有火"的记载，这表明我国早在 3000 年前就发现了油气在大自然中的燃烧现象。至公元 1 世纪，东汉班固在《汉书·地理志》中写道："高奴有洧水可蘸"（高奴是古县名，在今陕北延长一带；洧水是今延河的一条支流；"蘸"为古"燃"字）。公元 6 世纪初，北魏郦道元在他所著的《水经注》中，引述了西晋张华于公元 3 世纪所著《博物志》中的一段记载，对石油有了更详细的描述："酒泉延寿县南山，出泉水，大如莒，注地为沟。水有肥，如肉汁，取著器中，始黄后黑，如凝膏，然极明，与膏无异。膏车及水碓缸甚佳，彼方人谓之石漆。"公元 11 世纪，北宋沈括在《梦溪笔谈》中用了"石油"这一名称，并提出了"此物后必大行于世，自予始为之，盖石油至多，生于地中无穷"的精辟论断。到 12 世纪和 13 世纪，在陕北延长一带就出现了我国历史上最早的一批油井。在 1637 年问世的、由明朝宋应星所著的《天工开物》中已就当时的钻井技术做了详细的描述。1833 年，即清道光 13 年，我国就打成了世界上第一口超千米的深井。由此可见，在古代，我国在石油与天然气的开采和利用方面都曾创造过光辉灿烂的成就，当时在世界上居于领先地位。从 19 世纪中叶起，近代石油工业迅速兴起，石油作为一种重要的能源、优质的有机化工原料，在世界政治和经济中的地位日趋重要，它在各国的国民经济和国防建设中起着举足轻重的作用。

目前，不论是在交通运输领域、还是在化工生产领域，石油仍然是最为重要的资源。石油炼化得到的汽油和柴油是主要的燃料。据统计，90% 以上的化工产品是由石油及其衍生物加工得到的。石油经加工后得到的产品种类繁多，市场上各种牌号的石油产品达千种以上，主要包括燃料（汽油、柴油、喷气燃料、重质燃料等）、润滑油（内燃机油、机械油等）、有机化工原料（乙烯裂解原料、各种芳烃和烯烃等）、沥青（铺路沥青、建筑沥青、防腐沥青、特殊用途沥青等）、蜡（食用、药用、化妆品用、包装用石蜡和地蜡）、石油焦（电极用焦、冶炼用焦、燃料焦等）等。由此可知，石油与我们的衣、食、住、行都有着密切的关系，石化制品已经成为人类生活中不可缺少的必需品。

1.1.3　天然气

从人类利用能源历史来看，已经经历了两次能源转换，分别是从薪柴到煤炭、从煤炭到石油。如今正处于第三次能源转换的新时期，其中以天然气为主的化石能源将起到重要作用。天然气是指自然生成，在一定压力下蕴藏于地下岩层孔隙或裂缝中的混合气体，其主要成分为甲烷，此外还有少量乙烷、丙烷、丁烷、戊烷及其他烃类气体，并可能含有氮、氢、二氧化碳、硫化氢、水蒸气、少量氦、氩等非烃类气体，通常天然气会与石油伴生。

天然气的利用同样经历了漫长的历史。公元前6000年—公元前2000年，伊朗首先发现了从地表渗出的天然气。这些天然气刚开始用作照明，崇拜火的古波斯人因而有了永不熄灭的火炬。我国采集天然气同样有着悠久的历史，2000多年前战国时期的秦国，在四川已利用天然气煮卤盐，在东汉末年钻了第一口天然气气井。公元267年，晋代张华所著《博物志》记述了三国时期（公元220—280年）四川邛崃一带利用挖坑井采用天然气，并称之为火井。公元1637年，明代江西人宋应星所著的《天工开物》用图文表示了四川钻井采气利用的作业流程，这与我们现代的油气井管工艺流程已无明显区别，只是所用原材料不同罢了。据1915年的记载，当时全四川共有64987口井（川盐纪要）。通过这些井的钻探，开发了人类历史上最早、最大的天然气田和自流井背斜构造。

英国在1659年发现了天然气，欧洲人对它开始有所了解。直到1790年，煤气成为欧洲街道和房屋照明的主要燃料。在美国，1821年纽约弗洛德尼亚地区开始利用天然气进行公共照明，这被认为是天然气商业化的起点。随着钻井技术和输气管道技术的发展，天然气被成功引入城市，取代了煤油、鲸油等传统燃料，成为城市街道照明和家庭供暖的主要能源。19世纪下半叶开始，许多国家纷纷建立了燃气公司，敷设了输气管道网络，使得天然气产业迅速成长。随着管道运输技术和储存技术的发展，更高效的天然气开采技术出现，大规模的天然气田得以开发。

天然气的主要成分是甲烷，它拥有较高的热值，既可作为民用能源、燃料，又是重要的化工原料，通过气化反应可以生成一氧化碳和氢气，在此基础上就可以继续反应生成甲醇、乙烯、乙炔等化工产品。20世纪70年代，第二次石油危机爆发，各国开始寻求替代石油的能源，这给天然气工业大发展提供了良好的机遇。天然气开发利用进入高速发展阶段。进入21世纪，天然气被视为一种相对清洁的化石燃料，越来越多的国家将其纳入能源结构转型的战略之中，以减少对煤炭和石油的依赖，降低碳排放。

1.2　高碳资源开采及利用面临的环境问题

如前所述，高碳资源在人类发展进程中扮演了重要的角色，从工业初期一直到现在，在能源体系中占据主体地位，为人类实现工业化、迈向现代化做出了突出的贡献。但是，高碳资源的过度消费在促进经济增长的同时也带来了能源耗竭、环境污染等一系列问题，尤其是CO_2大量排放带来的气候变暖，逐步威胁人类的生存环境。

2023年，全球一次能源消费总量达到620艾焦耳（EJ，10^{18}J）的历史新高，其中高碳资源使用量增长 1.5%，达到 504EJ，在全球能源消费中的占比高达 81.5%，短期内还将主导全球能源结构。由于高碳资源的高碳排放特性，煤炭的碳排放因子约为 2.64t CO_2/t 标准煤，石油的碳排放因子约为 2.08 tCO_2/t 标准煤，天然气的碳排放因子约为 1.63 tCO_2/t 标准煤。2023 年全球因使用能源排放的 CO_2 量高达 374 亿 t，占当年全球 CO_2 总排放量的90% 以上，较 2022 年增长 1.1%，超过过去 10 年平均每年 0.5% 的增幅，比达成《巴黎协定》的 2015 年高出 6%。同时，与 2022 年相比，2023 年每种高碳资源的碳排放量均有所增加。其中，煤炭占全球 CO_2 排放量的 40%，增加 1.1%；石油占全球 CO_2 排放量的 32%，增加 1.5%；天然气占全球 CO_2 排放量的 21%，增加 0.5%。尽管一些国家和地区在减少碳排放方面取得了进展，但全球碳排放总量仍在持续增长。国际能源机构（IEA）相关研究指出，地球大气中的 CO_2 浓度已达到 83 万年来的最大值，20 世纪是过去两千年来最温暖的100 年，如果再不采取新的相关控制措施，全球 CO_2 排放量将持续增长，到 2030 年全球CO_2 排放量将比 2000 年增加 69%。

CO_2 排放量的显著增加，使温室效应进一步加剧，给地球生态和人类环境带来广泛而深远的影响。首先，极端天气事件如洪水、干旱和热浪等发生频率和强度增加，这些极端天气对农业、基础设施和人类生活造成了严重损害。与此同时，由于气温升高，两极地区冰川融化，海平面升高，许多沿海城市、岛屿和低洼地区面临海水上涨甚至被海水吞没的威胁。此外，许多物种无法适应快速变化的气候，导致栖息地丧失或物种灭绝。更重要的是，气候变暖可能导致登革热、疟疾等疾病的传播范围扩大，对人类的健康和生命安全构成威胁。由此可见，CO_2 过度排放引起的温室效应影响和威胁着人类赖以生存和发展的自然生态环境，给全球各国社会经济发展带来不可估量的影响和损失。

因此，气候变化问题已经被国际社会列为全球十大环境问题之首，成为国际社会关注的焦点。在过去几十年中，我国经济快速增长，同时产生了巨大的能源需求，尤其是在制造业、建筑业和重工业等高能耗行业。这些行业大量依赖煤炭、石油和天然气等高碳资源，从而导致碳排放量大幅增加。2005 年，我国 CO_2 排放总量超过美国，成为世界 CO_2 排放量第一大国。2023 年，我国的碳排放量达到 128 亿 t，占全球总量的 31%，并且所有化石燃料来源的碳排放量均有所增长。我国面临碳减排的国际压力日益增大。除此之外，高碳资源的开采和利用还带来了严重的环境问题，包括空气污染、水污染和土壤污染等。因此，为了有效应对全球气候变化、保护生态环境、维护人类健康，必须积极推动可再生资源的广泛应用，大力发展高碳资源高效清洁，尤其是低碳化利用技术，减少其带来的环境影响。

1.3　高碳资源低碳化利用的必要性

多年以来，高碳资源主要作为一次能源，以燃烧方式为人类提供能源，处于低级高碳排放层次，这种粗放式利用带来了生态环境恶化以及气候变暖等一系列问题，造成了不可再生资源的严重浪费，增加了社会经济运行的风险，这些对于经济社会的可持续发展构成了日益严重的威胁。与此同时，随着科技进步，社会发展，人们对化学品的需求大幅增加，这意味着需要改变传统高碳资源的利用方式，达到高碳资源转化为二次能源的高级低碳排放技术层次。此外，近年来在国家政策推动和技术创新双重作用下，可再生资源发展迅速，在替代高碳资源作为一次能源使用过程中发挥了决定性的作用。由此可见，亟须进行高碳资源低碳化利用，改革现有的能源利用模式，提高可再生资源作为一次能源的比例，大幅减少高碳资源作为燃料的消耗，将更多的高碳资源精细化、高值化利用，用于生产化工产品，这不仅能保障能源安全、减少温室气体的排放，还能满足人们日益增长的物质需求，为实现"双碳"目标提供理论基础和技术支撑。

1.3.1 可再生资源的高速发展

与传统的高碳资源相比，风力、光伏等绿色可再生资源在利用过程中几乎不排放温室气体，能够大大降低温室气体排放量，减缓全球气候变化的趋势。与此同时，利用这些可再生资源的新技术快速迭代，市场竞争力和占比稳定提升，成本逐年降低，在替代高碳资源的过程中，逐步发挥重要作用。

根据能源研究所（EI）发布的《2024世界能源统计年鉴》，2023年是全球一次能源消费和排放量创下历史新高的一年，也是可再生资源发电量创纪录的一年。该报告显示，2023年一次能源消费总量较2022年增长2%，可再生能源占能源消费总量的14.6%，比2022年增长0.4%。当前，世界各国对能源系统的投入正在逐步由化石资源向可再生资源过渡。根据国际可再生能源机构（IREA）发布的预测，若要在2050年全球将实现净零碳排放，则可再生资源应占能源系统总投资的29%，而化石能源仅占17%。在碳中和目标下，人类能源消费结构必将由化石资源占绝对优势向可再生资源占绝对优势过渡。

在国家政策的推动和技术创新的双重作用下，我国可再生资源行业实现了跨越式发展，并成为全球可再生资源发展的领跑者。2023年，我国以可再生资源为能源的装机规模突破15亿kW，同比增长24.9%，占我国电力总装机容量51.9%，在全球占比接近40%，人均装机规模超过1kW（见表1-2）；太阳能发电和风电总装机容量超过10亿kW，装机容量分别跃升为我国第二、第三。利用可再生资源得到的发电量屡创新高，达到2.95万亿kW·h，占全社会发电量的31.8%（见表1-2）。生物质能发电利用量约相当于1888万t标准煤，同比增长12%。地热直接利用规模长期稳居世界第一，年可替代标准煤2441万t。

表1-2 2023年我国各类电源发电装机容量和发电量及其占比

资源类别	电源类型	装机容量/万kW	装机容量占比	发电量/亿kW·h	发电量占比
化石资源	煤电	116493	46.1%	53790	63.5%
	气电	12562		3016	
	其他	5563		2232	
核能	核电	5691	1.9%	4341	4.7%
可再生资源	太阳能发电	60949	51.9%	5833	31.8%
	风电	44134		8858	
	水电	42154		12836	
	生物质能发电	4414		1980	

此外，我国各类可再生资源丰富，有显著的优势和巨大的发展潜力。我国拥有位居世界首位的水电技术可开发量，风能资源和太阳能资源潜力巨大，生物质能和地热能资源同样丰富，为国家的能源结构转型和可持续发展提供了坚实的基础。其中，水力资源技术可开发量为 6.87 亿 kW，位居世界首位。陆地 50m、70m 和 100m 高度层风能资源技术可开发量分别为 20 亿 kW、26 亿 kW 和 34 亿 kW；光伏资源技术可开发量约为 460 亿 kW；生物质理论资源总量达到 44.4 亿 t；地热资源约占全球地热资源量的 1/6，开发利用前景广阔。

2024 年全国能源工作会议提出，能源行业要以更加坚定的步伐推动转型变革，以更大力度推动可再生资源高质量发展，可再生资源发展将继续保持强劲势头。常规水电投产规模预计达 600 万 kW，抽水蓄能发电投产规模预计达到 600 万 kW，运行总规模将增至 5700 万 kW，核准规模约为 4000 万 kW。风电增长迅速，预计并网容量约为 7000 万 kW。太阳能发电并网容量预计约为 1.9 亿 kW。这些发展将有力推动我国能源结构绿色转型，促使可再生资源成为一次能源主力，也为高碳资源低碳化利用提供了可能。

1.3.2 化学品需求的显著增加

如今，人们早已摆脱物资匮乏的时代，背后的原因离不开煤炭、石油、天然气等高碳资源。通过各种化学加工的方法可将这些高碳资源制成一系列重要的基本有机化工产品，如乙烯、丙烯、丁二烯、苯、甲苯、二甲苯、乙炔、萘等。这些化学品及其所制材料在医药、能源、电子、日化、农业等多个行业中发挥着关键作用，是现代社会不可或缺的物质基础。有些化学品具有独立用途，如溶剂、萃取剂、抗冻剂等，被广泛地应用于油漆工业、油脂工业及其他工业；更多的化学品则作为高分子合成材料，如树脂及塑料、合成纤维、合成橡胶、成膜物质等的单体，以及合成洗涤剂、表面活性剂、水质稳定剂、染料、医药、农药、香料、涂料、增塑剂、阻燃剂等精细有机化学工业的原料或中间体。

这些化学品的出现既满足了人们对高质量生活的需求，推动了各行业的技术进步和经济发展，也扩大了人们对化学品数量的需求。欧洲化学工业理事会的统计数据显示，我国在化学品市场的全球份额已超越 45%，这一比例甚至超过了欧盟、美国与日本三者市场份额的总和。国家统计局数据显示，2023 年我国规模以上工业企业营业收入比 2022 年增长 1.1%，规模以上工业增加值比 2022 年增长 4.6%，其中化学原料和化学制品制造业增长 9.6%。从工业增加值来看，化学原料及化学制品制造业工业增加值累计同比增长 10.7%，同比提升 3.8%，环比提升 0.4%。由此可见，随着社会的发展进步，人们对于化学品的需求正在不断扩大，这也意味着需要将更多的高碳资源作为生产化工产品的原料。

随着风能、太阳能、生物质能、海洋能、地热能等可再生资源的快速发展，能源绿色低碳发展迈上了新台阶。特别是新能源车的崛起减少了人们对汽油和柴油的需求，更多的消费者转向新能源车，对于石油需求的增长速度放缓，未来甚至可能出现降低。可再生资源代替高碳资源充当一次能源，能够大幅减少高碳资源作为燃料的消耗。因此，利用高碳资源的原料属性生产各种化工产品，不仅能够用碳固碳，减少 CO_2 排放，还能满足人们对化学品日益增长的需求，这也顺应时代发展的趋势。

1.4 高碳资源低碳化利用的途径

随着可再生资源利用的高速发展以及化学品需求的显著提高，高碳资源迎来了向低碳化利用转型的契机。短期内，可再生资源大规模替代高碳资源的能力尚未达到，使得高碳资源作为一次能源的消耗量仍将刚性增长。因此，通过优化现有生产工艺，发展高碳资源高效清洁利用，以及引入碳捕集、利用与封存技术（CCUS）等，共同实现减少高碳资源在生产及利用过程中的碳排放这一短期目标。长期来看，在碳中和发展阶段，随着对可再生资源利用水平的大幅提高，高碳资源的需求量将持续下降，用途也将逐渐由以燃料为主向以原料为主转变，拓宽并强化高碳资源的原料属性，由此来达到固碳减排的长期目标。在此基础上，结合高碳资源转型的短期和长期目标，树立全生命周期绿色低碳理念，推动高碳资源利用向着安全高效、绿色低碳、可持续的方向发展。

1.4.1 煤炭低碳化利用的途径

煤炭是我国自主可控且储量占优的自给能源主力军，在未来相当长一段时期内，煤炭将继续作为主体能源。面对国内环保要求日益严苛、国际碳减排压力增大等严峻挑战，开展煤炭低碳化利用是实现煤炭行业高质量、低碳化发展的必由之路，也是实现能源安全"兜底保障"和碳中和双重目标的必然选择。

煤炭低碳化利用的短期目标是向节能和减碳方向发展，这涵盖了煤炭开采和利用的全生命周期。如前所述，在煤炭开采和利用过程中排放的 CO_2 是我国碳排放的主要来源，约占全国碳排放总量的 60%～70%，是我国碳减排的关键所在。其中，煤炭开采过程中还会排放大量的甲烷，排放的甲烷气体占甲烷总排放量的 33%，是占比最高的行业。甲烷带来的温室效应是 CO_2 的 120 倍。因此，必须创新研发煤炭开采节能减排技术来减少甲烷和 CO_2 的排放。例如，针对甲烷排放问题，通过煤层瓦斯高效勘探开发、煤层瓦斯高效抽采、低浓度与乏风瓦斯利用，以及关闭矿井煤层甲烷抽采利用等技术能够有效减少煤炭开采过程中排放的甲烷；借助机器人化采矿、无排废采选、绿色矿山、智慧矿业等技术可以降低 CO_2 排放；利用煤炭开采矿区具有的采空区碎裂岩层、未采煤层、深部咸水层等地下深部空间，为 CO_2 封存提供合适的场所。

与此同时，现阶段开采后的煤炭主要作为火力发电的原料，在生产电力的同时，排放出大量的 CO_2。因此，降低燃煤过程中 CO_2 排放，并对其进行捕集，是短期内实现碳减排的有效手段。例如，在煤炭燃烧之前，可以通过煤炭高效洗选，在一定程度上减少煤中的杂质，提升燃料质量，使煤炭在燃烧过程中更均匀、更充分；也可在煤炭燃烧的过程中，利用超临界锅炉、超超临界锅炉等先进的煤粉燃烧技术来提高煤炭燃烧效率，减少 CO_2 和有害气体的生成；还可凭借液相吸收或多孔材料吸附捕集烟道气中的 CO_2 等。这些措施不仅有助于减少煤炭燃烧过程中的碳排放，还能显著提高煤炭转为电力的效率。

此外，煤化工技术的发展，特别是气流床煤气化技术的革新，大幅提高了煤炭通过化学转化生产化学品的可能，这为煤炭高值化利用并且固碳、减碳提供了可能，尤其是结合煤炭化学组成特性，发挥煤制大宗含氧化合物的优势。例如，开发以煤气化为龙头的煤制乙醇技术、煤制聚甲氧基二甲醚技术，以及煤制低碳醇技术，在获得含氧清洁燃料及化学品的同时，减少 CO_2 的排放。又如，结合煤的分子结构特点，在煤转化制烯烃、芳烃技术方面进行突破，特别是针对煤分子结构的直接剪裁，从而避免整个过程中 CO_2 排放。最后，在煤转化与可再生资源制氢耦合技术方面进行有机耦合，利用绿氢替代变换反应，能够灵活调整合成气中 CO 和 H_2 的比例，在提高合成气的合成效率的同时，从源头上避免 CO_2 的产生。

1.4.2　石油低碳化利用的途径

石油作为能源体系中不可或缺的重要组成，在今后很长一段时间内，仍将作为支柱能源的载体，是保障国计民生的重要资源。每年亿吨级的石油消费量在短期内还将继续攀升，因此，开展石油低碳化利用，提高石油利用效率，是减少碳排放的重要举措。

石油从开采、运输、储存再到利用的全生命周期内均会产生包括 CO_2 和甲烷在内的温室气体。据美国麦肯锡公司分析，在油气生产利用过程中，温室气体排放量主要集中在上游工段，尤以逃逸气体的占比较大。因此，控制上游开采、运输和储存过程中的气体逃逸是降低碳排放的重要突破口。因此，可以通过 CCUS 技术开发高效驱油方法，并与 CO_2 利用相结合，目前已经形成较为成熟的工艺，即在石油开采过程中，将捕集得到的高压 CO_2 用于驱赶沙石孔隙内的石油（CO_2 驱油技术），有效获得了传统开采过程中以水为媒介难以获得的这部分石油；可以通过推广碳减排技术，利用节能减排技术提高油气开采、净化、利用等各个环节效率并减少碳排放；还可以开拓创新碳替代技术，在石油开采过程中，使用风能、光伏、生物质能、氢能、海洋能等可再生资源供电，减少化石能源消耗同时实现净零碳排放等。油气资源开采过程中的减碳方法见表 1-3。

表 1-3　油气资源开采过程中的减碳方法

类别	实施路径	技术类型
CCUS	将勘探生产及运输环节排放的 CO_2 捕集、利用与封存：①CO_2 捕集，化学吸收、物理吸收、生物吸收；②CO_2 利用，勘探开发、化工生产；③CO_2 封存，陆地封存、海洋封存	膜分离法烟气碳捕集技术
		CO_2 水合物置换开采技术
		CO_2 驱油技术
		气体辅助吞吐技术
		碳中和林
碳减排	利用节能减排技术提高资源利用效率并减少碳排放：①热能利用：居民供暖、热能发电；②伴生气、天然气利用，燃气发电、化工生产	余热利用
		稠油冷输
		伴生气回收利用
		放空天然气回收技术
碳替代	利用风能、光伏、生物质能、氢能、海洋能等可再生资源实现净零碳排放	风光发电
		绿氢
		生物质能利用
		地热能
		电代油
		海洋新能源

与此同时，目前石油作为生产燃料油的重要原料，在炼化过程中就会排放大量的 CO_2。因此，减少石油炼化时的碳排放，同样是在短期内低碳转型的有效途径。例如，通过优化全厂工艺流程和物料平衡等手段，降低原油加工过程中的能耗及碳排放，尤其是减少制氢环节的碳排放，短期内可以采用天然气、脱乙烷干气等低碳制氢原料替代石油作为制氢原料，远期内可以通过提高绿氢规模来满足炼油厂的用氢需求，在源头上减少 CO_2 的排放。此外，通过引入先进的炼化技术（如催化裂化、加氢裂化、催化重整等）、高效节能设备（如余热锅炉、余热利用燃烧器、配备高效塔内件和热集成技术的蒸馏塔等），以及运用智能化的管理（先进过程控制、能源管理系统等）提高炼化过程的能效，减少石油利用过程中的碳排放，从而推动炼化行业向绿色、可持续方向发展。

此外，电气化的快速发展，特别是新能源汽车技术的逐渐成熟，使其具有绿色出行、低使用成本等优势，大幅度分享了传统汽油车的市场，这导致未来市场对成品油的需求将急剧下降。因此，推进炼化企业从"燃料型"向"化工型"转型是发展的必然趋势。通过对传统的炼化工艺进行优化，调整产品构成，尤其是构建以生产化学品为主的工艺技术。例如，将石油炼化得到的燃料油，如汽油、柴油、减压柴油等，进一步转化为乙烯、丙烯等化学品，将原本作为燃料的产品通过化学转化，将碳固定到化学品中；还可以通过甲醇石脑油耦合制烯烃、甲醇-原油共催化裂解制烯烃等石油基与煤基原料耦合制烯烃芳烃技术，构建石油制烯烃/芳烃等化学品的新技术体系；同时，将炼厂气、石油焦等低价值产物，通过技术手段，制成高价值的芳烃或者石墨产品等。这些将综合实现石油加工全链条下的低碳、清洁、高值利用，同时能够有效提高我国基础化工原料自给率，推动"双碳"目标实现。

1.4.3　天然气低碳化利用的途径

天然气既是与可再生资源协同发展的纽带，又是高碳资源向低碳化转型的桥梁，在能源改革中发挥着重要作用。天然气肩负起了安全供给与绿色低碳的双重使命。因此，开展天然气低碳化利用是创建清洁低碳、智慧高效、经济安全能源体系的必然选择。

实现碳达峰前，天然气作为 CO_2 排放量最低的高碳资源，并被定义为清洁能源，已经成为重要的民用燃料，天然气的消费占比也在稳步提升。此外，天然气在开采和利用的过程中如果不采取必要措施，同样会产生大量的甲烷和 CO_2，造成严重的温室效应。因此，天然气短期低碳化利用的目标是采用低碳开采和高效增产技术，实现低碳减排开采的同时，提高天然气在高碳资源中的使用比例。例如：可以采用 CO_2 提采增气技术，积极探索和推动天然气"集中利用+CCUS"技术的应用，能显著提高天然气的采收率，并将碳封存，实现近零排放；在储运环节，可以通过优化管道气和 LNG 布局，避免天然气的损失；也可利用地下页岩原位加热油气化技术，以及地下煤岩原位加热油气化等技术，通过将地层中的煤岩在地下原位进行有控制的燃烧，将物理采煤转变为化学采油气，在提高天然气的采收率的同时减少天然气开采过程中的碳排放；还可通过打造"煤岩地下油气化-CO_2 驱油-热采原油/改质页岩油-CO_2 埋存"和地面"甲烷-氢能发电-煤化工"等"煤岩地下油气化"产业集群，实现煤岩地下油气化与油气产业的高度融合发展，显著提高天然气的利用效率，减少环境污染和碳排放。

　　现阶段天然气的主要利用方式依然是充当燃料，这使得它在提供清洁、高效的热源和电力的同时，排放出大量的温室气体。因此，降低作为燃料使用时的碳排放，并对 CO_2 进行捕集，是短期内实现碳减排的有效手段。例如，运用预混燃烧技术、燃气轮机联合循环发电、复合循环燃烧技术、高效热电联产（CHP）、燃料电池技术、等温燃烧技术和阶梯燃烧等技术，对燃烧过程进行优化，努力提高天然气的利用效率，从而达到减污降碳目的，实现天然气的高效、清洁利用。

　　据预测，天然气的能源需求将在 2035 年前后达到峰值，之后将在可再生资源的冲击和替代下逐步降低。可以预期，人类经济和社会水平的发展会进一步提升对高端化工产品的需求，天然气的化工利用将作为碳富集、碳固化和碳封存的重要方式之一，有望成为后达峰时代重要的利用方向。例如：可以通过直接转化或重整制合成气的方式，由天然气生产出甲醇、氨、液体燃料、二甲醚、乙二醇、乙炔、氢氰酸等多种重要化学品和燃料；还可以朝着精细化、深加工和高附加值方向发展，如由天然气生产甲烷裂解制氢、甲烷氧化偶联制乙烯、甲烷转化制芳烃（苯、甲苯和二甲苯等）等，进一步减少天然气利用过程中的碳排放；此外，以碳中和目标为导向，促进天然气化工与可再生资源的融合发展是未来发展的重要方向，既可以采用可再生资源电解水生产的绿氢与天然气耦合，生产化工产品，又可以利用天然气灵活调峰，弥补部分可再生资源产能不稳定等特性，共同降低碳足迹。

煤炭资源作为一种重要的能源和工业原料，在全球能源结构中占据着举足轻重的地位。首先，煤炭是全球发电的主要燃料来源之一，广泛用于火力发电厂，提供稳定的电力供应。其次，煤炭是钢铁工业的关键原料，通过高炉炼铁和焦化工艺，煤炭中的碳元素转化为钢铁生产所需的能源和还原剂。此外，煤炭还用于化工领域，通过煤化工技术，煤炭可以转化为合成气、乙二醇等多种化工产品，广泛应用于化肥、塑料、医药等行业。尽管煤炭在使用过程中会产生大量的二氧化碳和其他污染物，但随着清洁煤技术的发展，煤炭的利用效率和环保性能正在逐步提升。总体而言，煤炭作为重要的能源和化工原料，对全球经济发展和工业生产具有深远影响，但同时面临着环保和可持续发展的挑战。我国煤炭资源丰富，本章将对煤炭的形成与分布、开采与分选及其能源与化工利用等内容等进行介绍。

2.1 煤炭的形成与分布

2.1.1 煤炭的形成

煤是植物遗体经过生物化学作用，再经过物理化学作用转变而成的沉积有机岩，其中还含有数量不等的矿物质。因此，煤是多种高分子化合物和矿物质组成的混合物。煤中的矿物质在煤燃烧后转化为灰分，一般认为，灰分小于 50% 时才能称为煤。

从植物死亡、堆积到转变为煤经过了一系列复杂的演变过程，这个过程称为成煤作用。成煤作用大致可以分为以下两个阶段：

第一阶段是植物遗体在泥炭沼泽、湖泊或浅海中，在微生物的参与下不断分解、化合形成新物质的过程。这个过程起主导作用的是生物化学作用。低等植物经过生物化学作用形成腐泥，高等植物形成泥炭，因此成煤第一阶段可称为腐泥化阶段或泥炭化阶段。

当已形成的泥炭或腐泥，由于地壳的下沉等原因而被上覆沉积物所掩埋时，成煤作用就转为第二阶段——煤化作用阶段，即泥炭（腐泥）在温度和压力的作用下转变为煤的过程。在这一阶段中起主导作用的是物理化学作用。成煤第二阶段又分为成岩作用阶段和变质作用阶段。在温度和压力的影响下，泥炭转变为褐煤（成岩作用），再由褐煤转变为烟煤和无烟煤（变质作用）。

1. 成煤物质

（1）成煤原始物质　19 世纪以前，人们对煤成因的认识并不一致，曾提出过很多假说，归纳起来主要有以下三种：一是认为煤和地壳中的其他岩石一样，地球诞生时就存在；二是认为煤由岩石转变而成；三是认为煤由植物残骸形成。

随着煤炭的大规模开采，人们在煤层中常常发现保存完好的古植物化石和由树干变成的煤，在煤层底板岩层中发现了大量的植物化石，证明它曾经是植物生长的土壤。随着煤岩学的发展，人们利用显微镜在煤制成的薄片中观察到许多原始植物的细胞结构和其他残骸，如孢子、花粉、树脂、角质层、木栓体等；在实验室用树木进行的人工煤化试验，也可以得到外观和性质与煤类似的人造煤。因此，煤是由植物（主要是高等植物）转化而来的观点已成为人们的共识。

（2）植物的有机组成及化学性质　植物主要由有机物质构成，但也含有一定量的无机物质。高等植物和低等植物的基本组成单元是细胞，植物细胞是由细胞壁和细胞质构成的。各类植物及同一植物的不同组织的有机组成各不相同（见表 2-1）。低等植物主要由碳水化合物、蛋白质和脂类化合物组成；高等植物的组成则以木质素为主，植物的角质层、木栓层、孢子和花粉则含有大量的脂类化合物。无论高等植物还是低等植物，也不论高等植物中的哪一种有机成分都可参与泥炭化作用进而形成煤。成煤作用过程可以看作十分漫长而复杂的化学反应过程，而植物的有机组成的差别直接影响它的分解和转化过程，最终影响煤的组成、性质和利用途径。

表 2-1　植物主要有机组成

植物		碳水化合物(%)	木质素(%)	蛋白质(%)	脂类化合物(%)
细　菌		12~28	0	50~80	5~20
绿　藻		30~40	0	40~50	10~20
苔　藓		30~50	10	15~20	8~10
蕨　类		50~60	20~30	10~15	3~5
草　类		50~70	20~30	5~10	5~10
松柏及阔叶树		60~70	20~30	1~7	1~3
木本植物的 不同部分	木质部	60~75	20~30	1	2~3
	叶	65	20	8	5~8
	木栓	60	10	2	25~30
	孢粉质	5	0	5	90
	原生质	20	0	70	10

从化学的观点看，植物的有机组成主要有四类，即碳水化合物、木质素、蛋白质和脂类化合物。

（3）成煤植物对煤炭性质的影响　由于植物的种类不同，其有机组分的含量也不同。相同植物的不同部分的有机组分含量也不同，如木本植物各部分的有机组成差别很大。成煤植物各种物质元素组成见表 2-2。由于成煤的原始物质不同，必然导致煤炭在组成、性质上的差异和用途上的不同。由高等植物形成的煤称为"腐植煤"，由低等植物形成的煤称为

"腐泥煤"，而由高等植物、低等植物共同形成的煤称为"腐植腐泥煤"，由高等植物残骸中对生化作用稳定的组织，如角质层、树皮、树脂等富集，经煤化作用后形成的煤称为残植煤。这些由成煤植物种类对煤进行的分类，称为煤的成因类型。

若成煤的原始物质主要是植物的根、茎等木质纤维组织，则煤的氢含量就比较低；若成煤的原始物质是由含脂类化合物较多的角质层、木栓层、树脂、孢粉所组成，则煤的氢含量就比较高；若成煤的原始物质是藻类，则煤的氢含量就更高。这些煤在加工利用过程中，表现出来的工艺性质很不一样，所以成煤的原始物质是影响煤炭性质的重要因素之一。

表 2-2　成煤植物各种物质元素组成

成煤植物	元素组成（%）			
	C	H	O	N
浮游植物	45.0	7.0	45.0	3.0
细菌	48.0	7.5	32.5	12.0
陆生植物	54.0	6.0	37.0	2.75
纤维素	44.4	6.2	49.4	—
木质素	62.0	6.1	31.9	—
蛋白质	53.0	7.0	23.0	16.0
脂肪	77.5	12.0	10.5	—
蜡质	81.0	13.5	5.5	—
角质	61.5	9.1	9.4	—
树脂	80.0	10.5	9.0	—
孢粉质	59.3	8.2	32.5	—
鞣质	51.3	4.3	44.4	—

2. 成煤环境

成煤环境研究是深入认识聚煤规律的重要基础，同时成煤模式的建立对煤田预测和勘探具有重大现实意义。成煤环境对于煤的组成、结构和性质有重大影响。

煤由堆积在沼泽中的植物遗体转变而成，植物遗体不是在任何情况下都能顺利地堆积并能转变为煤，而是需要一定的条件。首先需要有大量植物的持续繁殖，其次是植物遗体不致全部被氧化分解，能够保存下来转变为泥炭，最后是泥炭能长时间适度沉降、埋入地下，进一步转化为煤。适于植物遗体堆积并转变为泥炭的场所主要是沼泽。沼泽是地表土壤充分湿润、季节性或长期积水、丛生着喜湿性沼泽植物的低洼地段。当沼泽中形成并堆积了一定厚度的泥炭层时称为泥炭沼泽，泥炭沼泽既不属于水域，又不是真正的陆地，而是地表水域和陆地之间的过渡形态。适于泥炭沼泽发育的沉积环境有海滨或湖泊沿岸、三角洲平原、冲积平原、冲积扇前缘等。

综上，必须有植物、气候、地理、地质等条件的相互配合，才能生成具有工业利用价值的煤炭矿藏。这些条件包括：

1）植物种类——适合于大规模生长的植物种类。

2）气候条件——适合植物的大量、持续繁殖。

3）地理环境——适合的堆积场所（沼泽、湖泊等）。

4）构造运动——地壳的升降运动形成多煤层。

3. 成煤作用过程

高等植物在泥炭沼泽中持续生长和死亡，其残骸不断堆积，经过长期而复杂的生物化学和物理化学作用，逐步演化成泥炭、褐煤、烟煤和无烟煤。由植物转化为煤要经历复杂而漫长的过程，一般需要几千万年到几亿年的时间。整个成煤作用过程可划分为两个过程，即由植物残骸转变为泥炭的泥炭化作用过程和泥炭转变为褐煤、烟煤、无烟煤的煤化作用过程。

（1）成煤条件　煤的形成是自然界生物成矿作用的重要地质事件。自从地球上出现植物，便有了成煤的物质基础，但世界范围内最主要的成煤期都仅发生在某些地质年代。这是因为聚煤作用的发生是古植物、古气候、古地理和古构造诸多因素共同作用的结果。

（2）腐植煤的成煤作用过程　由高等植物转化为煤要经历复杂而漫长的过程，逐步由低级向高级转化，依次是：植物、泥炭（腐泥）、褐煤、烟煤（长焰煤、气煤、肥煤、焦煤、瘦煤、贫煤）和无烟煤。煤化作用又分为成岩作用和变质作用两个连续的过程。泥炭向褐煤的转化称为成岩作用过程，褐煤向烟煤、无烟煤的转化称为变质作用过程。泥炭化作用阶段决定了煤中矿物质的种类、数量以及赋存嵌布形态，也决定了煤中硫的含量和形态，还决定了煤岩组成；煤化作用阶段主要决定了煤有机质的演化，即煤化程度。

1）泥炭化作用过程。泥炭化作用是指高等植物残骸在泥炭沼泽中，经过生物化学作用演变成泥炭的过程。在这个过程中，植物中所有的有机组分和泥炭沼泽中的微生物都参与了成煤作用，而且各种组分对于形成泥炭与泥炭进一步转变成煤的过程均有影响，并在不同程度上决定着煤的性质。在泥炭化作用过程中，有机组分的变化是十分复杂的，一般认为，泥炭化作用过程中的生物化学作用大致分为以下两个阶段。

第一阶段：植物遗体暴露在空气中或在沼泽浅部、多氧的条件下，由于需氧细菌和真菌等微生物的作用，植物遗体中的有机化合物经过氧化分解和水解作用，一部分被彻底降解，变成气体和水；另一部分分解为结构简单、化学性质活泼的化合物，它们在一定条件下可合成为腐植酸，而未分解的稳定部分则保留下来。

第二阶段：在沼泽水的覆盖下或处在下部深处的泥炭，出现缺氧条件，厌氧细菌占据优势。分解产物相互作用，进一步合成新的较稳定的有机化合物，如腐植酸、沥青等。

这两个阶段不是截然分开的，在植物分解作用进行不久，合成作用也就开始了。植物经泥炭化作用成为泥炭，在两方面发生巨大变化：

① 组织器官（如皮、叶、茎、根等）基本消失，细胞结构遭到不同程度的破坏，变成颗粒细小、含水量极大、呈胶泥状的膏状体——泥炭。

② 组成成分发生了很大的变化，如植物中大量存在的纤维素和木质素在泥炭中显著减少，蛋白质消失，而植物中不存在的腐植酸却大量增加，并成为泥炭最主要的成分之一，通常达到 40% 以上。

此外，如果氧化分解作用一直进行，植物遗体将全部遭到破坏，变为气态或液态产物而失去，就不可能形成泥炭。但实际上泥炭沼泽中植物遗体的氧化分解作用往往是不充分的，其原因如下：

① 泥炭沼泽覆水程度增强和植物遗体堆积厚度增加，使正在分解的植物遗体逐渐与大气隔绝，进入弱氧化或还原环境。一般距泥炭沼泽表面 0.5m 以下，需氧细菌和真菌等微生物急剧减少，而厌氧细菌逐渐增加。

② 微生物要在一定的酸碱度环境中才能正常生长，多数细菌和放线菌在中性至弱碱性环境中（pH=7.0～7.5）繁殖最快，而真菌对酸碱度的适应范围较广。在泥炭化作用过程中，植物分解形成的某些气体、有机酸、酸胶体和微生物新陈代谢的酸性产物，使沼泽水变为酸性，则不利于喜氧细菌的生存。所以泥炭的酸度越大，细菌就越少，植物的结构就保存得越完好。

③ 有的植物本身就具有防腐和杀菌的成分，如高位沼泽泥炭藓能分泌酚类，某些阔叶树有丹宁保护纤维素，某些针叶树含酚，并有树脂保护纤维素，都使植物中的组分不致遭到完全破坏。

2）煤化作用过程。当泥炭被其他沉积物覆盖时，生物化学作用逐渐减弱以至停止，泥炭化阶段结束。在以温度和压力为主的因素作用下，泥炭经历了由褐煤向烟煤、无烟煤转变的过程，称为煤化作用过程。煤化作用包括成岩作用和变质作用两个连续的阶段。由于有机物和煤对温度和压力变化的反应比无机沉积物要灵敏得多，因此煤的成岩和变质这两个概念与岩石学通常的概念不完全相同。褐煤的围岩常常只是固结未完善的碎屑沉积；烟煤和无烟煤的围岩也都只是一些未经变质的泥质岩、粉砂岩、砂岩和灰岩等。因此，煤化作用阶段主要发生有机质分子结构的演化，使有机质的结构和性质发生有规律的变化，而矿物质的变化很小。

① 成岩作用阶段：泥炭在沼泽中层层堆积，越积越厚，当地壳下降速度较大时，泥炭会被泥沙等沉积物覆盖。在上覆沉积物的压力作用下，泥炭发生了压紧、失水、胶体老化、固结等一系列变化，微生物的作用逐渐消失，取而代之的是在温度和压力作用下的缓慢的物理化学作用，泥炭逐渐变成了较为致密的岩石状的褐煤，这一由泥炭转化为褐煤的过程称为成岩作用。泥炭变成褐煤后，其化学组成发生了明显变化（见表 2-3）。

表 2-3　成岩作用中的化学组成变化

植物		C(%)(daf)	O(%)(daf)	腐植酸(%)(daf)	挥发分(%)(daf)	水分(%)(daf)
植物	草本植物	48	39	—	—	—
	本木植物	50	42	—	—	—
泥炭	草本泥炭	56	34	43	70	>40
	木本泥炭	66	26	53	70	>40
褐煤	低煤化度褐煤	67	25	68	58	
	典型褐煤	71	23	22	50	10～30
	高煤化度褐煤	73	17	3	45	
烟煤	长焰煤	77	13	0	43	10
	气煤	82	10	0	41	3
	肥煤	85	5	0	33	1.5
	焦煤	88	4	0	25	0.9
	瘦煤	90	3.8	0	16	0.9
	贫煤	91	2.8	0	15	1.3
无烟煤		93	2.7	0	10	2.3

② 变质作用阶段：当褐煤层继续沉降到地壳较深处时，上覆岩层压力不断增大，地温不断升高，褐煤中的物理化学作用速度加快，煤的分子结构和组成发生了显著变化，碳含量明显增加，氧含量迅速减少，腐植酸也迅速减少并很快消失，褐煤逐渐转化成为烟煤。随着煤层沉降深度的加大，压力和温度不断提高，煤的分子结构继续有序化，煤的性质也不断发生变化，最终变成无烟煤。褐煤向烟煤和无烟煤的转化过程称为变质作用。促成煤变质作用的主要因素是温度和时间。温度过低（<50℃），褐煤的变质就不明显了，如莫斯科煤田早石炭世煤至今已有 3 亿年以上，但仍处于褐煤阶段。煤化程度是指由褐煤向烟煤、无烟煤演变的进程中，由于成煤年代和地质构造条件的差异，导致煤处在不同的转化阶段。煤化程度有时称作变质程度、煤阶或煤级。通常认为，煤化程度是煤受热温度和持续时间的函数。温度越高，变质作用的速度越快。因为变质作用的实质是煤分子的化学变化，温度高促进了化学反应速度的提高。因此，在较低温度下长时间受热和较高温度下短时间受热，就可能得到同样煤化程度的煤。这就是有些成煤年代较早，而其煤化程度却不如成煤年代较晚的煤高的原因。

根据变质条件和变质特征的不同，煤的变质作用可以分为深成变质作用、岩浆变质作用和动力变质作用三种类型。

深成变质作用：深成变质作用是指在正常地温状态下，煤的变质程度随煤层沉降幅度的加大、地温的增高和受热时间的持续而增高。这种变质作用与大规模的地壳升降活动直接相关，具有广泛的区域性，过去常被称为区域变质作用。

深成变质作用造成煤级与埋深产生关系，煤的变质程度具有垂直分布规律，这个规律称为希尔特定律（Hilt，1873 年），它是指在同一煤田大致相同的构造条件下，随着煤层埋深的增加，煤的挥发分逐渐减少、变质程度逐渐提高的现象。深成变质作用的另一个重要特点就是煤变质程度具有水平分带规律。因为在同一煤田中，同一煤层或煤层组原始沉积时，不同区域的沉降幅度可能不同，成煤后下降的深度也可能不同。按照希尔特定律，这一煤层或煤层组在不同深度上变质程度也就不同，反映到平面上即为变质程度的水平分带规律。显然，变质程度的水平分带规律只不过是希尔特定律在平面上的表现形式。煤的垂直分布与水平分带关系如图 2-1 所示。

岩浆变质作用：岩浆变质作用可分为区域岩浆热变质作用和接触变质作用两种类型。区域岩浆热变质作用是指聚煤坳陷内有岩浆活动（见图 2-2），岩浆所携带的热量可使地温增高，形成地热异常带，从而引起煤的变质作用。煤的区域岩浆热变质作用的识别标志有：煤级分布常为环带状，越靠近岩体，煤的变质程度越高。

接触变质作用是指岩浆直接接触或侵入煤层，由于其所带来的高温、气体、液体和压力，促使煤发生变质的作用。接触变质具

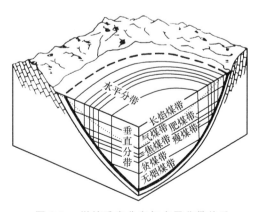

图 2-1 煤的垂直分布与水平分带关系

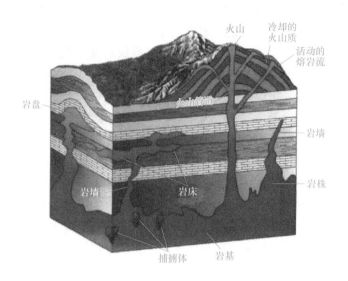

图 2-2　岩浆作用示意

有下列特征：在岩浆侵入体和煤层接触带附近，往往有不大规则的天然焦出现，它是接触变质的特征产物；煤的接触变质带由接触带向外，一般可分为焦岩混合带、天然焦带、焦煤混合带、无烟煤、高变质烟煤等热变质煤，这些煤变质带一般不大规则，宽度不大，从数厘米到数十米不等。

动力变质作用：动力变质作用是指由于褶皱及断裂运动所产生的动压力及伴随构造变化所产生的热量促使煤发生变质的作用。根据对构造挤压带煤的研究证明，动压力具有使煤的发热量降低、密度增大、挥发分降低等作用。煤田地质研究表明，地壳构造活动引起的煤的异常变质范围一般不大，一条具有几十米至百余米断距的压扭性断裂，引起煤结构发生变化的范围不过几十米。因此，动力变质只是局部现象。

影响煤变质作用的因素主要有温度、时间和压力（见图 2-3）。

温度是影响煤变质的主要因素。在煤的埋藏过程中，压力可以促进物理结构煤化作用，而温度则加速化学煤化作用。化学反应动力学计算表明，只要处在足够高的温度条件下（≥50℃），盆地褶皱回返前后，深成变质作用仍能持

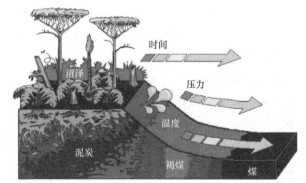

图 2-3　温度、时间和压力对煤变质作用关系示意图

续进行。在探讨受热时间、有机质构成、生物早期降解等诸多影响因素的同时，化石燃料地质学家都不否认受热作用是导致沉积有机质演化的先决条件。煤的深成变质作用总是与一定区域、不同时期的地热状态有密切的关系。

时间是影响煤变质的另一个重要因素。这里所说的时间，严格地讲，不是指距今的地质

年代的长短，而是指煤在一定温度和压力条件下作用时间的长短。在温度、压力大致相同的条件下，煤化程度取决于受热时间的长短，受热时间越长煤化程度越高，受热时间越短煤化程度越低。

压力也是引起煤变质不可缺少的条件。压力可以使成煤物质在形态上发生变化，使煤压实，孔隙率降低，水分减少，并使煤岩组分沿垂直压力的方向做定向排列。静压力促使煤的芳香族稠环平行层面做有规则的排列。动压力除了使成煤物质产生垂直压力的分层外，还使煤层产生破裂、滑动。强烈的动压力甚至可以使低变质程度煤的芳香族稠环层面的堆砌高度增加。

尽管一定的压力有促进煤物理结构变化的作用，但只有化学变化才对煤的化学结构有决定性的影响。人工煤化试验表明，当静压力过大时，由于化学平衡移动的原因，压力反而会抑制煤结构单元中侧链或基团的分解析出，从而阻碍煤的变质。因此，人们一般认为压力是煤变质的次要因素。

2.1.2　世界煤炭资源概况

据有关数据显示，2017 年世界上已知的煤炭资源总储量在 1.083 万亿 t 左右。从世界各国在社会发展中表现出的煤炭资源应用速率来看，煤炭资源的全球总量还可开采消耗二百余年。

在煤炭储产比方面，美国作为全球煤炭储量最高的国家，其煤炭已探明储量为全球首位，煤炭储产比上，2019 年美国煤炭储产比达 390 年，俄罗斯达 369 年，而我国仅为 37 年。我国煤炭已探明储量在全球排行前列，但是储产比远远低于其他国家，主要是我国煤炭产量远高于其他国家，我国是世界上最大的煤炭生产国，存在煤炭过度开发的问题。

2020 年，全球煤炭探明储量达 10741 亿 t。按照地区划分，亚太地区储量占比 42.8%，北美地区占比 23.9%，独联体国家占比 17.8%，欧盟地区占比 7.3%，以上 4 个地区储备合计占比超过 90%。按储量结构区分，烟煤和无烟煤储量之和占总储量的 70.16%。从国家分布来看，美国是全球煤炭储量最丰富的国家，占全球资源的 23.2%，俄罗斯占 15.1%，澳大利亚占 14%，中国占 13.3%，印度占 10.3%，以上 5 个国家储量之和占全球总储量的 75.9%。

2022 年，世界煤炭生产国排名前列的有中国、印度、印度尼西亚、美国、澳大利亚、俄罗斯等，如图 2-4 所示。煤炭生产重心逐渐转移，20 世纪 70 年代以来，中国、印度以及澳大利亚等国家的煤炭产业快速发展，产量都处于世界前列，是生产煤炭的主要国家，见表 2-4。

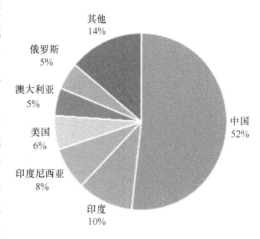

图 2-4　2022 年全球煤炭产量统计

表 2-4　世界主要产煤地区 2012—2022 年煤炭产量统计表

国家和地区	煤炭产量 /10⁶ t											年均增长率	
	2012 年	2013 年	2014 年	2015 年	2016 年	2017 年	2018 年	2019 年	2020 年	2021 年	2022 年	2022 年	2012—2022 年
加拿大	67.3	68.4	68.3	62.4	62.4	60.6	55.0	53.2	46.1	47.6	45.1	-5.3%	-3.9%
墨西哥	15.2	14.6	14.9	12.3	11.4	12.9	11.9	9.8	7.7	5.5	5.5	0.1%	-9.6%
美国	922.1	893.4	907.2	813.7	660.8	702.7	686.0	640.8	485.7	523.8	539.4	3.0%	-5.2%
北美洲总计	1004.6	976.5	990.4	888.3	734.5	776.2	752.9	703.7	539.6	577.0	590.0	2.3%	-5.2%
巴西	8.2	9.5	9.4	8.0	7.5	5.8	6.4	5.8	7.1	8.0	7.5	-6.8%	-0.9%
哥伦比亚	89.8	86.0	89.4	86.5	91.2	91.3	86.4	85.4	53.6	59.0	57.5	-2.5%	-4.3%
委内瑞拉	1.9	1.2	0.8	0.8	0.7	0.7	0.7	0.4	0.3	0.2	0.2	-12.0%	-20.3%
其他中南美洲国家	1.0	3.2	4.5	3.4	2.8	1.8	1.6	1.1	0.4	0.2	0.3	32.0%	-12.9%
中南美洲总计	100.9	99.9	104.0	98.8	102.2	99.7	95.1	92.8	61.4	67.4	65.4	-3.0%	-4.2%
保加利亚	33.4	28.6	31.3	35.9	31.3	34.3	30.6	28.3	22.6	28.4	35.6	25.2%	0.7%
捷克共和国	55.2	49.1	47.1	46.5	45.5	44.9	43.8	41.0	31.6	31.5	35.2	11.7%	-4.4%
德国	196.2	190.6	185.8	184.3	175.4	175.1	168.8	131.3	107.4	126.3	132.5	4.9%	-3.8%
希腊	63.0	53.9	50.8	46.2	32.6	37.7	36.5	27.4	14.1	12.4	14.0	13.3%	-13.9%
匈牙利	9.3	9.6	9.6	9.3	9.2	8.0	7.9	6.8	6.1	5.0	4.9	-1.2%	-6.1%
波兰	144.1	142.9	137.1	135.8	131.0	127.1	122.4	112.4	100.7	107.6	107.5	-0.2%	-2.9%
罗马尼亚	33.9	24.7	23.6	25.5	23.0	25.8	23.7	21.7	15.0	17.7	18.2	2.4%	-6.0%
塞尔维亚	38.2	40.3	29.8	37.8	38.5	39.8	37.6	38.9	39.7	36.4	35.1	-3.5%	-0.8%
西班牙	6.2	4.4	3.9	3.1	1.7	3.0	2.4	0.1	0.1	0.1	0.1	—	-34.4%
土耳其	71.5	60.4	65.2	58.4	73.0	74.1	83.9	87.1	74.7	86.5	96.1	11.1%	3.0%
乌克兰	66.2	64.9	45.7	30.4	32.2	24.7	26.8	26.1	24.4	24.9	16.5	-33.7%	-12.9%
英国	17.0	12.8	11.6	8.6	4.2	3.0	2.8	2.6	1.7	1.1	0.7	-38.2%	-27.8%
其他欧洲国家	65.6	70.7	67.2	64.5	61.7	65.1	92.2	56.8	50.2	47.6	49.5	4.1%	-2.7%
欧洲总计	799.6	752.8	708.8	686.3	659.4	662.6	679.4	580.5	488.3	525.5	545.9	3.9%	-3.7%

（续）

国家和地区	煤炭产量 /10⁶ t											年均增长率	
	2012 年	2013 年	2014 年	2015 年	2016 年	2017 年	2018 年	2019 年	2020 年	2021 年	2022 年	2022 年	2012—2022 年
哈萨克斯坦	120.5	119.6	114.0	107.3	103.1	112.3	118.5	115.0	113.4	116.2	118.0	1.5%	−0.2%
俄罗斯	358.3	355.2	357.4	372.5	386.6	411.0	441.3	440.7	399.8	434.1	439.0	1.1%	2.1%
乌兹别克斯坦	3.8	4.1	4.4	3.5	3.9	4.0	4.2	4.0	4.1	5.1	5.4	5.9%	3.6%
其他独联体国家	4.3	4.2	4.1	4.0	4.6	5.7	7.7	7.9	6.2	6.6	8.4	27.4%	7.0%
独联体国家总计	486.8	483.1	479.9	487.3	498.1	533.0	571.6	567.6	523.5	561.9	570.7	1.6%	1.6%
中东国家总计	1.5	1.5	1.5	1.6	1.8	1.8	2.2	2.0	2.1	2.2	4.4	98.2%	11.7%
南非	258.6	256.3	261.4	252.2	249.7	252.3	250.0	254.4	246.2	229.8	225.9	−1.7%	−1.3%
津巴布韦	1.6	3.1	5.8	4.3	2.7	2.9	3.3	2.6	2.7	3.2	3.9	21.7%	9.5%
其他非洲国家	7.1	8.3	9.4	9.7	9.2	15.9	20.0	14.6	12.3	15.7	21.2	35.3%	11.6%
非洲国家总计	267.3	267.7	276.6	266.2	261.6	271.2	273.4	271.7	261.2	248.7	251.1	1.0%	−0.6%
澳大利亚	448.2	472.8	505.3	503.7	502.1	487.2	502.2	505.6	470.0	460.3	443.4	−3.7%	−0.1%
中国内地	3945.1	3974.3	3873.9	3746.5	3410.6	3523.6	3697.7	3846.3	3901.6	4125.8	4560.0	10.5%	1.5%
印度	605.6	608.5	646.2	674.2	689.8	711.7	760.4	753.9	760.2	812.3	910.9	12.1%	4.2%
印度尼西亚	386.1	474.4	458.1	461.6	456.2	461.2	557.8	616.2	563.7	614.0	687.4	12.0%	6.0%
日本	1.3	1.2	1.3	1.2	1.3	1.4	1.0	0.8	0.8	0.7	0.7	3.3%	−6.2%
蒙古	31.1	33.3	24.4	24.1	35.1	49.5	54.6	57.1	43.1	32.3	39.3	21.7%	2.4%
新西兰	4.9	4.6	4.0	3.4	2.9	2.9	3.2	3.0	2.8	2.9	2.6	−8.0%	−6.0%
巴基斯坦	3.0	3.0	3.4	3.3	4.1	4.2	4.4	7.1	9.5	10.2	9.9	−3.0%	12.6%
韩国	2.1	1.8	1.7	1.8	1.7	1.5	1.2	1.1	1.0	0.9	0.8	−8.7%	−8.9%
泰国	18.1	18.1	18.0	15.2	17.0	16.3	14.9	14.1	13.3	14.2	13.6	−4.1%	−2.7%
越南	42.1	41.1	41.1	41.7	38.7	38.4	42.4	46.4	44.6	48.3	49.8	3.2%	1.7%
其他亚太地区国家	39.6	39.8	40.4	44.9	61.4	54.2	52.6	39.5	54.1	54.8	57.2	4.3%	3.8%
亚太地区总计	5527.3	5673.0	5617.8	5521.6	5221.0	5352.0	5692.3	5891.0	5864.6	6176.8	6775.8	9.7%	2.1%
全球总计	8188.0	8254.5	8179.1	7950.0	7478.7	7696.5	8066.9	8109.2	7740.8	8159.5	8803.4	7.9%	0.8%

注：本表数据来源于《世界能源统计年鉴》2023 年第 72 版，仅统计商用固体燃料，即烟煤与无烟煤（硬煤）、褐煤与次烟煤、其他商用固体燃料，包括煤转化为液体所生产的煤炭。

2022 年国际煤炭贸易量下跌了近 4%，降至自 2017 年以来的最低水平。印度尼西亚、澳大利亚和俄罗斯合计占全球煤炭出口总量的比重超过 71%。其中，俄罗斯的煤炭出口量与 2022 年相比下跌了 12%。2022 年，中国是最大的煤炭进口国，进口量接近 6EJ（艾焦）。中国从印度尼西亚进口的煤炭下跌了 0.5EJ，但从俄罗斯和蒙古进口的煤炭分别上升了 1.5EJ 和 0.5EJ。亚太地区占全球煤炭进口量的 74%；欧洲是第二大煤炭进口地区，进口量较 2021 年上升了 10%。图 2-5 所示为 2022 年世界煤炭贸易主要国家及地区关系图。

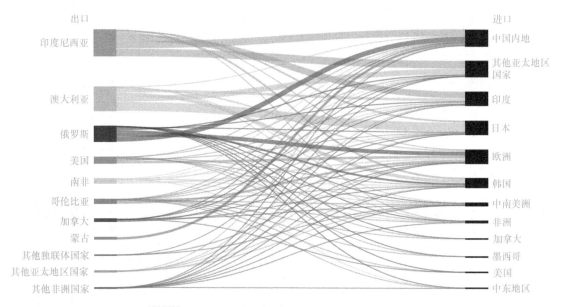

图 2-5　2022 年世界煤炭贸易主要国家及地区关系图

2.1.3　我国煤炭资源概况

1. 煤炭在我国的地位

化石能源是中国能源消费的主体。改革开放以来，我国能源结构不断调整，呈现以原煤为主、逐步多元化清洁化发展特征。原煤占能源消费总量的比重始终保持第一，如图 2-6 所示，自 20 世纪 90 年代起呈下降趋势，消费占比逐步由 70%～80% 动态缩减至 2022 年的 55.47%，石油消费占比浮动较小，在 16.4%～22%。图 2-7 所示为 2022 年我国一次能源消费构成变化，从能源消费结构来看，2022 年我国原煤消费量占能源消费总量的 55.47%，占比最大。自 2014 年以来，我国持续推进能源低碳清洁化转型，能源消费结构进一步优化。以水电、核能及太阳能、风能、生物质能等新能源为主的一次电力消费量占比在近 10 年中持续增长，2022 年一次工业水电及核能消费量占比分别为 7.67%、2.36%，太阳能、风能、生物质能等可再生能源消费量占比达 8.35%。目前我国风电、光伏、水电装机量规模均居世界第一。

煤炭在我国乃至世界能源结构中占有重要地位，煤炭资源对稳定我国乃至世界能源的安全具有重要作用。我国煤炭资源在全球煤炭资源中占有举足轻重的地位，煤炭资源量和探明储量均位居世界前列。如图 2-8 所示，近 10 年来，我国煤炭的生产和消费量与经济发展相

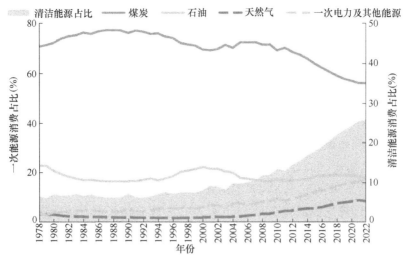

图 2-6　1978—2022 年我国一次能源消费量构成变化

适应，呈现出持续快速增加的趋势，成为世界第一煤炭生产和消费大国。我国以煤为主的能源消费格局一方面有助于降低对进口石油的高依赖度，另一方面有助于维持世界能源供需平衡，保障世界能源安全。

　　煤炭能源是我国的主导能源。煤炭工业是我国国民经济的支柱产业，是关系国计民生的基础性行业，在国民经济中具有重要的战略地位。作为我国工业化进程的主要基础能源，煤炭对全国经济发展起着至关重要的作用。煤炭的主导地位短期内难以取代。新能源产业短期难以取代煤炭的主导地位，受制于核心技术水平、安全问题、

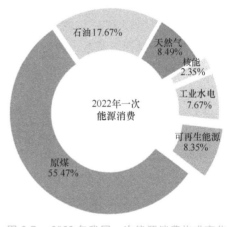

图 2-7　2022 年我国一次能源消费构成变化

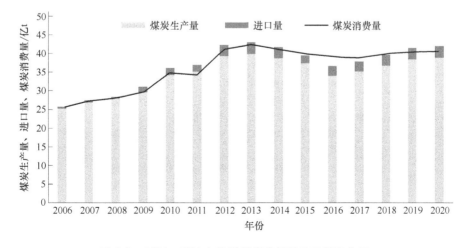

图 2-8　2006—2020 年我国煤炭产销及进口量变化图

经营成本及政策机制等因素，我国新能源产业的发展规模目前还难以较快取得质的突破，核能等新能源在我国能源消费结构中的大规模推广应用还需要时间，在未来一段时间内仍只能作为常规能源的补充。

我国煤炭资源相对丰富，煤炭也一直是我国的优势能源资源，有力保障了我国国民经济和社会发展的需求。

中国煤炭工业协会发布《2023 煤炭行业发展年度报告》，概括了"十四五"期间煤炭发展状况，并对 2024 年煤炭发展趋势进行预测。该报告显示，"十四五"以来，我国煤炭新增产能约为 6 亿 t/a，2021—2023 年年均原煤产量增长 4.5%，2021 年原煤产量为41.3 亿 t，2022 年达到 45.6 亿 t，2023 年达到 47.1 亿 t。煤炭的产业结构加快优化升级，截至 2023 年年底，全国煤矿数量减少至 4300 处左右。建成年产千万吨级煤矿 81 处；核定产能为 13.3 亿 t/a，比 2020 年增加 29 处，产能增加 5.1 亿 t/a；在建千万吨级煤矿 24 处左右，设计产能为 3.1 亿 t/a。2023 年，原煤产量超亿吨的省（自治区）共有 7 个，比 2020 年减少 1 个，原煤产为 41.8 亿 t，占全国的 88.7%；晋陕蒙新四省（自治区）原煤产量为38.3 亿 t，占全国的 81.3%，比 2020 年增加了 7.78 亿 t；提高了 3%。新疆加快释放煤炭先进产能，煤炭产量较 2020 年增长近 2 亿 t，"疆煤外运"突破 1 亿 t，成为全国煤炭供应的新增长极。山西、蒙西、蒙东、陕北和新疆五大煤炭供应保障基地建设加快推进，煤炭输送通道体系日益完备，全国煤炭资源配置能力显著增强。

2. 我国煤炭资源分布

（1）资源空间分布特征 "井"字形构造格架是我国大陆多期构造活动的产物，它不仅对我国煤炭地质基本特征具有明显控制作用，形成煤炭地质"井"字形区划，还对煤炭资源的空间分布具有明显的控制作用，呈现如下空间分布特征。

1）沿"井"字形格架展布的造山带附近几乎不分布煤炭资源，形成"井"字形的煤炭资源空白区。仅在北疆的吐哈、焉耆、伊犁等山前坳陷地区保留有大小不等的煤盆地。煤炭资源基本集中于"井"字形煤炭格局区域内，呈明显的"九宫"棋盘式分布（见表 2-5）。

表 2-5　我国"井"字形煤炭格局区块资源、自然环境特征

区块名称	行政区域	煤炭资源特点	煤炭主要矿区
Ⅰ 东北区	辽、吉、黑	属于东北聚煤区，资源量约占全国 3%，主要成煤期为早白垩纪，水文地质条件简单—中等，煤类以炼焦煤、低级烟煤（长焰煤、不黏煤、弱黏煤）、贫煤无烟煤为主；主要用途为炼焦、动力煤	开采历史悠久，属于老矿区，资源衰竭严重，主要矿区有阜新、抚顺、延边、蛟河、平庄等
Ⅱ 黄淮海区	冀、鲁、豫、京、津、苏北、皖北	属于华北聚煤区，资源量约占全国 9%，主要成煤期为石炭—二叠纪，水文地质条件中等—复杂，煤类以炼焦煤为主，贫煤无烟煤也有少量分布；主要用途为炼焦、动力煤	开采历史较久，主要矿区有开滦、峰峰、新汶、枣庄、平顶山、郑州、徐州、淮北、淮南等
Ⅲ 东南区	闽、浙、赣、苏南、皖南、鄂、湘、粤、桂、琼	属于华南聚煤区，资源量约占全国 1%，主要成煤期为二叠纪，水文地质条件中等—复杂，煤类以贫煤无烟煤为主，炼焦煤少量；主要用途为炼焦、动力煤	主要矿区有涟邵、萍乡、丰城、龙永等
Ⅳ 蒙东区	内蒙古东	属于东北聚煤区，资源量约占全国 10%，主要成煤期为早白垩纪，水文地质条件简单—中等，煤类以低变质褐煤为主；主要用途为动力用煤	主要矿区有平庄、霍林河、伊敏、胜利、白音华等

（续）

区块名称	行政区域	煤炭资源特点	煤炭主要矿区
V晋陕蒙（西）宁区	晋、陕、甘（陇东）、宁、内蒙古西	属于华北聚煤区，资源量约占全国59%，东部山西区主要成煤期为石炭—二叠纪，西部陕西、内蒙古主要成煤期为侏罗纪，水文地质条件简单—中等，东部区煤层瓦斯较高；东部区煤类以炼焦煤、无烟煤为主，主要用途为炼焦用煤；西部区以低级烟煤（长焰煤、不黏煤、弱黏煤）为主；主要用途为动力、炼焦用煤	主要矿区有大同、阳泉、西山、潞安、晋城、神府东胜、榆神、榆横、彬长、铜川、韩城、准噶尔、鸳鸯湖、马家滩、石炭井、华亭等
VI西南区	云、贵、川东、渝	属于华南聚煤区，资源量约占全国8.5%，主要成煤期为二叠纪，煤质以炼焦煤、贫煤无烟煤为主；主要用途为炼焦、动力煤，水文地质条件中等—复杂	主要矿区有六盘水、恩洪、水城、芙蓉、南桐、永荣、渡口、楚雄等
VII北疆区	天山以北的新疆	属于西北聚煤区，资源量约占全国9.5%，主要成煤期为早、中侏罗纪，煤类以低级烟煤（长焰煤、不黏煤、弱黏煤）为主，炼焦煤分布较少；主要用途为炼焦、动力煤水文地质条件简单	主要矿区有哈密、吐鲁番、准东、准北、准南、伊犁等
VIII南疆—甘青区	青、甘（河西走廊）、新疆南（塔里木盆地南缘）	属于西北聚煤区，资源量约占全国<1%，主要成煤期为石炭—二叠纪、侏罗纪，煤类以炼焦煤、低级烟煤（长焰煤、不黏煤、弱黏煤）为主；主要用途为炼焦、动力煤，水文地质条件简单	主要矿区有昆仑、乌哈、塔木北缘、尤尔都斯、塔东、山丹、柴北、阿尔金等
IX西藏区	西藏、滇西、川西	属于滇藏聚煤区，资源量约占全国<0.02%，主要成煤期为石炭纪、晚二叠纪等，煤类以低级烟煤（长焰煤、不黏煤、弱黏煤）、贫煤无烟煤为主，炼焦煤也有少量分布；主要用途为炼焦、动力煤，水文地质条件简单	主要矿区有土门巴青、唐古拉山、昌都、芒康等

根据上述"井"字形煤炭分布格局，我国煤炭资源自东往西可以划分为东部区、中部区和西部区。东部区包含3个子区，分别是东北区（Ⅰ）、黄淮海区（Ⅱ）和东南区（Ⅲ）。东北区主要包括辽、吉、黑3省含煤区；黄淮海区主要包括冀、鲁、豫、京、津、苏北、皖北含煤区；东南区主要包括闽、浙、赣、苏南、皖南、鄂、湘、粤、桂、琼含煤区。中部区包含3个子区，分别是蒙东区（Ⅳ）、晋陕蒙（西）宁区（Ⅴ）和西南区（Ⅵ）。蒙东区主要范围在内蒙古东含煤区；晋陕蒙（西）宁区主要包括晋、陕、甘（陇东）、宁、内蒙古西含煤区；西南区主要包括云、贵、川东、渝煤区。西部区包含3个子区，分别是北疆区（Ⅶ）、南疆—甘青区（Ⅷ）和西藏区（Ⅸ）。北疆区主要范围是天山以北的新疆含煤区；南疆—甘青区主要包括青、甘（河西走廊）、新疆南（塔里木盆地南缘）含煤区；西藏区主要包括西藏、滇西、川西含煤区。

2）沿着"井"字形煤炭格局的昆仑山—秦岭—大别山（以下简称"昆—秦—大"）构造带的两侧，煤炭资源集中度也存在明显差异，即昆—秦—大构造带以北的资源集中度总体高于南部。昆—秦—大构造带以北地区又以贺兰山—六盘山为界，东部晋陕蒙宁、黄淮海区资源集中度高，西部甘、青两省资源集中度低，新疆地区相对较高，昆—秦—大构造带以南地区，又以雪峰山为界，西南区资源集中度明显高于东南区。天山—阴山—燕山以南的晋陕蒙宁、黄淮海区的资源集中度总体高于北部蒙东区和东北区，蒙东区又总体高于东北区；天山以北的准噶尔盆地区资源集中度总体高于塔里木盆地区，且天山两侧盆地区煤炭资源呈环带状分布，天山区煤炭资源呈东西条带状展布。总的来说，我国煤炭资源的集中度以晋陕蒙宁、西南区、黄淮海区、北疆区较高，其他分区资源集中度较低，以东南区最低。值得指出的是，"井"字形煤炭格局控制并围限煤炭资源在其间的方格内，呈"九宫"分布格局。采用该区划方式不仅能很好地辨识我国煤盆地和煤炭资源的分布特征，又与区域自然环境、地区经济发展水平行政区划紧密结合，是描述我国煤炭资源分布的最直观图形语言。传统上认为，天山—阴山、昆仑山—秦岭—大别山，贺兰山—龙门山，大兴安岭—太行山—雪峰山为我国地理、地形、生态环境、气候、水资源的分界线。而经济发展水平又以兴蒙山—太行山—雪峰山和贺兰山—六盘山—龙门山为界，东部经济发达，中部中等，西部欠发达；以秦岭—大别山为界南部经济相对发达，北部相对滞后，我国煤炭资源"西煤东运""北煤南运"便是煤炭资源分布与经济发展水平相逆的具体表现。

（2）资源数量分布特征

1）煤炭储量。2022 年我国煤炭保有储量减少，煤炭储量分布较为集中。自然资源部数据显示，2022 年我国煤炭总储量为 2070.12 亿 t，较 2021 年减少 8.73 亿 t，其中煤炭储量最丰富的地区依次是山西（23.34%）、内蒙古（19.86%）、新疆（16.51%）、陕西（14.06%）、贵州（6.63%），其他地区占比 19.6%（见图 2-9）。

2）产能布局。2022 年 1 月，2022 年发布的《"十四五"现代能源体系规划》，提出要优化煤炭产能布局，建设山西、蒙西、蒙东、陕北、新疆五大煤炭供应保障基地，完善煤炭跨区域运输通道和集疏运体系，增强煤炭跨区域供应保障能力。按省份来看，我国煤炭主要产地在山西、内蒙古、陕西、新疆四省（区），且产量有愈发集中之势（见图 2-10 和图 2-11）。2023 年晋陕蒙新四省（区）原煤总产量 37.86 亿 t，占全国原煤总产量的比重从 2014 年的 65.64% 提升至 81.27%。其中，煤炭储量较丰富的新疆近年来煤炭产量提升显著。随着山西、蒙西、蒙东、陕北、新疆五大煤炭供应保障基地的持续优化建设，我们预计未来煤炭产能还将继续向晋陕蒙新四省（区）集中。

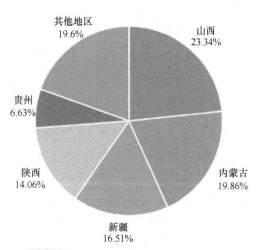

图 2-9 2022 年我国煤炭储量分布情况

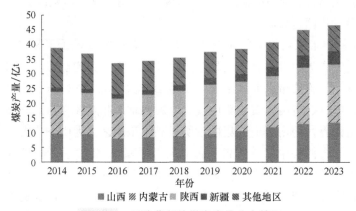

图 2-10 晋陕蒙新的煤炭产量分布情况

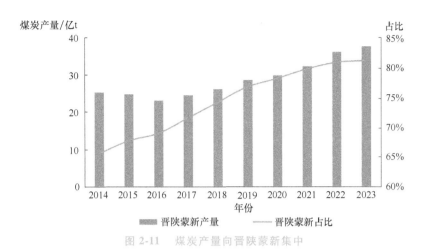

图 2-11 煤炭产量向晋陕蒙新集中

2.1.4 我国煤炭资源发展战略

煤炭在未来较长时期内仍然是我国重要的基础能源和经济动力源，"去煤化"既不现实，更不利于煤炭能源问题的解决，应着力于实现煤炭资源的可持续发展。我国是能源生产消费大国，更是煤炭生产消费大国，煤炭产业的发展对我国工业化、城镇化建设将起到关键性作用。煤炭是我国的基础能源，长期在能源结构中占据主体地位，对保障国家能源安全具有重要意义。尽管目前煤炭产能增长相对经济发展的需要是超前的，但不能否定其对经济社会发展的支撑作用。煤炭是我国储量最为丰富的化石能源，具有不可替代性。煤炭行业目前出现的问题是由经济快速发展后突然减速造成需求下降，加上煤炭行业暴利驱动无序扩张以及日益严格的生态环境约束等因素综合叠加造成的。特别是，煤炭产能规模突出的原因在很大程度上是国家需求、地方投资拉动的结果。因而，不能"因噎废食"，不能因为存在问题就盲目提出"去煤炭化"。

我国煤炭需求已经基本达到峰值，未来煤炭产业发展将不再寻求产能与消费规模的扩大，应定位于做精、做强产业，从劳动密集型向技术知识密集型产业转型，保障行业长期健康稳定发展。我国煤炭消费的 80% 主要集中在电力、钢铁、石化、化工、有色金属、建材、造纸、纺织等行业。进入经济新常态，传统资源消耗性的产业在逐步减少。

我国煤炭产业经过多年的发展，工程技术领域已然具备一定的技术优势，部分领域达到世界顶尖水平，为产业的升级发展、走出国门进行产能输出技术输出创造了有利条件，也为突破煤炭行业所面临的严峻形势创造了技术条件。我国在地质勘探、煤矿设计咨询、煤矿建设、采掘装备及总体集成和煤炭清洁高效利用全产业链积累了丰富的经验，山西、陕西、内蒙古、新疆等省（区）建成一大批具有世界先进水平的安全高效煤矿，煤制油、煤制烯烃和煤制气等现代煤化工领域实现工业化、规模化发展，培养了大量经验丰富的产业工人，具备了"走出去"的条件。印度尼西亚、澳大利亚、俄罗斯、蒙古、哈萨克斯坦有丰富的优质煤炭资源，印度、巴基斯坦、孟加拉国有旺盛的煤炭需求，蒙古、巴基斯坦、哈萨克斯坦有资金需求，都是我国煤炭"走出去"的机遇。同时，我国煤炭"走出去"时间晚，澳大利亚、蒙古等大量优质资源已被欧美跨国公司占有，剩余资源开采条件不占优势；煤炭国际化经营人才不足，国际竞争力依然不强；由于我国自身资源比较丰富，长期以来开发建设重点放在了国内，国家对我国煤炭"走出去"重视不够，在资金、政策、服务等方面支持不够；煤矿装备在可靠性方面与德国、美国还有差距，关键部件还需要进口。

今后 10~20 年是我国建设煤炭资源强国战略的机遇期，煤炭产业已具有市场、技术和人才基础，实施煤炭资源强国战略是新形势下煤炭工业结构优化升级的必要要求。虽然煤炭工业当前的结构调整给煤炭企业和煤炭从业人员带来巨大生存压力，但就长远来看，煤炭工业仍有巨大的发展空间。未来 5~10 年是煤炭行业转型升级的战略机遇期，我们要在满足煤炭消费需求的基础上，加强煤炭绿色开发、产业结构优化调整，淘汰落后产能，增强煤炭工业竞争力，增加科学产能。实施煤炭资源强国战略是新形势下煤炭工业走向科学发展、可持续发展和先进工业的必由之路。

2.2　煤炭的开采与分选

2.2.1　煤炭的开采

我国地域广阔，矿产资源丰富，但由于不同类型的煤炭具有较大的差异性，开采过程中需要采用不同的方法确保开采效率。对于煤矿开采工程而言，采取合适的采煤方法和采煤技术是成功开采的基础，有利于保障煤炭行业经济效益的增长。

1. 采煤方法分析

（1）地下开采法　地下开采法是通过建立井巷体系，在地下进行煤层开采的方法，此方法适用于覆盖层较厚、煤层埋藏较深的矿区。地下开采法采用机械化、综合采煤等技术，提高了矿山生产效率和安全性。地下开采法的主要优点是对环境影响较小，因为大部分开采活动在地下进行，对地表植被和土地资源的破坏较小。此外，地下开采法在矿产资源利用方面具有较高的灵活性，可以根据煤层条件进行有针对性的开采。但是，地下开采法也存在一定的缺点，具体如下：

1）地下开采法的建设投资较大，需要建立复杂的井巷体系，增大了矿山的经济压力。

2）地下开采法的生产效率相对较低，因为地下空间受限，大型设备的使用受到限制。

3）地下开采法对矿山安全的要求较高，需要严格遵守矿山安全生产规定，加强矿山通风、排水、防火等设施建设，防止矿山事故的发生。

（2）露天开采法　露天开采法是一种适用于地表覆盖层较薄、煤层分布浅的矿区的采煤方法。此方法通过挖掘地表覆盖层揭露煤层，采用大型挖掘设备进行开采。露天开采法的主要优点是投资成本低，生产效率高，能够快速实现煤炭资源的开采。同时，露天开采法具有较好的地质条件适应性，能够应对多种煤层情况。露天开采法对环境的影响较大。大量的地表覆盖层挖掘会破坏土地资源，导致矿区土地荒漠化，而且露天开采过程中产生的粉尘、噪声污染和废水排放会对周边生态环境造成严重破坏。因此，采用露天开采法的矿山需要加强环保设施建设，采取有效的治理措施降低环境影响。

（3）倾斜长壁开采法　倾斜长壁开采法是一种采煤机沿着煤层倾斜方向逐层开采的方法，此方法能够创造出较大的采煤空间。在开采过程中，采煤机能够自动调整工作高度，实现对煤层的连续、高效开采。倾斜长壁开采法的主要优势包括以下几方面：

1）充分利用煤层的倾斜特点，减少了开采过程中的支护和填充作业，从而有效降低了采矿成本。

2）具有高效的采煤能力，能够在短时间内完成大面积煤层的开采。

3）采用电力驱动的长壁采煤机，降低了开采过程中产生的噪声、粉尘等污染，有利于改善矿区环境和保障工人健康。

然而，倾斜长壁开采法也存在一些局限性。该方法对矿区地质条件要求较高，煤层的倾斜角度和厚度等因素会影响采煤效果。此外，采煤机可能会受到矿石、地下水等的干扰，需要进行定期维护和检修。图 2-12 为倾斜长壁开采法示意。

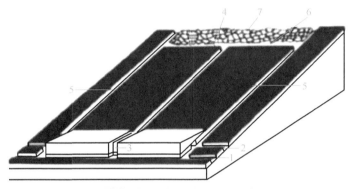

图 2-12　倾斜长壁开采法示意

1—运输平巷　2—回风平巷　3—煤仓　4—工作面运输斜巷　5—工作面回风斜巷　6—工作面　7—采空区矸石

（4）流态化开采法　我国煤炭资源当前开采大都是浅层开采且以物理开采为主，针对超千米的深层煤炭资源，浅层开采的理论和技术不再适用。随浅层煤炭资源大量开发，浅层煤炭储量趋于枯竭，加之深层煤炭资源受到开采技术和理论的限制，因此，从国家能源发展角度看，开发深部煤炭资源势在必行。流态化开采的实质是将传统的物理采煤转换为化学开采，不仅可节约开采成本和运输成本，还可以高效开采深层煤炭资源。流态化开采法是指煤炭地下气化、地下热解及煤炭的地下生物液化开采将固体煤炭资源转化为液态及气态开采的方式。

1）煤炭地下气化技术（UCG）。煤炭地下气化就是通过地面向地下注入空气等气化剂，使处于地下的煤炭进行有控制的燃烧，通过对煤的热作用及化学作用产生可燃气体，采用集建井、采煤、转化工艺为一体的多学科开发清洁能源与化工原料的新技术，只提取煤中有用组分，实现了井下无人、无设备的生产工作面，可充分回收和利用煤炭资源，实现清洁燃烧，为发展煤化工和理想新能源提供原料。它具有安全性好、投资少、效益高、污染少等优点，被誉为第二代采煤方法。

煤炭地下气化通过在地下煤层注入氧气、蒸汽、二氧化碳等气化剂，促使煤在高温高压环境下发生化学反应，转化为合成气。该工艺过程操作灵活，可生产商业数量的合成气，可像天然气一样使用，如用于采暖、作化工原料或作洁净发电的燃料。由地下煤气化生产的合成气具有有效的预燃烧二氧化碳（CO_2）捕集功能，可产生高纯度 CO_2 副产物，这也将有利于在地下气化后的煤层裂缝中封存 CO_2。地下煤气化技术（UCG）在其操作中不使用新鲜水，与其他就地工艺过程大不相同。地下煤气化技术应用的深度是常规煤炭矿井开采不经济的或现在不可能达到的深度。图 2-13 所示为典型的无井式地下煤炭气化示意。

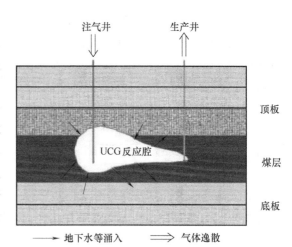

图 2-13　典型的无井式地下煤炭气化示意

煤炭地下气化技术如果能用于煤化工，其最大的优势在成本方面。首先，地下气化集建井、采煤、气化三大工艺为一体，抛弃了庞大笨重的采煤设备和地面气化设备，实现了井下无人、无设备生产煤气，具有低成本的优势。其次，煤炭地下气化技术适用的煤种范围宽。再次，煤炭地下气化技术还具有另外一个优点目前传统采煤工艺的回采率较低，利用它可以回收被遗弃的煤炭资源。

目前，制约地下气化技术应用于煤化工的最大瓶颈就是气量和成分不稳定。由于装置产气量波动大、不稳定，作为煤化工原料气暂时可能不理想。地下气化过程分为两个阶段，第一个阶段是鼓入气燃烧积蓄热量阶段，第二个阶段是造气阶段。这两个阶段都是高温高热反应，而地下气化的煤都是实体煤，氧气只在气化通道一面与煤接触，接触面积小，积蓄热量达不到反应热值，反应也不充分，以至于产气量波动大、不稳定。受制于地下条件、煤层厚度、煤质，单炉提高气量很难。

2）煤炭地下原位热解（Underground Coal Pyrolysis，UCP）技术。煤炭地下原位热解技术也称为煤炭干馏技术或热分解技术，是指煤炭在隔绝空气的条件下进行加热，通过发生的一系列物理和化学变化将煤炭转化为煤气、焦油、半焦炭或焦炭。

煤炭地下原位热解是通过将热量导入地下，使煤炭中有机质直接发生裂解，将固态煤转化为流态后抽至地面进行后续处理。其优点是将煤炭中的大部分固体废弃物留在地下，不仅减少了环境污染，还可预防地面塌陷。

煤炭地下原位热解一般需要在煤层中钻多个不同深度的水平加热井并进行压裂，在水平井中通过加热管道释放高温蒸汽加热，使煤炭在地下产生热解，然后在水平井的水平段通过钻垂直井将生成的流态有机物抽至地面进行后续加工，如图 2-14 所示。

3）煤炭生物液化。煤炭生物液化是通过微生物分泌的活性物产生溶煤作用。溶煤是一

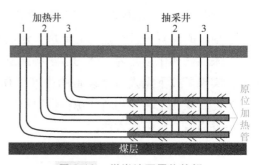

图 2-14　煤炭地下原位热解

个非常复杂的过程，目前已知的主要溶煤作用包括碱作用、生物螯合作用和酶作用。其中，碱作用是通过微生物产生的氨、生物肽及衍生物等碱性物质进行溶解的过程；生物螯合作用是指褐煤中阳离子和草酸结合，极大提高煤分子的降解性；酶作用是指利用木质素降解酶系来降解褐煤分子，木质素降解酶系一般包括木素过氧化物酶、锰过氧化物酶等。

煤炭生物降解研究时间很短，西方国家已取得了进展，我国紧随其后。当前研究仍存在以下问题：

1）溶煤菌种方向研究进展缓慢，未找到溶煤效果较好的菌种。

2）部分菌种需要加入营养物质，增加了生物溶解的成本。

3）生物降解的产物非单一物质且结构较为复杂，应用较单一，目前只应用于农作物生长，在其他用途上还需取得新进展。

2. 采煤方法的选择因素

（1）地质条件　因为不同煤矿区域的地质条件有差别，所以在对采煤方法与采煤技术进行选择的过程中必须因地制宜。地质条件因素是影响采煤方法与采煤技术的主要因素，应根据开采区域的地质条件制订科学合理的计划，主要有以下 3 点：

1）煤层的厚度。采煤技术选择的影响因素之一是煤层厚度，它决定了煤炭的开采次数。薄煤层开采时，只要单次开采就能完成，但需要预防开采井内坍塌的现象；在煤层较厚且地质复杂的情况下，需要进行多次开采；开采技术也会因厚度的不同被限制。

2）煤层的地质构造。地质构造同样会影响开采技术的选择。对于地质构造简单的煤层，一般应用的是综合机械化采煤技术；对于地质构造复杂的煤层，通常采用的是普通采煤技术。因此，在开采前必须做好准备工作，对地质构造进行仔细勘测，并详细记录勘测的数据信息，为采煤技术的选择提供参考。

3）煤层的倾斜角。在采煤过程中，煤层倾斜角不但影响开采作业，而且影响落煤、运煤与通风。所以，在开采工作开始前，必须对煤层进行测量，并计算出煤层倾斜角的准确数值。

（2）矿产资源与经济效益　矿区资源储量、品质、分布特点等对采煤方法和技术的选择有重要影响。对于储量较大、品质较高的煤炭，采用先进的采煤技术可以提高资源回收率，降低生产成本，实现更高的经济效益。而对于储量较小的煤矿，采用相对简单、低成本的采煤方法可能更为合适。此外，矿区资源的分布特点也需要考虑。

同时，采煤方法和技术的选择应综合考虑投资成本。在选择采煤方法和技术时，应充分评估各种方法和技术的成本效益，包括设备投资、运行维护成本、人力成本等。此外，还需考虑采煤方法和技术在提高生产效率、降低资源损失方面的优势，以确保矿山生产的经济可持续性。

（3）安全与环保要求　采煤方法和技术的选择应满足国家和地方的安全生产和环保要求，降低矿山事故风险，减轻对环境的影响。在选择采煤方法和技术时，应充分考虑对矿山安全和环境保护的影响。例如，采用高效环保采煤技术可以降低能耗，减少污染物排放，提高资源利用率，从而满足环保要求。同时，矿山生产安全也是一个重要的考虑因素，需要选择符合安全生产法规的采煤方法和技术，确保矿工的生命安全，降低事故风险。

3. 煤炭开采工艺

（1）爆破采煤工艺 爆破采煤工艺是一种利用爆破技术将煤层破碎，以便挖掘和运输的高效采煤方法。该工艺首先通过地质勘探确定煤层位置和性质，然后使用钻机在煤层中钻孔，装填炸药并封闭孔口。起爆后，炸药的冲击力将煤炭破碎成较小的煤块，便于后续的机械挖掘和装载。爆破采煤适用于露天矿和地下矿中的硬煤层和厚煤层，特别适用于在露天煤矿中进行台阶式开采。该工艺具有高效破碎、降低机械磨损和适用范围广等优点，但同时需要严格的安全管理和环保措施，以减少爆破过程中产生的振动、噪声和粉尘对环境和人员的影响。通过对爆破采煤工艺进行科学设计和严格管理，能够实现安全、高效和环保的煤炭开采。

（2）普通机械化采煤工艺 普通机械化采煤工艺是一种利用机械设备进行煤炭开采的高效方法，广泛应用于地下煤矿和露天煤矿。该工艺首先通过地质勘探确定煤层位置和性质，然后在煤层中掘进巷道或开挖工作面。接着，使用采煤机、刮板输送机等机械设备切割和破碎煤层，将煤炭从工作面上刮运到输送带上。随后，通过输送系统将煤炭运送至地面或煤矿的集中运输系统。机械化采煤工艺具有高效率、劳动强度低、安全性高等优点，适用于大规模开采，能够显著提高煤矿的生产能力和经济效益。

（3）综合机械化采煤工艺 综合机械化采煤工艺是一种高度集成的煤炭开采方法，利用多种机械设备和自动化系统实现高效、安全的煤矿生产。该工艺包括地质勘探确定煤层位置和性质，然后在煤层中掘进巷道和建立工作面。使用长壁采煤机连续切割和破碎煤层，通过刮板输送机将煤炭输送到井下主运输系统。液压支架用于支撑顶板，防止塌陷并保障安全。综合机械化采煤工艺结合了采煤机、刮板输送机、液压支架等设备，显著提高了开采效率和煤炭回收率，降低了劳动强度和作业风险。自动化和监控技术进一步增强了操作的精确性和安全性，使其成为现代煤矿生产的主流方式，适用于大规模、高产量的煤矿开采。

（4）螺旋钻采煤工艺 螺旋钻采煤工艺是一种适用于开采薄煤层和难以采用传统方法开采的煤层的技术。该工艺使用螺旋钻机在煤层中钻孔，通过螺旋钻切割煤炭，并将切割下的煤炭通过螺旋叶片输送到地表进行收集。螺旋钻采煤工艺特别适用于高倾角煤层和空间受限的矿区，具有高效低耗、占地面积小、对地表破坏较小和安全性高的优点。同时，该工艺对地质勘探的精度和钻采设备的技术要求较高，需要确保钻孔的稳定性和有效支护。整体而言，螺旋钻采煤工艺为难采煤层的高效开采提供了创新的解决方案。

（5）水力采煤工艺 水力采煤工艺是一种利用高压水流将煤层中的煤炭冲刷成煤浆，从而实现煤炭开采的方法。该工艺首先通过钻孔设备在煤层中钻孔，并安装高压水枪，接着通过高压水流冲刷煤层，使煤炭与岩石混合成煤浆。煤浆通过管道被输送到地面，进行固液分离处理。水力采煤工艺适用于难以用传统方法开采的煤层，如复杂地质条件下的煤层或煤层厚度不均的区域。该工艺具有减少开采对环境的影响、提高资源回收率和减少机械设备磨损等优点。然而，水力采煤也存在水资源消耗较大和处理煤浆过程复杂等问题。通过优化水力系统和固液分离技术，可以提高水力采煤工艺的效率和经济性。

4. 零碳矿山建设

零碳矿山从内涵上并不意味着煤矿生产运营过程中没有 CO_2 排放，而是通过实施完整的节能减排工程，应用节能减排技术和装备，加强管理创新，不断减少煤矿生产过程中的

CO_2 排放量，直至 CO_2 排放最少；在 CO_2 排放后，借助一系列资源转化和利用技术，逐步将矿井水、废气、煤矸石等煤矿生产废弃物转化为生产生活用水、其他产业原料或燃料等可利用资源，实现循环利用；同时，在煤矿沉陷区和厂区大量栽种樟子松、果树等经济树木，提升煤矿碳汇能力，建设零碳矿山，甚至负碳矿山。

绿色矿山是综合考虑资源开发利用和生态环境影响的现代矿山建设模式，它贯穿矿产资源设计、勘查、生产、开发、利用、闭坑全过程。煤炭清洁开采是实现绿色矿山的重要手段，煤炭开采的实践有助于推动绿色矿山的建设。目前煤炭清洁开采从单一的采矿模式向综合性产业链转变，加快了环境治理，全力对矿井水、生活污水、锅炉烟气、煤场、矸石场及排土场等方面的污染防治问题进行梳理并整改，矿区生态修复和环境治理成效明显。

"双碳"目标对于改善生态环境、应对气候变化、助推高质量发展具有重要意义。当前，我国以煤炭为主的能源结构没有根本性的改变。积极推进矿业绿色发展，实施矿业迹地生态修复重大工程，提升矿区生态系统的固碳能力，有助于重塑矿业形象，有助于矿业产业结构转型升级。

从煤炭开采端来说，建设绿色矿山就是实现矿山的资源利用高效化、开采方式现代化、采矿作业清洁化、矿区环境生态化等。煤炭开采和洗选业作为传统的高耗能产业，通过开采方式现代化、采矿作业清洁化，可以有效降低资源开发过程的能源消耗强度，可以减少矿业活动的直接碳排放。实现碳中和目标不仅要优化能源结构、降低能源消耗强度，还要提高资源利用效率。从资源开发环节看，就是要在采选环节提高"三率"（开采回收率、选矿回收率、综合利用率）水平。绿色矿山是实现"双碳"目标的重要路径，绿色矿山中关于节能、先进工艺、复垦的要求本身就是煤矿碳减排的关键。

"双碳"目标对于改善生态环境、应对气候变化、助推高质量发展具有重要意义。当前，我国以煤炭为主的能源结构没有根本性的改变。积极推进矿业绿色发展，实施矿业迹地生态修复重大工程，提升矿区生态系统的固碳能力，有助于重塑矿业社会形象和矿业产业结构转型升级。

零碳矿山是绿色矿山建设的一个重要组成部分和高级阶段。绿色矿山建设为实现零碳矿山提供了基础，而零碳矿山则是绿色矿山在减少温室气体排放方面的深化和扩展。在实际操作中，零碳矿山的建设往往需要在绿色矿山的基础上，采取更为先进的技术和管理措施，以实现更严格的减排目标。

2.2.2　煤炭的分选

1. 煤炭分选的意义

煤炭分选是指从产出的原煤中将煤和矸石进行有效的分离，从而获得更加优质的煤炭资源的过程。随着我国生态文明建设的不断推进，煤炭分选对于获得清洁能源具有重要作用，通过煤炭分选，可以提升煤炭的清洁利用性能。众所周知，煤炭的燃烧产生的废弃物会造成一定的环境污染。通过煤炭分选可以有效降低煤炭中的有害成分的释放，减少污染物排放对环境的破坏。通过煤炭分选，可以节约能源，提高煤炭资源的利用率。通过对煤炭资源进行分选，可以有针对性地利用煤炭资源，使其最大限度地发挥作用，不造成资源浪费。通过煤炭分选，可以优化产品结构，提高经济效益。分选出的精煤可供炼焦厂、电厂、化肥厂使用。对于副产品中的煤泥，可就地建低热值燃料电厂，可以利用高铝煤矸石生产电解铝，铝材电厂的炉渣又可生产水泥和建材，实现产品的优质化，为煤矿提高经济效益、走可持续发展道路、开展综合利用、发展循环经济创造了条件。

在煤炭清洁利用方面，煤炭在开采利用过程中造成了严重的环境破坏和资源浪费，以及大气污染、酸雨等区域性环境问题，特别是温室效应和全球气候变化问题，严重制约了我国经济持续健康发展。煤炭分选加工从源头上提高了商品煤质量，是煤炭生产和高效利用过程中不可缺少的一个重要环节，是提高煤炭利用率、减少污染物排放、节约运力、增加煤炭企业经济效益的有效方法，是实现煤炭清洁生产利用的重要手段，也是最直接、重要的洁净煤技术。煤炭分选加工技术在我国煤炭洁净利用技术体系中是最为成熟、经济和有效的技术，是洁净煤技术的基础和前提，是煤炭清洁燃烧的关键环节。

2. 煤炭分选的主要技术

（1）重介质选煤技术 重介质选煤是一种用重介质，悬浮液作为分选介质，通过浮力对不同密度的煤炭进行分选的煤炭分选技术。它根据煤的密度和分选悬浮液的密度差异，将煤和岩石等杂质分离，从而实现提高煤炭质量和降低灰分含量的目的。

重介质选煤的工作原理基于悬浮液的浮力和阻力作用。当煤和岩石等杂质进入选煤槽中时，由于悬浮液的浮力，煤炭会浮在悬浮液上，而岩石等杂质则下沉到底部。通过对悬浮液中的流动速度进行调节，可以控制煤和岩石等杂质的分离效果。

重介质选煤技术的优势如下：

1）分选效果好：重介质选煤技术采用重介质悬浮液作为分选介质，可以根据不同密度的浮力，精确分离煤和杂质。

2）操作简单：重介质选煤技术的操作相对简单，使用方便，管理成本低。

3）适用范围广：重介质选煤技术适用于各种不同煤种的分选，具有良好的适应性。

重介质选煤技术的局限性如下：

1）设备投资大：重介质选煤技术所需的设备投资较大，对于一些小型煤矿或者规模较小的企业而言，可能无法承受这样的成本。

2）占地面积大：重介质选煤设备需要较大的场地来容纳，并进行煤炭的处理和分选，这可能会给场地有限的企业带来困扰。

3）需要较高的技术水平：重介质选煤技术需要具备较高的技术水平，包括设备操作和维护等方面的技术要求。

（2）跳汰选煤技术 跳汰选煤技术是指物料在以垂直脉动为主的介质中，按密度差异实现分层和重力选煤的技术，物料在固定运动的筛面上连续进行跳汰选煤过程。在冲水、顶水和床层水平流动的综合作用下，物料在垂直和水平流的合力作用下被分选（见图2-15）。

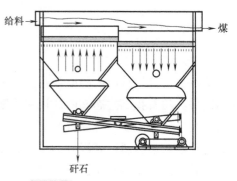

图2-15 跳汰选煤技术原理示意

通俗地讲，跳汰机工作时，上升速度快，下降速度慢，相对密度较大的石料会沉降下来，密度相对较小的煤不能沉降，随着水流进入排料口。

（3）浮游选煤技术　浮游选煤技术简称浮选，是指利用矿物表面物理化学性质的不同来分选矿物的选矿技术。工业上广泛应用的是泡沫浮选，它的特点是使待分离的矿物有选择性地附着在矿浆中的空气泡上，并随之上浮到矿浆表面，达到矿物与脉石分离的目的。

浮选原理主要是利用液体表面张力作用，使煤矿颗粒黏附在小气泡上。当空气通入水中时，水中的颗粒物与气泡共同组成三相体系。颗粒黏附到气泡上时，使气泡界面发生变化。颗粒能否黏附于气泡上，与颗粒和液体的表面性质有关。亲水性颗粒易被水润湿，水对它有较大的附着力，气泡不易把水推开取而代之，这种颗粒不易黏附于气泡上而被除去。疏水性颗粒（如煤炭）容易附着于气泡而被选出。此外，浮选剂可以改变水的表面性质，有利于分离矿物。同时，浮选剂还有促进起泡的作用，可使空气形成稳定的小气泡，以利于气浮。

（4）絮凝浮选　粒度细是矿细泥难以分选的主要原因，与常规粒级矿物相比，浮选过程中微细粒矿物对药剂的非选择性吸附严重，微细粒与气泡碰撞黏附概率小，同时微细颗粒间容易产生机械夹杂，最终难以获得理想的分选效果。絮凝浮选法是一种处理有用矿物极其微细（一般在 $20\mu m$ 以下）的矿石的选矿方法，也叫选择性絮凝浮选法。浮选时，在特定的介质条件下，加入一定量的高分子化合物，使有用矿物或脉石矿物进行有选择性的絮凝（微细矿物颗粒受静电力、分子力或化学力的作用形成絮状小团的现象，称为絮凝），然后加入捕收剂将其浮出。

高分子絮凝在固液分离和水处理技术方面已有广泛的应用。在矿物分选中，随着资源的日益贫、细、杂化，高分子絮凝分选成为处理微细粒矿物的重要手段之一。高分子选择性絮凝分选目前已有很多实验室和半工业性试验成果，也有工业应用，其应用范围包括铁矿、铜矿、钾盐、锡矿、钾盐矿、硅铝酸盐、磷酸盐、锰矿、黏土矿、铝土矿和煤等。常用的高分子絮凝剂有天然高分子聚合物（如淀粉、单宁、糊精、明胶、羧甲基纤维素、腐植酸钠等）和合成高分子聚合物（如聚丙烯酰胺、聚氧化乙烯、聚乙烯醇、聚乙烯亚胺等）两大类。

选择性絮凝的关键是吸附过程的选择性，为此可采用以下措施：

1）调整矿浆介质的 pH 值及离子组成，调节矿粒界面性质（如表面电性等），以利于絮凝剂的选择性吸附。

2）选用具有高吸附活性官能团的高分子絮凝剂。

3）与其他选择性高的药剂联合使用。

（5）干法选煤技术　湿法选煤技术虽然精度较高，但耗水量大、成本高，在干旱缺水地区尤其难以实施。由于我国的煤炭资源大部分储存于西部干旱地区，受我国煤炭储存地理位置特殊性的影响，干法选煤技术在我国得到了快速发展。

干法选煤的原理主要是利用煤与矸石的物理性质差别进行分选，涉及的物理性质包括密度、形状、光泽度、导磁性、导电性、辐射性、摩擦系数等。根据不同的分选原理，干法选煤技术包括风力选煤、空气重介质流化床选煤、空气重介质流化床干法选煤、其他干法选煤。

1）风力选煤（风力摇床选煤、风力跳汰选煤）发展历史最长。因此，本节主要以风力选煤为基础讲述干法选煤技术。风力选煤主要是风力摇床和风力跳汰，其分选机理与湿法跳汰、摇床基本相同，只是以空气代替水作为分选介质。

实际风力摇床和风力跳汰选煤是以空气与末煤混合作为自生介质的选煤方法，它遵循阿基米德定律进行分选，同时不同物料在床面振动作用下，相互挤压碰撞，产生一种浮力效应。因此，风力跳汰有效分选粒度为 1~13mm 或 3~25mm，风力摇床有效分选粒度为 13~80mm 或 6~50mm，粒度范围宽，效果较好。原煤外在水分增加，会造成分级困难。因此，风力选煤对煤粒度和含水量有着较为严格的要求。

① 风力摇床选煤：风力摇床选煤的分选原理同湿式摇床选煤原理，只是介质以空气替代水，利用垂直气流和床面摇动，在床面按密度分带，轻重产物分别从床面上的不同位置分离。风力摇床选煤已有 100 多年的应用历史，是一种成熟的分选技术。在风力摇床中，差动式干选机最具代表性。图 2-16 所示为差动式干选机分选原理。

在差动式干选机的激振器振动和分选床底部上升气流的作用下，细粒级物料和空气形成分选介质，产生一定的浮力效应，使低密度煤浮向表层。由于床面有较大的横向坡度，表面煤在重力作用下，经平行格槽多次分选，逐渐移至排料边排出，沉入槽底的矸石从床面末端排出。

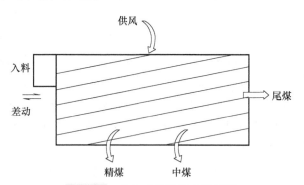

图 2-16　差动式干选机分选原理

② 风力跳汰选煤：风力跳汰选煤的分选原理同湿式跳汰选煤原理，只是介质以空气替代水，利用垂直脉动气流使物料在筛板上按密度上下分层，并逐步将下层重产物分离。它用于分选易选、中等易选末煤。此方法要求原煤外在水分小于 8%。

风力跳汰选煤的工作原理为物料通过入料装置到带有振动装置的分选床，用脉动装置把脉动风供给分选床上的物料层，使得物料在重力、振动力、摩擦力和上升气流的压力下进行分层，轻物料在上层，重物料在下层，用卸料装置把重物料排出，轻、中物料再进行下一步分选。

如何使入料均匀，如何使分选床上的物料按照轻、中、重进行稳定的分层，采取何种供风方式能使物料分层速度加快，卸料装置如何能排放均匀稳定，分选床在空间的方式是吊挂还是坐落，这些都是决定设备性能的关键。

2）空气重介质流化床选煤。不同于传统的风力选煤，空气重介质流化床选煤的特点是以气固两相悬浮体为分选介质。在均匀稳定的流化床中按阿基米德原理实现煤和矸石分离的一种选煤方法，分选效果较好。

其分选原理是运用气固流化床的似流体性质，在流化床中形成一种具有一定密度的均匀稳定的气固相浮体。因此，根据阿基米德定理，轻、重产物在悬浮体中按密度分层，即小于床层密度的轻产物上浮，大于床层密度的重产物下沉，经分离和脱介质获得两种合格产品。

3）空气重介质流化床干法选煤（见图 2-17）。流化床干法选煤技术大致是从 20 世纪 60

年代发展起来的，当时的流化床技术受到了大批科技工作者的重视，其中中国矿业大学首先完成了系统的空气重介质流化床选煤的研究试验，推动了流化床选煤技术的发展。流化床干法选煤技术的介质是空气，并在其中适当地加入铁磁矿粉或其他粉状物质，它与湿法选煤相比有极大的优势，主要有：煤炭的密度与所调和的介质相似，因此，它可以很精确地对煤炭进行分选。当煤炭的密度大于所用介质的密度时，就会下沉，可以从下方出口筛选出煤炭；当煤炭密度小于介质密度时，则会漂浮起来，这时就需要从上方进行煤炭的筛选，按照密度来筛选煤炭，既简便，又省时省力，比湿法选煤更加先进。

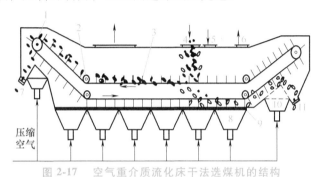

图 2-17　空气重介质流化床干法选煤机的结构

1—导向轮　2—压链轮　3—刮板　4—原煤入料口　5—介质入料口　6—引风除尘口
7—精煤排料端　8—预布风室　9—布风板　10—短距回流装置　11—尾煤排料端

重介质流化床干法选煤机的结构主要由上室部、精煤排料端、压链轮、主动轴、布风板、刮板输送机、尾煤排料端、预布风室、尾轴等部分组成，具体可以参考图 2-17。其中，布风板、刮板输送机是选煤机的关键组成部分，可以影响布风是否均匀稳定和煤炭分选是否顺利。

干选法选煤机的实践应用问题如下：

① 多孔板易堵问题及处理：布风板上层为多孔板，能使布风具有稳定、均匀的效果，同时有较高的流化效果，不过受到现场施工条件恶劣的影响，0~50mm 的粒级物料存在多孔板堵塞的问题，影响流化效果。在选煤工作具有外在水分大的现象时，会加重堵塞问题，不利于选煤机的正常运行。

② 尾煤排料端倾角问题：干法选煤机尾煤排料端倾角为 30°，虽然提高了介质的机内循环量，不过在刮板输送机爬坡较大时存在较大的运行阻力，加速了圆环链的磨损。需要结合选煤特征进行倾角设置，当煤矸比重小时，可以适当提高倾角，反之，可以降低倾角。在降低运行阻力后，发挥提高介质机内循环量的价值。

4）其他干法选煤技术。其他干法选煤技术包括放射线选煤、光电选煤、高梯度磁选、摩擦静电选煤、微波分选等，在工业上应用的有射线选煤、选择性破碎选煤。该技术使用多种复合式干选机、干燥选煤成套设备、无风干法选煤技术，以下主要介绍 γ 射线煤矸石自动分选机和滚筒碎选机两种。

① γ 射线煤矸石自动分选机：γ 射线煤矸石自动分选机运用新型双能射线辐射方式，实现了在较大粒度范围的煤与矸石的在线识别；机械排队机构可将分选物料，实现多通道排列，满足了对物料进行识别的准确性和大处理量的要求。

其分离原理是原煤经分级筛分后，块原煤进入进料斗，在排队机构的作用下顺序排列，分别进入皮带上设置的若干物料排队通道，每一通道独立配置一套由双能射线源、射线传感器、气动执行器和测控仪表组成的识别与分选系统。当物料穿过射线源和传感器时，传感器将感应信号放大、整形后传送给控制仪表。控制仪表中的微处理器将信号依据矸石识别数学模型进行运算，得出此时穿过射线的物料密度的加权值。将此加权值与事前设定的加权值相比，高于设定值的判断为矸石，低于设定值的判断为煤。当判断为矸石时，经过仪表设定的延时时间后，在矸石抛落过程中经过高频气阀时，控制仪表打开高频气阀，高压气流冲出气阀并击中抛落中的矸石，使其偏离原来的抛落轨迹，落入矸石料斗中，没有被击中的煤块按原轨迹自然落入煤斗。

② 滚筒碎选机：滚筒碎选机又称为选择性破碎机，早在 1904 年就开始使用，是代替人工拣矸的一种设备。其工作原理是利用煤与煤矸石的硬度不同，即在同一冲击破碎条件下，利用煤与煤石可碎性的差异，把夹在煤中的矸石解离出来，并经筛分过程分选出不宜破碎的大块矸石、木块等。选择性破碎这种选煤方法受煤质条件限制，只有当煤和矸石硬度差别很大，产品不要求保留大块煤，对选煤效率要求不高时才能使用。

3. 煤炭分选的工艺

煤炭分选工作实质上是根据原煤中的各种杂质、矸石、煤种的物理与化学性质的不同使其分离，整个过程包括多种煤炭分选工艺，如物理选煤工艺、微生物选煤工艺、化学选煤工艺、物理化学选煤工艺等。

（1）物理选煤工艺　物理选煤是根据原煤中各杂质的物理性质差异完成分选的工艺流程。不同煤种与杂质的坚硬程度、导电性、磁性、粒径以及重度不同，充分利用这一特性可实现煤炭与杂质的分离。物理选煤又分为电磁选煤和重力选煤，重力选煤也可进一步分为风力选煤、斜槽选煤、重介质选煤等。

（2）微生物选煤工艺　近些年新流行的微生物选煤工艺的原理是利用微生物对原煤中杂质的侵蚀作用来完成原煤分选，通过人工操作，原煤中的杂质会进入自养型和异养型微生物体内，微生物会代谢掉煤炭成分中的杂质。

（3）化学选煤工艺　化学选煤工艺是利用原煤中金属杂质特有的化学反应除去煤炭中的金属废弃物杂质的煤炭分选过程，根据不同化学反应原理和不同种类的化学试剂，将化学选煤工艺分为添加碱处理、氧化法、溶剂有机萃取等，目前常用的化学选煤方法是实验室脱硫法，该法使原煤中的硫分与相应的化学试剂发生化学反应，以此除去原煤中的硫分。

（4）物理化学选煤工艺　浮选工艺充分利用原煤杂质与煤炭二者间的物理、化学性质差异来实现选煤，这种选煤工艺形式需要较多的工艺设备，搅拌方式包括机械搅拌式和无机械搅拌式两种物料搅拌方式。

2.3　煤炭的利用

2.3.1　煤炭的能源利用

1. 煤炭利用概况

煤炭是 18 世纪以来人类使用的主要能源之一，尽管进入 21 世纪后，其价值相对有所下降，但它仍是一种关键的可燃能源。在我国，煤炭的基础能源地位尤为显著，在我国的能源结构中，煤炭占据了相当大的比例。据统计，煤炭在我国能源消费占比一直比较高，在 2019 年我国能源消费中，煤炭的占比为 58%，远高于石油（18%）和天然气（7%）。且我国的煤炭储量丰富，已探明的煤炭储量占世界煤炭储量的 13.3%，可采量位居世界第二，产量位居世界第一。此外，煤炭在全球能源消费中也占有一定的比重，2019 年全球能源消费中，煤炭的占比为 27%，仅次于石油（32%）。

煤炭在我国能源结构中占据主导地位。虽然近年来受国际经济形势不确定性影响，以及应对气候变化减少温室气体排放的要求，煤炭需求增速持续放缓，但受新兴经济体能源需求增长带动，世界煤炭需求总量仍然增加，图 2-18 所示为我国 2016—2022 年原煤产量。自 2016 年煤炭行业转型调整后，煤炭能源消费量逐渐上升，2022 年全国煤炭能源消费量增长至 30.3 亿 t 标准煤，同比增长 3.3%。我国仍然是全球最大的产煤国和煤炭消费国，仍在国内能源结构中占据主导地位。煤炭作为兜底保障能源，其主体地位短时间难以改变。

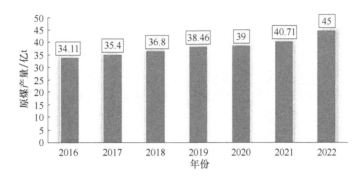

图 2-18　我国 2016—2022 年原煤产量

按行业表现看，四大行业煤炭消费分化，2022 年电力行业用煤占煤消费总量的比重最高，约为 55%；其次为钢铁行业用煤，钢铁行业煤炭消费占比约为 18%；建材和化工行业煤炭消费规模基本稳定，占比分别为 12% 和 8%，其他行业占比为 7%。其他行业主要为民用煤和煤化工等其他行业（见图 2-19）。其中，煤炭在我国能源消费中的主要形式是火力发电。当前火力发电仍然是我国主要的发电方式，是生产电力的主力军。因此，虽然近几年电力生产增速有所放缓，但仍然对煤炭需求形成一定支撑。

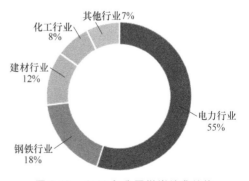

图 2-19　2022 年我国煤炭消费结构

从我国电力发电情况来看，我国发电量稳步增长，火力发电仍占发电主体地位。从光伏、风力发电装机容量上看，近年来我国光伏、风力发电装机容量增速显著高于装机容量增速的平均水平，2022—2023 年，我国太阳能发电装机容量分别同比增长 28.07% 和 55.24%，风力发电装机容量分别同比增长 11.25% 和 20.77%。2023 年我国发电装机容量结构如图 2-20 所示。

煤化工是以煤为原料，经化学加工使煤转化为气体、液体和固体燃料以及化学品的过程，主要包括煤的气化液化干馏、焦油加工和电石乙炔化工等。传统煤化工主要包括"煤电石-PVC"、煤合成氨-尿素等路线，现代煤化工主要以清洁能源和精细化工品为目标产品，包括煤制油、煤制天然气、煤制甲醇、煤制烯烃、煤制二甲醚及煤制乙二醇等。煤炭在化工领域应用占比如图2-21a所示。

建材行业耗煤主要由水泥、玻璃和石灰等耗煤组成。水泥耗煤占建材行业耗煤量的

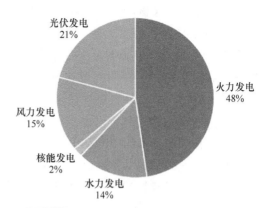

图 2-20　2023 年我国发电装机容量结构

62%左右，生产主要以煤为燃料，以电作为动力驱动，极少使用其他燃料。水泥广泛用于房地产和基建，与国家当前的经济形势及未来的工业化、城镇化进程高度相关。此外，墙材占比19%，石灰占比8%，陶瓷占比3%，玻璃占比1%。煤炭在建材领域应用占比如图2-21b所示。

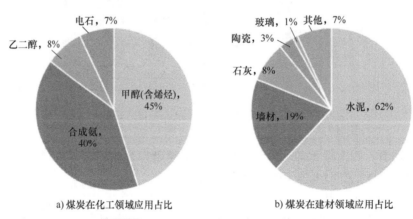

a) 煤炭在化工领域应用占比　　　　　b) 煤炭在建材领域应用占比

图 2-21　煤炭在化工、建材领域应用占比

2. 煤炭燃烧发电利用概述

煤炭燃烧发电是一种通过燃烧煤炭来产生电力的过程。首先，煤炭在燃烧室内被点燃，释放出大量的热能，这些热能用于加热锅炉中的水，生成高温高压的蒸汽。然后，蒸汽通过管道进入涡轮机，推动涡轮机叶片旋转。涡轮机与发电机相连，涡轮机的旋转带动发电机内的线圈旋转，产生电流。最后，使用过的蒸汽进入冷凝器，冷凝成水，再循环回锅炉进行重新加热。通过这一系列步骤，煤炭的化学能被转化为电能，用于供电和工业用途，在全球电力生产中占有重要地位。

（1）循环流化床锅炉　循环流化床（Circulating Fluidized Bed，CFB）锅炉采用的是工业化程度最高的洁净煤燃烧技术。循环流化床锅炉采用流态化燃烧，主要结构包括燃烧室（包括密相区和稀相区）和循环回炉（包括高温气固分离器和返料系统）两大部分。

CFB 锅炉具有如下优点：燃料适应性广，可燃用几乎所有的煤种以及石油焦、油页岩等特殊燃料，甚至工农业废弃物和城市生活垃圾；低氮氧化物（NO_x）排放，通过低温燃烧和分级送风，NO_x 排放仅为煤粉燃烧锅炉的 $1/4 \sim 1/3$，甚至更低；炉内脱硫因低温燃烧和多次循环使脱硫剂利用率大大提高，在钙硫比（Ca/S 比）为 $1.8 \sim 2.5$ 时，脱硫效率可达 90% 以上；负荷调节比大，可达（$4 \sim 5$）；燃料制备系统简单，燃料破碎至 $0 \sim 10mm$ 即可，不需要磨煤设备；灰渣综合利用性能好，灰渣处于中温活性区，可作水泥填料，也可用于稀有金属的提取。CFB 锅炉不仅在中小型锅炉的商业竞争中占有了相当大的市场份额，并且在技术日趋成熟的同时，迅速向大型燃煤锅炉的商业市场迈进。

（2）超临界发电技术 物质一般都存在气、液、固三种状态，该点对应的压力及温度被称为临界压力和临界温度。水的临界压力和临界温度分别为 21.7MPa 和 374.15℃。当温度和压力均高于临界点时，则进入超临界状态。超临界状态下气液两相性质十分接近。额定工况下发电机用汽轮机高压缸入口蒸汽参数超过临界参数的均可视作超临界机组。

随着新型热强钢的成功开发和常规技术的成熟，在环保及提高经济性压力的驱动下，从 20 世纪 90 年代开始，世界进入了新一轮超临界技术的发展阶段。这一阶段新建机组的特点是：

① 在保证高可靠性、高可用率的前提下采用更高的蒸汽参数。

② 采用变压运行方式，提高机组的灵活性。

③ 配置先进的烟气净化装置，实现清洁发电。

提升超临界发电机组发电效率的常用方式如下：

1）提高机组容量。发电机组的发展始终在追求提高参数和增加单机容量。提高蒸汽参数与发展大容量机组相结合是提高常规火电厂效率及降低单机容量造价最有效的途径。然而，超临界机组大容量化的困难主要在于汽轮机。汽轮机大容量化需要很大的排汽面积，即受到单个排汽口面积（末级叶片长度）及低压排汽口数量的限制。因为低压缸的数量越多，使得轴系越长，轴系的稳定性就越差，设计难度也越大。单个排汽口的面积取决于末级叶片的长度，末级叶片的长度受限于合金钢或钛合金的强度极限。因此，从近期发展来看，单机容量维持在百万千瓦容量等级，没有进一步增大的趋势。

2）蒸汽参数。在蒸汽发电循环中，蒸汽参数是决定机组热经济性的关键因素。蒸汽压力或蒸汽温度变化对一次再热机组热效率的影响显著，当压力高于 30MPa 时，机组热效率随压力的提高上升幅度变小；蒸汽过热度对热效率的影响则更为显著，当压力一定，蒸汽温度从 540℃/540℃ 提高至 600℃/620℃ 时，机组热效率提高 3.5%。

3）再热方式。采用二次再热的目的也是提高机组热效率，并在提高主蒸汽压力时满足汽轮机低压缸最终排汽湿度的要求，以减轻对末级叶片的磨蚀，但是采用二次再热也带来了主要问题——造价提高，初投资增大。

4）变压（负荷）运行。现代超临界机组都进行变压能力设计，以满足参与调峰或两班制运行的要求。变压运行使机组在整个负荷范围内都能保持较高的效率，负荷的响应特性好，运行灵活，同时在降压运行时减小了机组部件的平均热应力，有利于延长使用寿命，使运行更可靠。

此外，煤炭燃烧产生大量烟气、粉尘和有害气体，主要包括硫氮氧化物和温室气体 CO_2 等，造成了严重的环境问题。燃煤发电是主要的污染源，在我国尤为如此。若机组效率的提高，燃煤量相对减少，污染物的排放量也相对减少。高效的超临界燃煤发电机组加上完善、先进的环保设施，是当代清洁发电技术的主要出路之一。

（3）冷热电联产（CCHP） 冷热电联产（CCHP）是一种建立在能源的梯级利用概念基础上，将制冷、供热（供暖和供热水）及发电过程一体化的多联产总能系统。CCHP 系统是分布式能源系统的一种主要形式。分布式供电系统是一种与电网相连，但是其供能方式以自给自足为目的，在小区域内实现冷、热、电三联供的供能方式。典型的冷热电联产系统包括动力与发电系统和余热回收供冷/热系统。CCHP 系统将品位高的能源用来发电，而发电机组排放的低品位能源，如烟气余热、热水余热等，用于供热或者制冷，从而实现能源的梯级利用，提高能源综合利用效率。

冷热电联产使用的燃料有天然气、油田伴生气、煤层气、污水处理厂沼气、垃圾填埋场沼气、生物沼气、柴油、煤油等，一般用户主要使用天然气。

冷热电联产系统有以下几种典型模式：

1）直燃型（烟气型、余热型）冷热电三联供，如燃气轮机+余热型溴化锂冷热水机组系统，燃气轮机+排气再燃型溴化锂冷热水机组系统，以及燃气轮机+双能源双效直燃式溴化锂吸收式冷热水机组系统等。

2）燃气-蒸汽轮机联合循环，即燃气轮机+余热锅炉+汽轮发电机+蒸汽型吸收式制冷机系统。

3）内燃机前置循环余热利用模式。

案例分析：上海地区某冷热电联产项目

项目能源系统设计是以燃气冷热电联供、光热和地源热泵的互补融合。系统利用太阳能、浅层地热能和天然气融合进行热电冷联产（见图 2-22）。间断和不稳定的太阳能作为联产初级且优先使用的能源；燃气冷热电联供用于调和光热稳定性及电力峰时的用电补充；地/水源热泵作为调节供需双方冷（热）负荷平衡的手段；光电系统设立光伏微网，燃机发电并入电网，发电量仅限于社区内使用，光伏和燃机电力不足部分由电网电力补充；储热水箱不仅用于弥补光能间断的缺陷，还可以通过与其配套的电加热装置利用峰谷电价蓄能。各建筑物内采用温湿度独立控制、各自处理的方式。

我国分布式冷热电联产系统存在的问题如下：

1）经济方面。由于天然气的价格较高，由分布式发电所发出的电力价格比由燃煤电厂所供的电力价格要高一些，因此，如果没有能源政策和环保政策的支持，较难与常规能源竞争。

2）技术方面。我国分布式供能冷热电联产系统的集成技术还不成熟，经验不足，设备运行还不够稳定，例如发电与配电网并网问题，以及国内优质小功率燃气轮机和微燃机较少的问题。

3）冷热电联产系统规模小，安装在楼宇里，只能使用天然气或油品；冷热电联产系统虽然规模比大型发电厂和大型热电联产小，但冷热电联产不能小到一家一户安装一台，只能

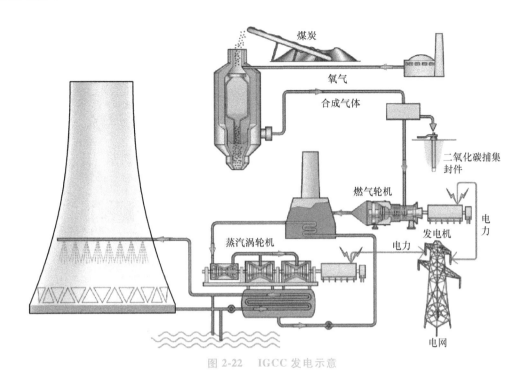

图 2-22 IGCC 发电示意

适应一幢楼宇或一个小区的冷热电联供，不像小型户用空调器、户用热水器或户用电取暖器那样灵活机动。

4）效率问题。尽管分布式电源的效率可达 60%～90%，但这是理论上的数值，实际利用效率取决于具体的设计水平和能源利用的情况。在常年需要供热或供冷的场合，实际利用效率可达到 75%～85%，在其他场合往往可能只有 60% 多一些。

（4）煤气化燃气-蒸汽联合循环（IGCC）发电　煤气化燃气-蒸汽联合循环（Integrated Gasification Combined Cycle，IGCC）发电是 20 世纪 70 年代初才开始研发的一种洁净煤发电技术。顾名思义，它主要是由"煤的气化与净化设备"与"燃气-蒸汽联合循环装置"两大部分组成的。它的设计思想很明确，就是使煤在气化炉中气化成为中热值或低热值煤气，然后通过净化处理，把粗煤气中的灰分和含硫物质［硫化氢（H_2S）和硫化碳（COS）等］除尽，供到燃气-蒸汽联合循环的发电机组中燃烧做功，借以达到以煤代油（或天然气）的目的。简单地讲，IGCC 就是在已经完全成熟的燃气-蒸汽联合循环发电机组的基础上，叠置一套煤的气化和净化设备，以便使煤变成人造的干净的合成煤气，进而在燃气-蒸汽联合循环的发电设备中，实现煤的高效和洁净发电的目的。

IGCC 发电示意如图 2-23 所示。IGCC 的工艺过程：煤经气化成为中低热值煤气，经过净化，除去煤气中的硫化物、氮化物、粉尘等污染物，变为清洁的气体燃料，然后送入燃气轮机的燃烧室和压气机送来的压缩空气混合并燃烧，加热气体工质以驱动燃气轮机做功，燃气轮机排气进入余热锅炉加热给水，产生过热蒸汽，驱动蒸汽涡轮机做功。

该装置的最大优点是：排气中污染排放量非常少，能够长时期地满足污染排放的要求，而且具有提高循环热效率的最大潜力。

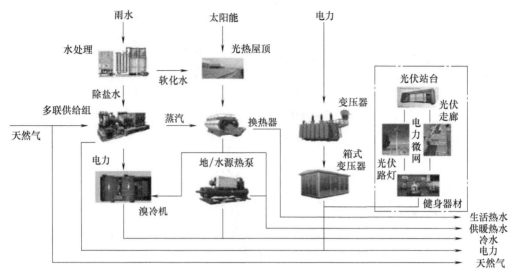

图 2-23　分布式冷热电联产示意

对于大量使用天然气的燃气-蒸汽联合循环机组（NGCC）的地区来说，当天然气资源枯竭或价格昂贵时，可以使用 IGCC 改造这些 NGCC，也可以建立一些大型的煤制人造天然气的 IGCC 工厂，为缺少天然气的现成输气管线补充人造天然气，以确保天然气供应的可靠性。此外，可以合理地选择气化炉的类型和气化工艺，燃用各种品质的煤种。

2.3.2　煤炭的化工利用

1. 煤炭化工利用现状

从工业分类上说，煤化工是以煤为原料，经化学加工使煤转化成气体、液体和固体并进一步加工成一系列化工产品的工业过程，按煤的加工过程分类，主要包括干馏、气化、液化和合成化学品等。

煤化工利用生产技术中，炼焦是应用最早的工艺，并且至今仍然是化学工业的重要组成部分。煤的气化在煤化工中占有重要地位，用于生产各种气体燃料，是洁净的能源，有利于提高人民生活水平和进行环境保护；煤气化生产的合成气是合成液体燃料等多种产品的原料。煤直接液化，即煤高压加氢液化，可以生产人造石油和化学产品。在石油短缺时，煤的液化产品将替代目前的石油。

随着我国发展，传统煤化工市场接近饱和，现代煤化工技术及煤炭深加工有着更大的发展前景。现代煤化工是以煤气化为龙头，生产可替代石油的洁净能源和化工产品（如柴油、汽油、甲醇、二甲醚、乙烯、丙烯等），其发展方向是以煤气化为核心的多联产系统。以煤气化为核心的多联产系统是现代煤化工发展的主要内容，并有多种形式，其要点是以煤（或石油焦、渣油等）为气化原料，生产的煤气作为合成液体燃料、化工产品及发电的原料或燃料，并通过多种产品生产过程的优化集成，达到减少建设投资和运行费用，实现环境保护的目的。煤化工多联产系统将形成煤炭-能源-化工一体化的新兴产业。

2. 煤炭化工技术利用

（1）煤热解技术及利用

1）煤热解技术概况。煤的热解是指煤在无氧或惰性气氛条件下持续加热至较高温度时，所发生的一系列化学反应过程。煤的热解也称为煤的炭化或干馏，按热解的最终温度不同可分为低温热解（500~600℃）、中温热解（700~800℃）、高温热解（950~1050℃）。一般来说，低温热解适用于低煤化程度煤的转化，得到半焦、低温煤焦油和煤气，常以获取低温煤焦油为主要目的；中温热解适用于中低煤化程度煤的转化，以获取兰炭为主要目的，副产煤焦油和煤气；高温热解适用于具有黏结性的中等煤化程度烟煤的转化，以获取冶金焦为主要目的，副产高温煤焦油和煤气。煤炭高温干馏又称煤焦化。

煤热解作为一种已有上百年历史的工艺，发展一直很缓慢，一直是不被人重视的老工艺，但如今煤热解突然受到了重视，原因如下：

首先，它被发现可大量消耗低质的煤炭资源。近年来，在我国的内蒙古、新疆等地连续发现了大规模的煤田。这些煤田主要以高挥发性的低阶煤为主，占我国煤炭资源储量的50%以上。而热解是最适合处理这些煤资源的方法。对于挥发分高的低变质煤来说，采用热解技术效果好。

其次，它的生产成本低。热解可以产出的燃料油约占煤质量的8%，煤液化变油要接近4t煤才能生产1t油。而煤液化的成本非常高，相较之下，煤热解获得的燃料油成本比较低。

2）煤炭在工业炼焦的应用。为保证焦炭质量，选择炼焦用煤的最基本要求是挥发分、黏结性和结焦性绝大部分炼焦用煤必须经过分选，以保证尽可能低的灰分、硫分和磷含量。必须注意煤在炼焦过程中的膨胀压力。用低挥发分煤炼焦，由于其胶质体黏度大，容易产生高膨胀压力，会对焦炉砌体造成损害，需要通过配煤炼焦来解决。煤经焦化后的产品有焦炭、煤焦油、煤气和化学产品。

焦炭是炼焦最重要的产品。大多数国家的焦炭90%以上用于高炉炼铁，其次用于铸造与有色金属冶炼工业，少量用于制取碳化钙、二硫化碳、元素磷等。在钢铁联合企业中，焦粉还用作烧结的燃料。焦炭也可作为制备水煤气的原料。

煤焦油是焦化工业的重要产品，其产量约占装炉煤的3%~4%，其组成极为复杂，多数情况下是由煤焦油工业专门进行分离、提纯后加以利用。

煤气和化学产品。氨的回收率约占装炉煤的0.2%~0.4%，常以硫酸铵、磷酸铵或浓氨水等形式作为最终产品。粗苯回收率约占煤的1%。其中，苯、甲苯、二甲苯都是有机合成工业的原料。硫及硫氰化合物的回收，不但为了经济效益，也是为了环境保护的需要。经过净化的煤气属中热值煤气，发热量约为17500kJ/m³，每吨煤约产炼焦煤气300~400m³，其质量约占装炉煤的16%~20%，是钢铁联合企业中的重要气体燃料，其主要成分是氢和甲烷，可分离出供化学合成用的氢气和代替天然气的甲烷。

（2）煤气化技术及利用　煤气化是指其在高温常压或加压条件下与气化剂反应，转化为气体产物和少量残渣的过程。气化剂主要是水蒸气、空气（或氧气）或它们的混合气。煤化工的核心技术——煤气化技术在我国呈现出巨大的市场需求。

1）气化技术对煤质的选择。虽然气化方式很多，但是一种气化方式只适合某种特定的煤。反之，某一种煤只能采用特定的气化方式。目前还没有一种气化方式可以适用于各种煤。

煤质分析一般包括工业分析（如含碳量、水分、灰分、挥发分），以及元素分析（如硫、苯、氢气、甲烷、氢氧化合物、萘酚、一氧化碳、二氧化碳等）。

煤中的灰熔点也决定气化技术。当灰熔点高于 1500℃时，如果将此种煤应用到气流床水煤浆气化，必须提高水煤浆气化温度，但是这影响气化炉和耐火砖的寿命，增加设备投资；如果将这种煤应用到水煤浆气化炉里，必须增加一些工艺，如添加剂石灰石等。当煤质里面的水分高于 15%时，影响水煤浆的沉降性，需要增加一些絮凝剂，也相应地增加了工艺。水分高了，则增加了氧气消耗量，也相应增加了空风负荷。如果煤的含碳量低于 40%，则气化炉达不到全负荷，消耗氧气量高，大量热能被带走，出渣口容易堵塞。因此，煤质分析非常重要。煤的硫元素分析、灰熔点分析、含碳量分析、热值分析、水分分析等至关重要，它们决定了气化寿命，决定了气化长周期联产运行，决定了目标产品的高效率。

2）我国煤气化技术应用。我国自主气化技术开发与应用从未停止。煤气化产业链正以煤制烯烃、煤制乙二醇、煤制天然气、煤制油和煤基多联产为主的新型煤化工发展方向积极推进。可以预见，不久的将来，我国煤气化技术将更上一个台阶，煤气化产业链将进一步得到拓展和延伸，并呈现多元化发展，从而更好地实现我国的能源战略目标，保障我国经济的可持续健康稳定发展。

（3）煤液化技术及利用　目前，煤制油主要有两种技术路线，即煤直接液化合成和煤间接液化合成。后者产出的油品质量优于直接液化产品。

1）直接液化技术。煤直接液化是指煤在适当温度和压力下，催化加氢裂化成液态烃类，生成少量气态烃，并脱除煤中氮、氧和硫等杂原子的深度转化过程。煤炭液化过程主要步骤有：煤炭制备、煤浆、反应、脱灰/产品分离、分馏、H_2 回收及气化或蒸汽甲烷重整制氢。

早在 20 世纪 30 年代，第一代煤炭直接液化技术——直接加氢煤液化工艺在德国实现工业化。但当时的煤液化反应条件较为苛刻，反应温度为 470℃，反应压力为 70MPa。1973 年的世界石油危机，使煤直接液化工艺的研究开发重新得到重视。研究人员相继开发了多种第二代煤直接液化工艺，如美国的氢煤法、溶剂精炼煤法、供氢溶剂法等，这些工艺已完成大型中试，技术上具备建厂条件，但由于经济上建设投资大，煤液化油生产成本高，而尚未工业化。

现在几大工业国正在继续研究开发第三代煤直接液化工艺，新工艺将具有反应条件缓和、油收率高和成本相对较低的特点。目前世界上典型的几种煤直接液化工艺有：德国 IG-OR 公司和美国烃研究公司的两段催化液化工艺及我国神华直接液化技术等。

截至 2010 年 8 月 20 日，内蒙古鄂尔多斯市的全球首套 100 万 t 级煤直接液化示范工程——神华煤直接液化装置已累计投煤运行超过 5000h，主要工艺参数基本达到了设计值，产品达到了设计要求。

2）间接液化技术。煤炭间接液化系借助煤炭气化途径产生合成气，然后使合成气通过费托（F-T）合成制取液体烃类。间接液化技术可分为低温费托合成和高温费托合成两种工艺。使用 IGCC 技术作为气化的基础，煤炭可转化成液体烃类和发电。采用费托合成技术，合成气就可转化成液体烃类。这称为间接液化制油技术。

费托合成催化剂的主要成分有两种：钴和铁。南非对钴基催化剂的研究比较深入，而我国在铁基催化剂方面领先一步。客观来说，钴基和铁基这两种催化剂均已达到工业化水平，用其中任何一种都可以达到满意效果。在大规模装置建设中，尽量使用铁系催化剂，而在小规模装置中，两者均宜，技术指标两者均先进。在大规模装置建设中采用铁催化剂而不用钴催化剂的原因是，我国钴资源量很低，金属钴主要用于锂电池、催化剂和磁性材料，难以有很大的余量供煤制油使用。而铁基催化剂易得，价格便宜，效果良好。

3）煤焦油加氢技术与应用。

① 中低温煤焦油加氢技术：中低温煤焦油加氢技术将原料预处理或预精制后，根据其性质，采用加氢精制工艺、两段法加氢裂化或加氢裂化-加氢精制（FHC-FHT）反序串联工艺，可生产硫含量小于 10g/g 的石脑油及柴油产品或柴油调和组分。该技术工艺流程合理，生产过程清洁环保，运转周期长，液体产品收率高，有效利用了煤焦油资源。

应用结果表明，采用加氢精制工艺加工小于 350℃ 的低温煤焦油馏分，可生产硫、氮含量小于 2g/g 的石脑油和柴油组分，该技术不仅能够降低投资，还能够减少操作费用，其整体性能达到同类装置国际先进水平。中低温煤焦油加氢技术为我国煤化工产业清洁发展与煤的高效分质利用开辟了一条新的路径，对我国能源化工产业健康发展将产生重大影响。

② 高温煤焦油加氢技术：我国自主研发的高温煤焦油加氢技术已经成熟。这是我国继低温煤焦油、中温煤焦油加氢技术后，又一次实现了能源阶梯利用，开辟了煤焦油加工的一条新途径。利用我国燃料油短缺的市场优势及煤焦油资源优势，可采用煤焦油加氢新技术生产市场紧缺的清洁油品。

与山西、陕西等地企业采用的中温或低温煤焦油加氢技术相比，高温煤焦油加氢的原料馏分重组分偏多，沥青质含量高，原料中的煤焦油密度要高出 0.1%～0.15%。它借鉴了石化行业重油和高压加氢裂化的工艺，比低温煤焦油加氢压力高出 5.0MPa，实现了高温煤焦油中多环芳烃的加氢裂化。该技术所采用的专用催化剂更具备选择性，精制和裂化效果更彻底。在北方寒冷地区，尤其是黑龙江、内蒙古等高纬度严寒地区，高温煤焦油加氢产品可解决冬季柴油的降凝难题，目前已经推广应用。

高温煤焦油加氢技术采用固定床加氢处理技术，将煤焦油所含的硫、氮等杂原子脱除，并使其中的烯烃和芳烃类化合物饱和化，从而生产清洁油品。

第**3**章
煤炭的低碳化利用

在全球气候变化和能源转型的大背景下，煤炭这一传统化石能源的低碳化利用成了备受关注的话题。尽管煤炭资源丰富且价格低廉，但其高碳排放的特性对环境和生态系统造成了巨大压力。因此，探索煤炭的低碳化利用路径，不仅是能源技术发展的重要方向，也是实现可持续发展的关键环节。利用煤炭制备高附加值产品是实现低碳化利用的重要途径之一，在实现资源最大化利用的同时，使污染物的排放最小化。本章将探讨煤炭低碳化利用的多种路径，包括煤制天然气、煤制乙二醇及煤制碳素材料等内容，随后，还将介绍一些煤炭低碳化利用的新技术。

3.1 煤制天然气

煤制合成天然气，简称为煤制天然气或者煤制气，是以煤炭资源为原料，制取以甲烷为主要成分且符合天然气热值要求的气体。煤制合成天然气技术实现了煤炭资源的清洁生产，优化了煤炭的深加工产业结构，丰富了煤化工的产业链，对于缓解我国的石油和天然气短缺、保障我国的能源安全具有重大的意义。与此同时，发展煤制天然气与其他煤化工产品相比更有优势，其能量转化率最高，是最有效的煤炭利用方式，也是煤制能源产品的最优方式。从单位热产值来看，煤制天然气的生产工艺更加节水，是一种对于西部地区发展新型煤化工有意义的工艺。

煤制天然气过程可以显著减少传统燃煤过程中产生的污染物，如二氧化硫（SO_2）、氮氧化物（NO_x）和颗粒物。相对于直接燃煤，煤制天然气燃烧更加清洁，对空气质量的影响较小。此外，煤制天然气的综合能源效率可能优于传统的煤炭燃烧。例如，通过联合生产电力和热能（热电联产），可以提高能源利用率，减少总的煤炭消耗和相关碳排放。

煤制天然气技术分为"二步法"和"一步法"。前者即为传统煤制天然气工艺，其中的煤炭气化与合成气甲烷化反应过程分开进行，已经实现规模化工业应用；后者则是在催化剂作用下，煤气化与甲烷化反应过程在同一个反应器（气化炉）中进行，是目前正在开发探索的煤制天然气技术，其工艺流程示意如图 3-1 所示。本文主要介绍当前工业化的"二步法"煤制天然气技术。

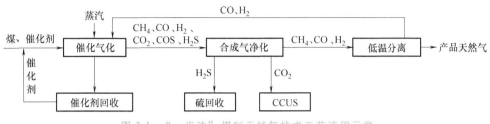

图 3-1　"一步法"煤制天然气技术工艺流程示意

3.1.1　煤制天然气的原理

合成气甲烷化反应的原料气中主要包括 H_2、CO、CO_2、CH_4、H_2O、N_2 和 Ar 等气体，在甲烷化过程中可能发生的化学反应有 11 种，其中主要反应为 CO 甲烷化反应、CO_2 甲烷化反应、CO 变换反应等。

$$CO + 3H_2 \longrightarrow CH_4 + H_2O \qquad \Delta H_{298K} = -206.28 \text{kJ/mol} \qquad (3\text{-}1)$$

$$CO_2 + 4H_2 \longrightarrow CH_4 + 2H_2O \qquad \Delta H_{298K} = -165 \text{kJ/mol} \qquad (3\text{-}2)$$

$$CO + H_2O \longrightarrow CO_2 + H_2 \qquad \Delta H_{298K} = -41.16 \text{kJ/mol} \qquad (3\text{-}3)$$

CO 甲烷化反应和 CO_2 甲烷化反应均是强放热反应，通常情况下，每转化 1% 的 CO 可产生 74℃的温升，每转化 1% 的 CO_2 可产生 60℃的温升，并且反应温度越高，CO 转化率越低，对催化剂的要求也就越高。控制反应温度在合理范围内并充分利用甲烷化反应热是甲烷化工艺过程的关键所在。

与此同时，在高温条件下，还有可能会发生 CO 的歧化反应、CO 的还原反应、CH_4 的分解反应等副反应，反应式如下：

$$2CO \longrightarrow C + CO_2 \qquad \Delta H_{298K} = -172.4 \text{kJ/mol} \qquad (3\text{-}4)$$

$$CO + H_2 \longrightarrow C + H_2O \qquad \Delta H_{298K} = -131.3 \text{kJ/mol} \qquad (3\text{-}5)$$

$$CH_4 \longrightarrow 2H_2 + C \qquad \Delta H_{298K} = 74.8 \text{kJ/mol} \qquad (3\text{-}6)$$

甲烷化反应属于强放热反应，也就是在反应的过程中，需要释放大量的热量，并且有着较快的反应速率。反应平衡常数和温度是负向影响关系，温度越高，常数值会越低。然而反应速率和温度则是正向影响关系。除此之外，由于反应生成产物的物质的量小于原始反应物的物质的量，甲烷化反应是一种体积缩小反应，在此情况下，通过试验证实，在温度低、压力高的条件下，甲烷化反应效果会更好。除此之外，H 和 C 元素的含量比值大小也会对反应造成影响，如果控制 H_2 量稍微多一些，会得到更好的反应效果。

3.1.2　煤制天然气的工艺

1. 合成气制天然气简介

"二步法"煤制天然气工艺流程示意如图 3-2 所示。原料煤在煤气化装置中与空分装置来的高纯氧气和中压蒸汽进行反应制得粗煤气；粗煤气经耐硫、耐油变换冷却和低温甲醇洗装置脱硫、脱碳后，制成所需的净煤气；从净化装置产生富含硫化氢的酸性气体送至克劳斯硫回收和氨法脱硫装置进行处理，生产出硫黄；净化气进入甲烷化装置合成甲烷，生产出优质的天然气；煤气水中有害杂质通过酚氨回收装置处理，废水经物化处理、生化处理、深度处理及部分膜处理后，得以回收利用；除主产品天然气外，在工艺装置中副产石脑油、焦油、粗酚、硫黄等副产品。主要组成工段为煤气化、变换冷却、低温甲醇洗、甲烷化及天然气干燥工段。

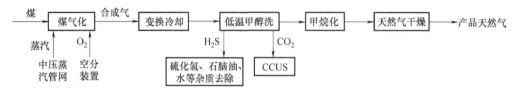

图 3-2 "二步法"煤制天然气工艺流程示意

（1）煤气化工段 煤经由煤锁加入气化炉，与中压蒸汽管网来的蒸汽、空分装置提供的氧气混合后作为气化剂进入气化炉；出气化炉的粗煤气先进入洗涤冷却器，利用高压喷射煤气水对粗煤气进行洗涤冷却，除去大部分的煤粉、焦油、酚氨等杂质并冷却后进入废热锅炉，在废锅内粗煤气与脱盐水换热，使煤气降温送往变换装置。

（2）变换冷却工段 来自气化装置的粗煤气进入洗涤塔，由来自煤气水分离装置的高压煤气水进行洗涤，粗煤气经气-气换热器加热后进入预变换炉，出来的变换气再进入主变换炉，进一步进行变换反应，出口变换气进入气-气换热器降温后，进入低位余热回收器，煤气被冷却后进入锅炉给水加热器、脱盐水预热器进行换热降温，再进入终冷器与循环水换热，煤气被冷却，经气液分离器分离后，粗煤气送入低温甲醇洗装置。

（3）低温甲醇洗工段 低温甲醇洗的工艺原理就是利用低温甲醇的选择性吸收特性，将粗煤气中的硫化氢、二氧化碳及石脑油等成分脱除，使净煤气符合甲烷合成的要求。工艺流程是：来自变换冷却的粗煤气经粗净煤气换热器、氨冷器等冷却到 $-32℃$ 后进入硫化氢吸收塔的预洗段，利用低温甲醇进行洗涤吸收，在脱除石脑油和水等杂质后，煤气进入硫化氢吸收塔的脱硫段，利用低温甲醇洗涤脱除 H_2S；之后煤气进入二氧化碳吸收塔，利用低温甲醇进行洗涤吸收，在脱除二氧化碳后，净煤气经换热升温后送往甲烷化。

（4）甲烷化工段 甲烷化装置采用丹麦托普索的镍基催化剂天然气合成技术，其工艺原理就是在镍基催化剂的作用下氢气和一氧化碳反应生成天然气。工艺流程是：来自低温甲醇洗的净煤气先进入第一硫吸收器脱除硫化氢，经换热升温后进入第二硫吸收器进一步脱除硫化氢，再经换热升温后，一部分原料气与来自循环压缩机的循环气混合后进入第一甲烷化循环反应器进行反应，出来气体进入第一废热锅炉换热。之后，一部分经气气换热器换热降温后进入低压废热锅炉换热，然后进入循环压缩机，经升压再与进入第一甲烷化循环反应器的原料气汇合。而从第一废热锅炉出来的另一部分气体与来料中剩余的原料气混合后进入第一甲烷化反应器反应，出来的气体再进入第二废热锅炉换热，同时气体降温，进入第二甲烷化反应器后进入中压蒸汽过热器，再进入气气换热器换热降温，同时气体降温，进入第三甲烷化反应器。经冷却降温和气液分离之后送往天然气压缩机入口。

（5）天然气干燥工段 天然气干燥的工艺流程是：来自天然气压缩机的天然气先进入原料气过滤器，除去天然气中的游离水、固体颗粒、重烃组分等杂质，然后进入吸收塔，与三甘醇逆流接触，天然气中的水分被三甘醇吸收，脱水后的天然气由塔顶出来，经产品气分离器分离出少量夹带的三甘醇后送入换热首站。

20 世纪 40 年代以来，人们先后开发了多种甲烷化工艺，按照反应器类型可以分为绝热固定床甲烷化工艺、等温固定床甲烷化工艺、流化床甲烷化工艺和液相甲烷化几种工艺。以下介绍绝热固定床甲烷化工艺。

2. 绝热固定床甲烷化工艺

在绝热固定床甲烷化过程中，合成气直接发生甲烷化反应，绝热温度升高，反应器出口温度超过 900℃，这对反应器、废热锅炉、蒸汽过热器、管道的选材和催化剂的耐高温性能提出了很高的要求，并且高温下甲烷易发生裂解反应析炭，增大床层压降并降低催化剂的寿命。为有效控制反应器温升，一般情况下采用稀释原料气的方法，可选方式有部分工艺气循环、部分工艺气循环并增加少量蒸汽、添加部分蒸汽等；设置级间冷却、"除水"，实现递减温度下的甲烷化反应平衡，最终通过多级甲烷化反应得到合成天然气。根据高温甲烷化反应器出口温度的不同，一般将高温甲烷化反应器出口温度低于 500℃ 的甲烷化工艺称为中低温甲烷化工艺，将高于 500℃ 的甲烷化工艺称为高温甲烷化工艺。不同高温甲烷化工艺的主要区别在于反应级数、原料气稀释方式与甲烷化反应热利用方式等。在高温甲烷化工艺中，为保护催化剂，一般采取以下方式：向原料气注入微量水或者蒸汽，促进有机硫水解，通过氧化锌（ZnO）脱硫剂［有时需增加氧化铜-氧化锌（CuO-ZnO）脱硫剂脱除原料气中微量噻吩］将原料气中硫化物降到 30×10^{-9} 以下；高温甲烷化反应器入口气在接触催化剂之前需要升温到 300℃ 以上，以避免羰基镍反应的发生；通过稀释原料气，控制高温甲烷化反应器出口温度，既抑制析碳反应的发生，又有效减缓催化剂的高温烧结。

目前，已经工业化的绝热固定床甲烷化工艺包括 Lurgi、Topsoe 和 Davy 甲烷化工艺等。

（1）Lurgi 甲烷化工艺　20 世纪六七十年代，德国 Lurgi 公司开发了含有两个绝热固定床反应器和段间循环的甲烷化工艺，并分别在南非和奥地利建立了一套中试装置。采用 Lurgi 中低温甲烷化技术的世界上第一套商业化煤制天然气装置由美国大平原合成燃料厂（Great Plains Synfuels Plant，GPSP）于 1984 年建成。在传统中低温甲烷化工艺的基础上，Lurgi 公司基于 BASF 公司新开发的 G1-86HT 催化剂和在 GPSP 的 G1-85 催化剂开发了高温甲烷化工艺，流程示意如图 3-3 所示。

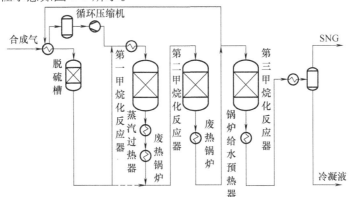

图 3-3　Lurgi 高温甲烷化工艺流程示意

Lurgi 高温甲烷化工艺包括 3 个甲烷化反应器（绝热固定床）（后简称为反应器），其中第一、第二反应器采用串联（或串并联）方式连接，采用部分第二甲烷化反应器产品气作为循环气控制第一反应器床层温度，循环温度为 60～150℃。第一甲烷化反应器出口温度为 650℃左右，第二反应器出口温度为 500～650℃。通过设置在第一反应器出口的蒸汽过热器和废热锅炉、第二反应器出口的废热锅炉回收热量生产中高压过热蒸汽。Lurgi 高温甲烷化工艺要求原料气模数略大于 3，总硫含量不超过 0.1×10^{-6}，设置单独的精脱硫反应器，将原料气中总硫降至 30×10^{-9} 以下。其中，第一、第二反应器中装填 G1-86HT 催化剂，第三反应器中装填 G1-85 催化剂。

（2）Topsoe 甲烷化工艺　20 世纪七八十年代，丹麦 Topsoe 公司开发了 TREMP 甲烷化工艺，先后建立了 ADAM Ⅰ 和 ADAM Ⅱ 装置，累计运行时间超过 11000 h。Topsoe 公司在传统 TREMP 工艺的基础上，先后推出了两种甲烷化工艺，首段循环五段甲烷化工艺流程示意如图 3-4 所示；二段循环四段甲烷化工艺流程示意如图 3-5 所示。

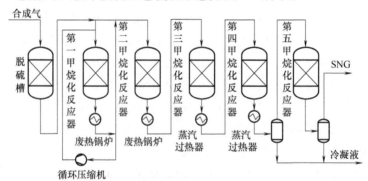

图 3-4　Topsoe 首段循环五段甲烷化工艺流程示意

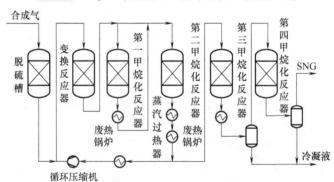

图 3-5　Topsoe 二段循环四段甲烷化工艺流程示意

Topsoe 首段循环五级甲烷化工艺共有 5 个反应器，其中第一、第二反应器采用串并联方式连接，采用部分第一反应器产品气作为循环气，并增加部分蒸汽，控制第一反应器温度，循环温度为 180～210℃；第一、第二反应器中上层装填变换催化剂 GCC 以降低反应器的入口温度；第一、第二反应器出口温度为 675℃。Topsoe 二段循环四级甲烷化工艺共有 4 个反应器，其中第一、第二反应器采用串并联方式连接，采用部分第二反应器产品气作为循环气控制第一反应器温度，循环温度为 190～210℃；第一反应器出口温度为 600～650℃，第二反应器出口温度为 550～600℃；与首段循环五段甲烷化工艺不同的是，高活性铂（GCC）

催化剂单独装在一个变换反应器中。Topsoe 两种工艺要求原料气模数约等于 3，总硫含量不大于 $0.2×10^{-6}$，设置单独的精脱硫反应器将原料气中总硫降至 $30×10^{-9}$ 以下。Topsoe 首段循环五段甲烷化工艺被我国新疆庆华煤制天然气项目采用，二段循环四段甲烷化工艺被我国内蒙古汇能煤制天然气项目和韩国浦项光阳煤制天然气项目采用。

（3）Davy 甲烷化工艺　20 世纪七八十年代，英国煤气公司开发了 CRG 技术［包括镍基预重整（CRG）催化剂和 HICOM 甲烷化工艺］。20 世纪 90 年代，英国 Davy 公司在 HICOM 工艺的基础上开发了 Davy 甲烷化工艺，其流程示意如图 3-6 所示。Davy 甲烷化工艺一般有 4 个反应器，其中第一、第二反应器采用串并联方式连接，采用部分第二反应器产品气作为循环气控制第一反应器的温度，循环温度为 150~155℃，第一、第二反应器出口温度为 620℃。对进入界区的原料气中总硫含量要求不大于 $0.2×10^{-6}$，设置单独的精脱硫反应器将原料气中总硫降至 $20×10^{-9}$ 以下。Davy 甲烷化工艺被大唐克什克腾旗、大唐阜新、伊犁新天煤制天然气项目采用。

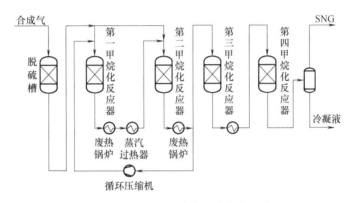

图 3-6　Davy 甲烷化工艺流程示意

（4）大唐化工院甲烷化工艺　依托国家 863 计划重点项目，大唐国际化工技术研究院有限公司（简称大唐化工院）基于自主开发的预还原甲烷化催化剂开发了绝热四段串并联甲烷化工艺（以下简称大唐化工院甲烷化工艺）。产品气质量可根据用户需求，通过向第三、第四反应器中通入少量原料气进行调节，同时降低循环气量和装置能耗，其流程示意如图 3-7 所示。

大唐化工院甲烷化工艺的 4 个反应器以串并联方式连接，第一、第二反应器为高温反应器，采用部分第二反应器产品气作为循环气控制第一反应器的温度，循环温度为 170~190℃，第一、第二反应器出口温度为 600~650℃；对进入界区的原料气中总硫含量要求不大于 $0.2×10^{-6}$，设置单独的精脱硫反应器将原料气中总硫降至 $20×10^{-9}$ 以下。根据副产蒸汽等级的不同，在第一反应器出口设置先废热锅炉后蒸汽过热器的组合或先蒸汽过热器、后废热锅炉的组合回收热量，在第二反应器出口设置废热锅炉回收热量。按照工业化装置标准，大唐化工院建成了 3000m³/d SNG（标况下）的合成气甲烷化装置，并实现了稳定运行超过 5000h，产品气质量达到了《天然气》（GB 17820—2018）一类气指标要求，甲烷（CH_4）平均含量为 96.41%，氢气（H_2）平均含量为 2.40%，CO_2 平均含量为 0.87%，氮气（N_2）平均含量为 0.32%。

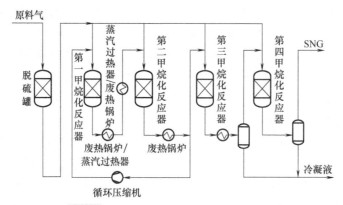

图 3-7 大唐化工院甲烷化工艺流程示意

Davy、Topsoe、Lurgi 和大唐化工院甲烷化技术对比见表 3-1。为了降低第一反应器的体积和循环气量，原料气一般情况下分为两股或多股进入不同甲烷化反应器。

表 3-1 Davy、Topsoe、Lurgi 和大唐化工院甲烷化技术对比

工艺	反应器段数	操作温度/℃	原料气分流数	第一反应器控温手段	循环气温度与流量	催化剂型号、形态与适用温度
Davy	4	250～620	2	部分第二反应器的产品气循环	150～155℃，相对较高	CRG-S2（250～700℃），氧化态和预还原态
Topsoe（五段）	5	250～675	2	部分第一反应器的产品气循环并添加部分蒸汽	180～210℃，低	MCR-2X（250～700℃），PK-7R（250～400℃），氧化态
Topsoe（四段）	4	250～650	2	部分第二反应器的产品气循环	190～210℃，相对较低	MCR-2X（250～700℃），PK-7R（250～400℃），氧化态
Lurgi（高温）	3	230～650	1 或 2	部分第二反应器的产品气循环	60～150℃，相对较高	G1-85（230～510℃），G1-86（230～650℃），氧化态
大唐化工院	4	240～650	4	部分第二反应器的产品气循环	170～190℃，相对较低	DTC-M1S（250～700℃），DTC-M1C（250～700℃），预还原态

在 Davy 工艺中原料气分成两股分别进入第一、第二反应器；在大唐化工院工艺中，原料气分成 4 股，分别进入第一、第二、第三、第四反应器。由于第一、第二反应器产品气中水含量较高，一般情况下会选择部分第一或者第二反应器的产品气作为循环气来控制第一反应器的温度。例如，Topsoe 首段循环工艺为部分第一反应器产品气循环，Davy、Lurgi、Topsoe 采用的二段循环四段工艺和大唐化工院采用的甲烷化工艺均选用部分第二反应器产品气作为循环气来控制第一反应器的温度。不同甲烷化工艺的循环气温度有所不同，在不超过循环气饱和温度的前提下，循环气中水含量随着循环气温度升高而增加，稀释原料气的能力增强，因此在同等情况下，循环气温度越高，循环气量就越小。当循环气温度高于饱和温度后，提高循环气温度不能降低循环气量，对装置换热网络有一定影响。采用氧化态催化剂的装置在正式开车前需将催化剂还原，而采用预还原催化剂的装置直接投料开车即可，无须

单独建设催化剂还原装置。采用预还原剂可显著缩短装置首次开车时间，有助于提高煤制天然气项目收益。

3.2　煤制乙二醇

当前，我国炼油产能利用率不到 80%，减少石油化工产品比例、增加煤化工产品生产，不仅有助于缓解石油资源紧缺的问题，而且能够降低石油化工生产过程中的碳排放。通过发展煤制乙二醇等产品，可以实现煤炭资源的高效利用和清洁转化。

在煤制乙二醇的过程中，采用高效的气化技术和合成技术，降低了能源消耗，从而减少了碳排放。此外，在生产乙二醇的过程中还可以产生其他有价值的副产品，如甲醇、一氧化碳、氢气等。这些副产品可以被进一步利用，减少浪费并增加附加值。

3.2.1　煤制乙二醇的原理

乙二醇（EG）是重要的有机化工原料，主要用于生产聚酯纤维、聚酯塑料、防冻剂、润滑剂、增塑剂、表面活性剂、涂料、油墨等多种化工产品。目前，乙二醇生产主要以石油乙烯为原料，而我国石油短缺，开发煤基合成气制乙二醇工艺技术，替代石油乙烯路线，在我国具有广阔的前景和重要的意义。乙二醇主要用于聚对苯二甲酸乙二醇酯（聚酯）的生产，是石油化工行业非常重要的基础有机原料，广泛应用于涤纶、瓶片、防冻剂、润滑剂、增塑剂、油漆、胶黏剂、表面活性剂和炸药等工业领域，随着下游应用的飞速发展，近年来我国乙二醇市场需求日益增加。煤制乙二醇工艺包括直接合成法、甲醇合成法和草酸酯法等。

1. 直接合成法

直接合成法是先由煤气化制取合成气 [一氧化碳和氢气（$CO+H_2$）]，再由合成气一步直接合成乙二醇，是一种最为简单有效的乙二醇合成方法，也最符合原子经济性，理论价值最高。此方法最早是由美国杜邦公司于 1947 年提出来的。该工艺技术的关键是催化剂的选择。早期采用钴催化剂，要求的反应条件苛刻，高温高压下乙二醇的生产率也很低。1971 年，美国联合碳化物公司（UCC）首先用铑催化剂制乙二醇，其催化活性明显优于钴，但所需压力仍然太高（340MPa）。20 世纪 80 年代，直接合成乙二醇的优良催化剂被确定为铑和钌两大类。UCC 采用铑催化活性组分，以烷基膦、胺为配体，配置在四甘醇二甲醚溶剂中，反应压力可降至 50MPa，反应温度为 230℃，不过合成气的转化率和选择性仍偏低。日本研究的铑和钌均相系催化剂，乙二醇选择性达 57%。该法尚未有工业化装置。

2. 甲醇合成法

以煤为原料，通过气化、变换、净化后得到合成气，经甲醇合成，甲醇制烯烃（MTO）得到乙烯，再经乙烯环氧化、环氧乙烷水合及产品精制最终得到乙二醇。该技术较为成熟，但工艺路线长，投资较大，且成本受制于甲醇价格的波动，主要依托于已有的 MTO 装置。

3. 草酸酯法

以煤为原料，通过气化、变换、净化及分离提纯后分别得到 CO 和 H_2，其中 CO 通过催化偶联合成及精制生产草酸酯，再经与 H_2 进行加氢反应并通过精制后获得乙二醇的过程。该工艺流程短、成本低，是目前国内受到关注最高的煤制乙二醇技术，通常所说的"煤制乙二醇"就是特指该工艺，主要包含以下步骤：

（1）CO 气相偶联合成草酸二甲酯（DMO）　首先，CO 在催化剂的作用下，与亚硝酸甲酯（CH_3ONO）反应生成草酸二甲酯（$COOCH_3)_2$ 和一氧化氮（NO），称为偶联反应，反应方程式如下：

$$2CO+2CH_3ONO \longrightarrow (COOCH_3)_2+2NO \tag{3-7}$$

其次，偶联反应生成的 NO 与甲醇和氧气（O_2）反应生成亚硝酸甲酯（CH_3ONO），称为再生反应，反应方程式如下：

$$2NO+2CH_3OH+\frac{1}{2}O_2 \longrightarrow 2CH_3ONO+H_2O \tag{3-8}$$

最后，生成的亚硝酸甲酯返回偶联过程循环使用。总反应式为

$$2CO+\frac{1}{2}O_2+2CH_3OH \longrightarrow (COOCH_3)_2+H_2O \tag{3-9}$$

（2）草酸二甲酯加氢制取乙二醇　草酸二甲酯加氢是一个串联反应，DMO 先加氢生成中间产物乙醇酸甲酯（MG），MG 再加氢生成乙二醇（$CH_2OH)_2$。

主反应方程式为

$$(COOCH_3)_2+4H_2 \longrightarrow (CH_2OH)_2+2CH_3OH \tag{3-10}$$

总反应方程式为

$$4CO+8H_2+O_2 \longrightarrow 2HOCH_2CH_2OH+2H_2O \tag{3-11}$$

理论上，反应过程中并不消耗 NO 和甲醇（CH_3OH），由系统再生循环使用；实际生产中，由于消耗与损失，需要补给 NO，常用的补给方式为氨氧化法和硝酸（HNO_3）法。生产原料 CO 和 H_2 来源于合成气的分离提纯，O_2 来源于空气分离。

3.2.2　煤制乙二醇的工艺

草酸酯法又称合成气氧化偶联法，是一条最有前途的工艺路线，它由美国 UCC 公司1966 年提出。1978 年，日本宇部兴产对该技术进行了改进，首次提出草酸二甲酯路线。草酸二甲酯路线即由 CO 气相催化合成草酸二甲酯，再经催化加氢制取乙二醇，通过后续的精制，可以获得纯度较高的聚酯乙二醇。20 世纪 70 年代末期，国内一批科研机构对 CO 催化制备草酸酯及衍生物技术进行研究并取得了较大进展。中科院福建物质结构研究所、江苏丹化集团有限责任公司、上海金煤化工新技术有限公司三方经多年联合技术攻关，于 2008 年6 月完成了"年产 300t 草酸二甲酯及 100t 乙二醇"项目的中试和"万吨级煤制乙二醇"项目的工业化试验，实现了预期各项技术指标。2009 年底，利用该技术在内蒙古通辽建成了世界首套 20 万 t/a 煤制乙二醇工业示范装置并投入试运行，首批产品问世，目前该示范装

置已投入商业化运行，最高生产负荷达 90%。合成气草酸二甲酯路线制乙二醇工艺流程如图 3-8 所示。

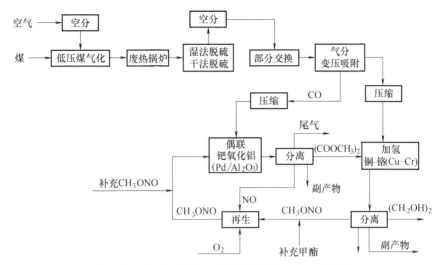

图 3-8 合成气草酸二甲酯路线制乙二醇工艺流程

（1）原料气的制备、净化及变换 一氧化碳气体的制备，通过空分制得氧气与炉内煤反应制得炉气，炉气经脱硫净化送到下一工序。氢气的制备，通过间歇制气法制得半水煤气，炉气经脱硫净化，接着进行高温变换和低温变换，制得氢气。

（2）一氧化碳原料气的再净化处理 从合成气净化装置出来的一氧化碳原料气，采用催化氧化技术除去氢和氧，以分子筛脱水。再按一定比例混入普通氧气或空气，并送入载有催化剂的固定床反应器中，催化反应同时除去所含的氢气和氧气。其催化剂是负载有铂族金属或它们的盐的载体催化剂，金属主要是铂、钯或铂-钯合金。其盐可以是硫酸盐、硝酸盐、磷酸盐、碳酸盐、草酸盐、醋酸盐、卤化物及其络合物等。金属含量为载体质量的 0.05% ～ 5%。载体可采用硅胶、浮石、硅藻土、活性炭、分子筛及氧化铝等物质。反应温度在 50～400℃，最好在 80～250℃。接触时间在 0.5～10s。最后导入分子筛床层，进行常温脱水。气体中所含的氮、二氧化碳、甲烷、氩不必除去。净化后气体中有害杂质含量控制在硫化物 ≤ 1.15×10^{-6}，氨（NH_3）≤ 200×10^{-6}，H_2 ≤ 100×10^{-6}，O_2 ≤ 1000×10^{-6}，水（H_2O）≤ 100×10^{-6}。该混合气体即可作为合成草酸酯的一氧化碳原料气。

（3）草酸酯的合成 将净化后的一氧化碳原料气与亚硝酸异戊酯混合，其含量（体积比）为：一氧化碳25%～90%，亚硝酸异戊酯5%～40%，导入装有以氧化铝作载体的钯催化剂的列管式反应器中进行催化反应。金属含量为载体中的0.1%～5%，接触时间为0.1～20s。反应温度为80～200℃。反应产物经冷凝分离后得草酸酯。

（4）尾气再生 将分离了草酸酯的反应尾气导入再生塔，按 NO 与 O_2 分子比为 4.1∶6.5，配入氧气氧化，按醇与 NO 的分子比为 2～6 送入 20% 以上的醇水溶液，进行接触反应，控制塔温在相应酯的沸点以上，分离醇的水溶液循环使用。当醇的浓度低于 20% 时，更换新的醇液。

（5）亚硝酸异戊酯的回收 将再生塔得到的亚硝酸异戊酯气相导入冷凝分离塔，控制温度在相应酯的沸点以上,将亚硝酸异戊酯气体中的醇和水进一步分离,其中大部分亚硝酸异戊酯(含未反应气体)送回合成塔循环使用,另一小部分转入压缩冷凝塔处理。

(6) 非反应气体的排放 将含有非反应气体的亚硝酸异戊酯导入压缩冷凝塔,控制冷凝温度在−20~40℃,压强在0.5~4MPa,使亚硝酸异戊酯完全液化回收,经气化后导入合成塔循环使用,不凝气体主要是氮气和少量的甲烷、氩、一氧化碳、一氧化氮,放空排除。

(7) 草酸二甲酯加氢 在反应器中装填40~60目的催化剂,并在反应器两端各装入20~40目的石英砂,防止反应器内气体反流并固定催化剂床层。催化剂由氢气在特定条件下还原活化,然后设定好反应温度和压力。DMO溶液由高压计量泵打入气化器气化,氢气由高压质量流量计控制流量,进入气化器与气化的DMO溶液充分混合后进入反应器进行反应。产物由循环水冷却,液体产物进精馏装置精制生产高纯乙二醇,尾气经回收有用组分后送入加热炉或锅炉燃烧。

3.3 煤制碳素材料

煤是除石墨、金刚石外自然界含碳量最高的矿产,也是储量最为丰富、廉价的含碳资源,其分子结构与碳素材料具有天然相似性,是优质碳素材料的前驱体,可通过煤气化、液化、焦化及中低温热解,经进一步加工转化,可制备种类繁多的煤基碳素材料,这些过程相对于直接燃烧煤来说更加高效,并且可以最大限度地利用煤的碳含量。在"双碳"目标下,持续加大对煤基炭素材料产业技术发展态势跟踪和需求研判,拓宽煤炭非燃烧高附加值利用途径,不仅是产业高质量发展的需要,更是对推动产业高质量发展和我国经济社会可持续和谐快速发展具有重要的战略意义。

3.3.1 煤制碳素材料的发展

碳素材料是指以碳元素为主要成分的材料。传统的碳素材料是指从无定形碳到石墨、金刚石结晶的一大类物质形成的材料。先进碳素材料是区别于传统碳素材料的一系列新型碳素材料的总称,包括纳米碳材料(碳纳米管、笼状碳、碳富勒烯等)、多孔碳材料(活性炭、介孔碳等)、炭质复合材料、石墨烯等。新型碳素材料由于其优良的力学、电学、热力学等性能,而广泛用于航空航天、储能储氢、电子电器、生物化工等领域。以多孔碳材料、纳米碳、炭质复合材料、石墨烯、炭石墨电极等为代表的高附加值新型碳素材料得到越来越广泛的应用,在世界范围内掀起研究热潮。

通过碳原子外层电子的sp^n杂化,碳元素可形成许多结构和性质完全不同的同素异性体,不同的碳同素异性体在不同的物化条件下又能相互转化。根据这一原理,人们可通过不同的碳源,用不同的方法制造各种先进碳素材料。在所有碳源物质中,煤的储量最为丰富、价格最低廉。用煤做原料制备先进碳素材料,能够使煤这种天然资源得到高效利用,不仅能够拓展煤的非燃料利用空间,也能够扩大一些高附加值先进碳素材料产品的原料来源,降低原料成本,有重要的科学价值和巨大的应用潜力。

高的含碳量及丰富的多孔结构使煤经过破碎加工就可能直接用作助滤材料。对煤进行高温炭化处理，可以制备活性炭；在煤中添加金属催化剂，采用电弧放电等方法，可以制备碳富勒烯；改变预处理、工艺条件，可以制备碳纳米管等纳米碳材料；高碳煤可以用来制备碳石墨电极。对高碳煤进行化学热解，可制备石墨烯。在高温处理过程中，煤中的小分子挥发物以气态形式析出，经过发泡、炭化处理，用煤和煤系物可以制备出泡沫炭。将煤粉与有机物混炼压制可制备聚合物/煤复合材料，通过分级萃取，可以得到一系列组成不同的沥青质萃取物，作为基体前驱体，制备炭质复合材料。煤不仅能用作燃料，还能用来制备高附加值的碳素材料。采用煤制备先进碳素材料，是煤深加工的重要途径，通过这种煤的综合利用方式，可获得性能良好、成本低廉的高性能先进碳素材料，具有重要的科学意义和广阔的应用前景。

3.3.2　活性炭

活性炭是一种由含碳物质经加工得到的人工炭材料制品。活性炭具有孔隙发达、比表面积大、吸附容量高、表面上含有（或可以附加上）多种官能团、具有催化活性、性能稳定（能在不同温度和酸碱度下使用）、可以再生等特性。活性炭在国防、化工、食品、医药、环保等领域得到了广泛应用，近年来，它作为能源、环境新材料显示出广阔的应用前景。

几乎任何一种天然或合成的含碳物质都可以用于生产活性炭，商业化的原料包括木质原料（木材、果核、果壳）降解或煤化的植物（如泥炭、褐煤）、所有不同变质程度的煤、石油焦及合成高分子材料。与其他原料相比，煤炭来源广泛、价格低廉；以煤为原料生产的活性炭机械强度大、化学稳定性高。因此，从原料来源稳定性、成本及产品性能方面综合考虑，以自然界中含碳量高、资源极为丰富的煤作为制造活性炭的主要原料已成为必然的趋势，世界范围内煤基活性炭产量占活性炭总量的 70% 以上。

我国活性炭生产起步于 20 世纪 50 年代。依托品种齐全、储量丰富的煤炭资源，我国在引进的基础上，消化、吸收、研发了活性炭生产技术和大型、高效的关键生产设备。

1. 煤基活性炭制备方法

总的来说，煤基活性炭的制备方法可分为三大类：化学活化法、物理活化法、化学物理活化法。

（1）化学活化法　把酸［如磷酸（H_3PO_4）］、盐［如氯化锌（$ZnCl_2$）］、碱［如氢氧化钾（KOH）］等加入原料煤中，然后在惰性气氛中加热，同时进行炭化和活化制取活性炭的方法称为化学活化法。化学药剂的作用一般包括渗透、溶胀、胶溶、溶解、氧化、脱水。化学活化的原理是，原料经 0.5～4 倍的化学药品液浸渍后加热，由于化学药品的脱水作用，原料中的 H 和 O 以水蒸气的形式放出，形成发达的孔隙结构。

化学活化剂不同，其工作温度不同，活性炭产品的结构也有差异。H_3PO_4 活化温度较低（400～500℃），得到具有丰富中孔结构的活性炭；用碳酸钾（K_2CO_3）在 800℃下活化煤，可以得到比表面积超过 3000m^2/g 的活性炭。

KOH 碱熔法是至今为止最有效的提高活性炭比表面积并降低灰分的方法。碱与原料中的硅铝化合物（如高岭石、石英等）发生反应，形成可溶的硅酸钾（K_2SiO_3）或偏铝酸钾（$KAlO_2$），它们在后处理中被水洗去，留下低灰分的碳骨架；碱催化煤中的碳，形成活性炭特有的多孔结构。在 KOH 溶液浸润时，含钾物种可嵌入原料煤的碳结构中，使碳原子层扩张；温度升高时 KOH 发生脱水，产生金属氧化物氧化钾（K_2O），进一步升高温度后，K_2O 在惰性气氛中与碳发生反应，被还原为钾（K），而碳元素以 CO 或 CO_2 逸出，形成活性炭的孔结构。用 CO_2 活化时，嵌入的 K_xO_y 则有可能被 CO_2 氧化成 K_xO_{y+1}，它可以与碳反应形成 K_xO_y 和 CO 气体；K_xO_y 再与气氛中的 CO_2 反应，生成 K_xO_{y+1}，构成催化循环，最终形成活性炭的孔结构。

化学活化要求原料的氧、氢量高（分别不低于 25% 和 5%），适于木质原料（氧含量约为 43%、氢含量约为 6%）。然而，除了极少数成煤年代较近褐煤的氧含量达 20%、少数褐煤及中低变质程度烟煤的氢含量在 4.5% 左右外，鲜有煤的氧、氢含量同时达到上述指标。此外，化学活化虽然制备的活性炭孔结构更为发达，但活化剂多为腐蚀性物质，会腐蚀设备、污染环境。因此，在工业实践中化学法制备煤基活性炭并不多见。

（2）物理活化法　物理活化法首先将煤炭化，除去煤中挥发性物质，得到炭化料，然后用水蒸气或 CO_2 进行高温（1200K）热破坏（即所谓的"活化"），烧蚀部分碳来获得相应的孔结构。物理活化过程中，气体活化剂对炭化料的活化作用有三种：反应清除焦油等非组织碳，使原来闭塞的孔隙开放、畅通；气体活化剂扩散到初始孔中反应，使孔隙变大，有时也造成相邻孔的孔壁烧失、孔隙合并；气体活化剂在原料炭表面有选择地发生活化反应，生成新的孔隙。

相同活化温度下水蒸气活化反应速度高于 CO_2，所得活性炭的比表面积也高于 CO_2 活化的活性炭；在相同烧失率下，褐煤水蒸气活化得到活性炭，其吸附能力高于 CO_2 活化的吸附能力，且孔径分布较宽，孔径尺寸偏大。

物理活化法制备微孔活性炭的工艺已比较成熟，特别是用于制备价格低廉的煤基活性炭。物理活化的缺点在于活化时间较长，微孔孔径分布较难控制，活性炭的质量不稳定，比表面积较低，且中孔不够发达。

（3）化学物理活化法　化学物理活化法是将化学活化法和气体活化法结合的方法，也称为催化活化法。首先在原料煤中加入一定量的化学药品（添加剂、催化剂），加工成型，再经过炭化和气体活化后制造出具有特殊结构性能的活性炭。

原料中掺入化学品，可使原料活性提高，并在炭材料内部形成传输通道，有利于气体活化剂进入孔隙内进行刻蚀。例如，采用浸渍的方法将 $HClO_4$ 或 $Mg(ClO_4)_2$ 加入无烟煤中，然后用 CO_2 在 850℃ 下活化，可制得微孔和中孔均比较发达的活性炭材料。化学添加剂主要通过插入和氧化反应改变活性炭的微孔结构，显著降低活化时间。对无烟煤在 160℃ 时采用 $HClO_4$ 浸渍能够制备高比表面积和微孔、中孔均比较发达的活性炭。

化学物理活化法可通过改变添加剂的种类和数量制取孔隙发达且孔径分布合理的活性炭，提高吸附容量，尤其是显著提高活性炭对液相中大分子物质的吸附能力。此外，利用该方法可在活性炭材料表面添加特殊官能团，从而可利用官能团的化学性质，使活性炭质吸附材料具有化学吸附作用，提高其对特定污染物的吸附能力。

2. 煤基活性炭生产工艺

由于对原料煤高氢、氧含量的要求以及腐蚀性、环境不友好，化学法在煤基活性炭工业生产中的应用十分有限，而化学物理活化法以物理活化法为基础，在柱状活性炭、压块活性炭等采用再成型方法生产活性炭的工艺中，很容易在粉磨、成型环节把添加剂或催化剂加入原料煤中实现生产。因此，煤基活性炭的生产主要讨论物理活化法涉及的相关工艺。

物理活化法制备活性炭的工艺流程一般包括煤破碎（粉磨、成型）、炭化、活化及后处理等。原料煤均需破碎，以符合炭化、活化设备对物料粒度的要求。粉磨和成型工序主要出现在成型炭的生产过程中，煤一般粉磨至大部分通过 200 目筛子（0.074μm），然后挤出或压块成型，成型时根据需要选用黏结剂。炭化是气体活化法生产活性炭过程的重要环节之一，通过煤的低温热解使非碳元素减少，发生一系列物理变化和化学变化，得到适于活化的炭化料。几乎所有的煤都可以生产活性炭，但是黏结性煤在炭化时要经过塑性阶段，并倾向于生成质地均匀的半焦而阻碍孔隙的发育，通常需要采用预氧化等方法降低煤的黏结性以避免这种现象发生。预氧化的强度须适度，适量的预氧化可降低煤的膨胀性、提高炭化料的机械强度、密度及反应性，而过度预氧化降低活性炭的强度和密度。

（1）原料煤破碎颗粒活性炭生产工艺　原料煤破碎颗粒活性炭通常简称为原料煤破碎炭，是块煤经过破碎、筛分，再经过炭化、活化后制成的，其生产工艺如图 3-9 所示。该生产工艺较适合具有较高机械强度和反应活性的煤种，主要是低变质程度的烟煤，如大同长焰煤等。值得注意的是，原料煤破碎炭得率较低，在水处理应用中存在堆积重轻、漂浮率高、强度低等缺点。

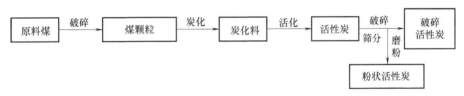

图 3-9　原料煤破碎颗粒活性炭生产工艺

原料煤破碎炭工艺生产的颗粒活性炭成品主要用于饮用水处理，部分大颗粒产品可用于糖脱色、味精处理；原料煤破碎炭生产工艺的副产品粉状活性炭可用于污水处理。

（2）柱状活性炭生产工艺　将原料煤破碎、磨粉到一定粒度（一般要求 90% 通过 200 目筛），加入黏结剂（常用的是煤焦油）和水在一定温度下捏合，利用成型机挤条，干燥后炭化、活化，制得活性炭。煤基柱状活性炭生产工艺如图 3-10 所示。由于在制备过程中使

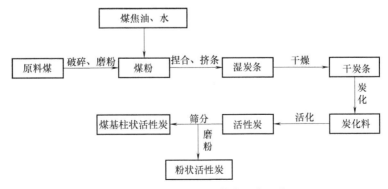

图 3-10　煤基柱状活性炭生产工艺

用煤焦油，生产过程污染严重且生产成本较高。

柱状活性炭工艺对原料煤的适应性广、产品强度高，还可通过配煤、加入添加剂等手段调整活性炭性能指标，产品种类较为丰富。柱状活性炭既可用于液相处理，也可用于气体净化，应用范围广泛、市场适应性好。柱状活性炭不经过破碎直接用于水处理，由于表面较为光滑，不利于生物的附着和生长。这可以通过破碎的方法制成柱状破碎活性炭解决。

（3）压块活性炭生产工艺　活性炭应用领域的扩大造成了活性炭需求量日益增长。压块活性炭生产技术和多膛炉的应用使大规模生产煤基压块活性炭成为现实。通过配煤、添加剂和优化炭化、活化工艺参数可以制备出多样化和专用化的煤基活性炭。煤基压块活性炭生产工艺流程如图 3-11 所示，将原料煤破碎至一定粒度后进入磨粉机磨粉，煤粉经设备压块成型，再经破碎、筛分，进行炭化、活化，生产出（破碎）压块活性炭。

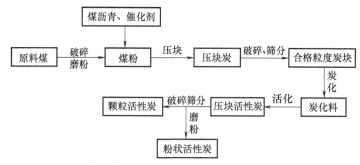

图 3-11　煤基压块活性炭生产工艺

压块成型是压块活性炭生产工艺的关键环节之一。若将煤粉无黏结剂成型，则要求原料煤具有一定的黏结性，只有少量变质程度较低的烟煤适用，也可加入一定量的黏结剂（一般是煤沥青）解决原料煤黏结性的问题。有时还在粉磨后的煤粉中加入具有催化作用的添加剂，以调整活性炭的结构和性能。国内生产活性炭的原料煤中，大同煤的压块成型性能明显优越。

压块活性炭的生产及应用起源于欧美。压块活性炭得率相对较高，克服了原料煤破碎炭在水处理中堆积重轻、漂浮率高、强度低等缺点；与柱状炭相比，压块炭具有原材料消耗少、不用煤焦油、吸附性能优越、孔隙结构可根据配煤进行调整、孔径分布均匀而合理等优点，且具有粗糙表面和发达的中孔和合适的大孔结构，更易于细菌的附着和生长。因此，压块活性炭是水处理用活性炭市场的主流产品。

目前，煤质压块活性炭生产多选用成熟先进的生产工艺和生产设备，磨粉选用雷蒙磨、多轮磨粉机；成型采用液压挤出成型设备及液压对辊压块机；炭化选用内热式回转炭化炉或耙式炉（也称"多膛炉"，Multiple Hearth Furnace，MHF）；活化选用斯列普炉、耙式炉。配套成熟的回转炉炭化、斯列普炉活化生产工艺或炭化活化一体的耙式炉工艺。应用领域的拓展和应用规模的扩大，对活性炭的生产能力要求也越来越高。为满足不断扩大的活性炭需求，活化装置正在由单台设备产能<1000t/a 的斯列普炉（SLEP）向生产能力更高、产能超过>10000t/a 的多膛炉过渡。

3.3.3　碳纤维

近年来，碳纤维以高强度、轻质及出色的耐蚀性等特点，在科技和工业领域的发展中扮演了至关重要的角色。根据制备碳纤维原料或工艺的区别，已工业化生产的碳纤维可分为聚丙烯腈基碳纤维、沥青基碳纤维（包括中间相沥青基碳纤维和各向同性沥青基碳纤维）。其中，以中间相沥青为前驱体制备的碳纤维具有接近理论值的杨氏模量，因而也被称为高性能碳纤维（抗拉强度 >2GPa；杨氏模量 >250GPa），它的成本昂贵，主要用于国防军工、航空航天等特种领域；以各向同性沥青为前驱体制备的碳纤维的强度性能较低（抗拉强度 <1.4GPa；杨氏模量 <140GPa），因而也被称为通用级碳纤维，它的价格低廉，主要用在建筑补强、隔热保温等民用行业。

不论何种碳纤维，基本的生产工艺相似，主要包括原料预处理、沥青前驱体调制、熔融纺丝、预氧化、炭化和石墨化。

1. 原料预处理

碳纤维的制备原料主要包括两类：一类是有机混合物，包含煤系、石油系、生物质系有机混合物，如煤焦油、煤焦油沥青、乙烯焦油、催化裂化油浆、生物质焦油等；另一类是芳香类或可转化为芳香类的纯化学物质，如萘、甲基萘、蒽、聚苯乙烯、聚氯乙烯、聚乙烯等，如图 3-12 所示。其中，煤系原料组分复杂、分子量分布宽，反应活性好，在热作用下即可自发反应，生成中间相或各向同性的沥青前驱体。但这些原料通常含有焦炭、无机物、灰分等不溶性杂质及水分、重组分、喹啉不溶物等特殊组分，对碳纤维的制备与性能有负面影响，因而需要通过预处理的方法去除；此外，分子量分布宽的原料在沥青前驱体调制过程中，小分子化合物和大分子稠环芳烃的反应不同步，小分子化合物的芳构化与大分子稠环芳烃的缩聚可能同步进行，导致缩聚不充分或结焦，从而影响沥青前驱体的性质，因此需要通过预处理留下分子量适宜的有机组分。

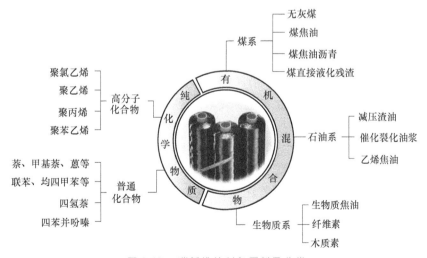

图 3-12　碳纤维的制备原料及分类

原料预处理的方法主要有蒸馏和萃取两类。原料的蒸馏预处理是根据原料中各组分相对挥发度不同进行组分切割，可分为减压蒸馏、常压蒸馏和加压蒸馏。蒸馏预处理的作用一方面为将原料中相对挥发度低的小分子化合物蒸馏出；另一方面为当蒸馏温度较高或压力较大时，小分子化合物发生芳构化和取代等反应，形成大分子的化合物。蒸馏预处理温度和压力的选用应依据原料性质和预处理目标而定。

萃取也称抽提，是利用有机溶剂将原料中特定组分提取分离的处理方法。萃取的主要作用是进行组分切割，移除某些特定组分，这些组分可以参与沥青前驱体形成，但会对沥青前驱体的某种性质造成负面影响，如喹啉不溶物会阻碍中间相小球融并，导致形成镶嵌型织构；萃取的另一个作用是分离出原料中加热不会融化的固体颗粒，这些颗粒的存在会影响原料的热缩聚反应以及沥青前驱体的纺丝性等。

2. 沥青前驱体调制

中间相沥青基碳纤维和各向同性沥青基碳纤维的生产工艺几乎相同，在沥青前驱体制备步骤中需要调制出具有中间相织构或各向同性织构的沥青前驱体。沥青前驱体调制是指原料经环化、芳构化、低聚及缩聚等复杂的反应过程，形成以稠环芳烃为主的沥青状物质，其主要目标是在反应过程中通过调控反应条件获得软化点高、流动性好及可纺性优异的沥青前驱体。

沥青前驱体调制的本质是液相炭化过程，因而在反应过程中，氢转移反应和自由基反应并行。自由基反应在促进环化和芳构化及沥青前驱体调制反应的初期发挥重要作用。因为形成自由基的过程涉及共价键的断裂，因此引发自由基反应通常需较高能量。但煤焦油等类似原料都是由复杂混合物组成的低温共熔溶剂，反应活性高，因而在较低温度下可产生自由基，引发自由基反应。自由基反应速度极快，一旦诱发便可在极短时间内完成反应。因此，对于煤焦油类的低温共熔溶剂类原料，在自由基反应发生阶段，几乎不需延长保温时间。氢转移反应在芳烃低聚和缩聚反应中起促进作用，故在沥青调制反应后期起决定性作用。通过控制氢转移反应可以控制缩聚反应进程，从而控制沥青前驱体中基本结构单元和基本构筑单元的聚集、层积及结构，实现调节沥青前驱体的分子量分布、黏度、流动性及可纺性等宏观性质。氢转移反应速率较慢，通常需要足够的反应温度和保温时间。

根据原料特征的差异，沥青前驱体的调制方法有热缩聚法、共炭化法、加氢聚合法、催化合成法及卤化诱导法。目前，以煤系有机混合物为原料时，因其反应活性好，通常选用热缩聚法。热缩聚法的设备简单、操作容易、成本低廉，是最常用的沥青前驱体调制方法。

3. 熔融纺丝

熔融纺丝是将沥青前驱体转化为单丝纤维的过程。沥青前驱体是复杂的混合物，分子量分布宽，无法像聚丙烯腈、酚醛树脂等高分子完全溶解于某些有机溶剂中，因此不适用于湿法纺丝和静电纺丝方法；此外，碳纤维在工程中的应用通常要求单丝之间具有很好的分离性，且直径分布均匀，而静电纺丝难以获得直径均匀且分离清晰的单丝纤维，故熔融纺丝是最符合沥青基碳纤维工业生产的纺丝方法。

熔融纺丝过程是指沥青前驱体在惰性气氛（如氮气）中受热熔化后，在气体或机械挤压的作用下经过特定直径和长度的喷丝板，转变为一维有序的纤维，再结合缠丝机的牵引拉伸作用，变成直径为 $7\sim12\mu m$ 单丝纤维的工艺过程，如图 3-13 所示。

首先，熔融纺丝宏观上起到塑型作用，即将沥青前驱体塑造为纤维状的单丝，通过改变纺丝参数和喷丝板的形状可以分别调节碳纤维的直径和形状。碳纤维的直径和强度性能具有反比例关系，即碳纤维的直径越细，抗拉强度越高。但直径过细会使纤维单丝能够承受的力减小，不利于碳纤维的应用。因此，在纺丝过程中需要控制纤维的直径。

其次，熔融纺丝微观上发挥了重排分子的作用，即通过挤压和牵引，使沥青前驱体中的基本构筑单元沿轴向形成一维有序排列。熔融纺丝对中间相沥青前驱体的重排分子作用尤为明显，经过一维有序排列后的基本构筑单元经后续的预氧化和炭化后，石墨微晶

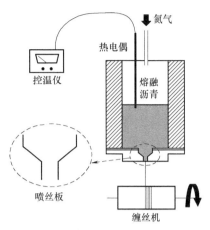

图 3-13　熔融纺丝过程

更易沿轴向一维有序排列，形成石墨晶体结构。对各向同性沥青前驱体，由于其分子结构呈现空间缠绕和无规则取向的网状结构，因此即使经过挤压和牵引的作用，分子结构的有序性变化仍不明显，但较小的直径使物质在预氧化和炭化过程中，沿径向的嵌入和逸出更为方便。

4. 预氧化

沥青属于热塑性材料，被加热至软化点时会软化、熔融，因而由熔融纺丝制得的沥青纤维在经历后续的炭化、石墨化等加工过程时的温度不能超过沥青前驱体的软化点。当外界温度超过其软化点时，沥青纤维便开始熔融，无法继续保持单丝的纤维状态。然而，沥青前驱体的软化点在 200~300℃，而炭化温度通常在 800℃以上，因此为了防止沥青纤维在炭化过程中发生熔融，需预先进行预氧化过程。

预氧化的原理是通过轻微氧化反应，使沥青中的稠环芳烃分子形成特定的交联结构，即在纤维结构中生成一定量的含氧官能团，这些含氧官能团能够使沥青纤维从热塑性转变为热固性，从而确保沥青纤维的分子结构在炭化过程中足够稳定，不被熔融，仍然维持单丝的纤维状态，因此预氧化也称作不熔化或耐炎化。预氧化反应包括氧化反应、缩合反应、分解反应、脱水反应等，反应机理复杂，且受原料分子组成和结构的影响明显。

预氧化反应对碳纤维的强度性能具有重要影响。若预氧化不充分，预氧化纤维中的含氧量低，在后续的炭化过程中，纤维易发生软化和融并等现象，不易得到强度性能优异的长丝碳纤维；由于绝大多数氧元素要在炭化过程中以气体形式逸出，若预氧化过度，纤维中含氧量太高，炭化过程中释放过多气体，会破坏碳纤维的分子结构，导致气孔、裂缝等缺陷出现，影响碳纤维的强度性能，甚至导致纤维在炭化过程中直接断裂。

5. 炭化与石墨化

炭化是绝大多数炭材料制备的必经步骤，是对炭化原料分子进行重整，使其转变为具有炭材料分子结构特征的过程。碳纤维生产工艺中，预氧化后的炭化步骤与沥青前驱体调制时的液相炭化不同，主要是指经预氧化后的纤维在一定温度下进行分子结构重整，移除氧元素等非碳元素，形成以稠环芳烃构成的石墨结构的过程。该炭化过程属于典型的固相炭化，即

预氧化纤维在热作用下保持固态和基本形状不变，经历各种复杂的化学反应和结构转变，直接固化成炭的过程。

在炭化反应中，预氧化纤维在惰性气氛中经过炭化除去氧、氢等非碳原子，使稠环芳烃进一步缩聚，转变为以石墨结构为主的碳纤维。通过炭化，提升了芳香性、缩聚度和碳含量，提高了分子结构的有序度。非碳原子在高温下以甲烷、氢气等小分子化合物的形式逸出，沥青基碳纤维生产中，炭化温度在800~1500℃，也有在450℃左右进行预炭化的情况。

碳纤维的石墨化是指在3000℃以上的高温作用下将结构中热力学不稳定的碳原子由乱层结构向石墨晶体结构的有序转化。从反应路径分析，石墨化其实是高温深度的炭化，是对炭化产物的进一步热处理，通常将中间相沥青基碳纤维进行石墨化处理制备石墨纤维。

随石墨化处理温度的升高，碳纤维的取向度和芳香性明显提升，对于制备具有超高杨氏模量的碳纤维具有重要意义。热处理温度低于800℃时，石墨层的微观结构基本平行，在这个过程中，扭曲的石墨层开始堆积；而石墨层的层积数量和面积在800~1500℃时逐渐增加，扭曲的石墨层也转化为排列有序的平行结构；热处理温度在1500~2100℃时，石墨层的面积显著扩大，大的波浪形石墨层取代了柱状结构，表明石墨结构的雏形已基本确定；当热处理温度超过2100℃时，石墨结构迅速生长，热处理温度在2100℃以上时，几乎所有的碳原子都形成了排列有序的石墨结构。

3.3.4 石墨电极

石墨电极是以石油焦、针状焦为骨料，煤沥青为黏结剂，经过混捏、成型、焙烧、浸渍、石墨化、机械加工等一系列工艺过程生产出来的一种耐高温石墨质导电材料。石墨电极是电炉炼钢的重要高温导电材料，通过石墨电极向电炉输入电能，利用电极端部和炉料之间引发电弧产生的高温作为热源，使炉料熔化进行炼钢。其他一些用于冶炼黄磷、工业硅、磨料等的材料的矿热炉也用石墨电极作为导电材料。石墨电极凭其优良而特殊的物理化学性能，在其他工业部门也有广泛的用途。

1. 生产原料

生产石墨电极的原料有石油焦、针状焦和煤沥青。

（1）石油焦　石油焦是石油渣油、石油沥青经焦化后得到的可燃固体产物。色黑多孔，主要元素为碳，灰分含量很低，一般在0.5%以下。石油焦属于易石墨化炭一类，石油焦在化工、冶金等行业中有广泛的用途，是生产人造石墨制品及电解铝用碳素制品的主要原料。石油焦按热处理温度区分可分为生焦和煅烧焦两种，前者是由延迟焦化所得的石油焦，含有大量的挥发分，机械强度低。煅烧焦由生焦经煅烧而得。我国多数炼油厂只生产生焦，煅烧作业多在碳素厂内进行。石油焦按硫分的高低，可分为高硫焦（含硫1.5%以上）、中硫焦（含硫0.5%~1.5%）、低硫焦（含硫0.5%以下）三种，石墨电极及其他人造石墨制品生产一般使用低硫焦。

（2）针状焦　针状焦是外观具有明显纤维状纹理、热膨胀系数特别低且很容易石墨化的一种优质焦炭，焦块破裂时能按纹理分裂成细长条状颗粒（长宽比一般在1.75以上），在偏光显微镜下可观察到各向异性的纤维状结构，因而称为针状焦。针状焦的物理机械性质的各向异性十分明显，平行于颗粒长轴方向具有良好的导电导热性能，热膨胀系数较低，在挤压成型时，大部分颗粒的长轴按挤出方向排列。因此，针状焦是制造高功率或超高功率石墨电极的关键原料，制成的石墨电极电阻率较低，热膨胀系数小，抗热振性能好。针状焦分为以石油渣油为原料生产的油系针状焦和以精制煤沥青原料生产的煤系针状焦。

（3）煤沥青　煤沥青是煤焦油深加工的主要产品之一。为多种碳氢化合物的混合物，常温下为黑色高黏度半固体或固体，无固定的熔点，受热后软化，继而熔化，密度为 1.25～1.35g/cm³。煤沥青按软化点高低分为低温、中温和高温沥青三种。中温沥青产率为煤焦油的 54%～56%。煤沥青的组成极为复杂，与煤焦油的性质及杂原子的含量有关，又受炼焦工艺制度和煤焦油加工条件的影响。表征煤沥青特性的指标很多，如沥青软化点、甲苯不溶物（TI）、喹啉不溶物（QI）、结焦值和煤沥青流变性等。煤沥青在碳素工业中作为黏结剂和浸渍剂使用，其性能对碳素制品生产工艺和产品质量影响极大。黏结剂沥青一般使用软化点适中、结焦值高、β 树脂高的中温或中温改质沥青，浸渍剂要使用软化点较低、QI 低、流变性能好的中温沥青。

2. 生产工艺

石墨电极的生产工艺流程如图 3-14 所示，以下主要介绍其中几项重要的工艺。

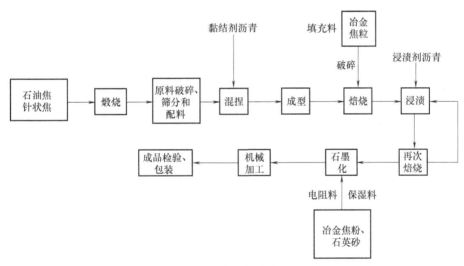

图 3-14　石墨电极的生产工艺流程

（1）煅烧　炭质原料在高温下进行热处理，排出所含的水分和挥发分，并相应提高原料理化性能的生产工序称为煅烧。一般炭质原料采用燃气及自身挥发分作为热源进行煅烧，最高温度为 1250～1350℃。煅烧使炭质原料的组织结构和物理化学性能发生深刻变化，主要体现在提高了焦炭的密度、机械强度和导电性，提高了焦炭的化学稳定性和抗氧化性能，为后序工序奠定了基础。

煅烧的设备主要有罐式煅烧炉、回转窑和电煅烧炉。煅烧质量控制指标是石油焦真密度不小于 2.07g/cm³，电阻率不大于 550μΩ·m，针状焦真密度不小于 2.12g/cm³，电阻率不大于 500μΩ·m。

（2）原料破碎、筛分和配料　在配料之前，须对大块煅后石油焦和针状焦进行破碎

（中碎、磨粉）、筛分处理。中碎通常是将 50mm 左右的物料通过颚式破碎机、锤式破碎机、对辊破碎机等破碎设备进一步破碎到配料所需的 0.5~20mm 的粒度料。磨粉是通过悬辊式环辊磨粉机（雷蒙磨）、球磨机等设备将炭质原料磨细到 0.15mm 或 0.075mm 粒径以下的粉末状小颗粒的过程。

筛分是通过具有均匀开孔的一系列筛子，将破碎后尺寸范围较宽的物料分成尺寸范围较窄的几种颗粒料粒级的过程，现行电极生产通常需要 4~5 个颗粒料粒级和 1~2 个粉料粒级。

配料是按配方要求，对各种粒度的骨料和粉料、黏结剂分别计算、称量和聚焦的生产过程。配方的科学性、适宜性和配料操作的稳定性是影响产品质量指标和使用性能的最重要因素之一。配料需确定以下 5 方面内容：选择原料的种类；确定不同种类原料的比例；确定固体原料粒度组成；确定黏结剂的用量；确定添加剂的种类和用量。

（3）混捏　在一定温度下将定量的各种粒度炭质颗粒料和粉料与定量的黏结剂搅拌混合均匀，捏合成可塑性糊料的工艺过程称为混捏。混捏的作用如下：

1）干混时使各种原料混合均匀，同时使不同粒度大小的固体炭质物料均匀地混合和填充，提高混合料的密实度。

2）加入煤沥青后使干料和沥青混合均匀，液态沥青均匀涂布和浸润颗粒表面，形成一层沥青黏结层，把所有物料互相黏结在一起，进而形成均质的可塑性糊料，有利于成型。

3）部分煤沥青浸透到炭质物料内部空隙，进一步提高了糊料的密度和黏结性。

（4）成型　炭材料的成型是指混捏好的炭质糊料在成型设备施加的外部作用力下产生塑性变形，最终形成具有一定形状、尺寸、密度和强度的生坯（或称生制品）的工艺过程。

（5）焙烧　焙烧是炭制品生坯在填充料保护下、装入专门设计的加热炉内进行高温热处理，使生坯中的煤沥青炭化的工艺过程。煤沥青炭化后形成的沥青焦将炭质骨料和粉料固结在一起，焙烧后的炭制品具有较高的机械强度、较低的电阻率、较好的热稳定性和化学稳定性。

焙烧是碳素制品生产的主要工序之一，也是石墨电极生产三大热处理过程中的重要一环，焙烧生产周期较长（一焙时间为 22~30d，二焙时间依炉型不同为 5~20d），而且能耗较高。生坯焙烧的质量对成品质量和生产成本都有一定影响。

生坯内煤沥青在焙烧过程中焦化，排出 10% 左右的挥发分，同时体积产生 2%~3% 的收缩，质量损失 8%~10%。炭坯的理化性能也发生了显著变化，由于气孔率增加，体积密度由 1.70g/cm³ 降为 1.60g/cm³，电阻率由 10000μΩ·m 左右降至 40~50μΩ·m，焙烧坯的机械强度也大为提高。

（6）浸渍　浸渍是将炭材料置于压力容器中，在一定的温度和压力条件下将液态浸渍剂沥青渗透到制品电极孔隙中的工艺过程，目的是降低制品气孔率，增加制品体积密度和机械强度，改善制品的导电和导热性能。

浸渍的工艺流程及相关技术参数是：焙烧坯→表面清理→预热（260~380℃，6~10h）→装入浸渍罐→抽真空（8~9kPa，40~50min）→注沥青（180~200℃）→加压（1.2~1.5MPa，3~4h）→返沥青→冷却（罐内或罐外）。

（7）石墨化　石墨化是指在高温电炉内保护介质中把炭制品加热到 2300℃ 以上，使无定形乱层结构炭转化成三维有序石墨晶质结构的高温热处理过程。石墨化的目的和作用如下：

1）提高炭材料的导电、导热性（电阻率降低到原来的 1/5～1/4，导热性提高约 10 倍）。

2）提高炭材料的抗热振性能和化学稳定性（线膨胀系数降低 50%～80%）。

3）使炭材料具有润滑性和抗磨性。

4）排出杂质，提高炭材料的纯度（制品的灰分由 0.5%～0.8% 降到 0.3% 左右）。

炭材料的石墨化是在 2300～3000℃高温下进行的，故工业上只有通过电加热方式才能实现，即电流直接通过被加热的焙烧品，这时装入炉内的焙烧品既是通过电流产生高温的导体，又是被加热到高温的对象。目前广泛采用的炉型有艾奇逊（Acheson）石墨化炉和内热串接（LWG）炉。前者产量大、温差大、电耗较高，后者加热时间短、电耗低、电阻率均匀，但不好装接头。

石墨化工艺过程是通过测温确定与升温情况相适应的电功率曲线进行控制的，通电时间为艾奇逊炉 50～80h，LWG 炉 9～15h。石墨化的电耗很大，一般为 3200～4800kW·h，工序成本约占整个生产成本的 20%～35%。

（8）机械加工　机械加工的目的是依靠切削加工来到达所需要的尺寸、形状、精度等，制成符合使用要求的电极本体和接头。

石墨电极加工分为电极本体和圆锥形接头两个独立加工过程。电极本体加工包括镗孔与粗平端面、车外圆与精平端面和铣螺纹 3 道工序，圆锥形接头的加工可分为 6 道工序：切断、平端面、车锥面、铣螺纹、钻孔安栓和开槽。

3.3.5　针状焦

针状焦由多环芳烃化合物脱除杂质和原生喹啉不溶物后经液相炭化制得。它的碳层延芳香层面平行排列，类石墨状微晶结构，单元取向度高。针状焦是典型的易石墨化炭，加热到 2000℃以上易形成石墨层状结构。针状焦颗粒呈银灰色椭圆形，外观有金属光泽，整体有较大的长宽比，表面纹理呈纤维状或细长针形，有滑腻触感，内部有少量大孔，一般为椭圆形，具有低热膨胀系数、低灰分、低金属含量、高导电率、高导热率及高石墨化度等一系列优点。因此，针状焦在炼钢石墨电极、锂离子电池、超级电容器和航空航天等领域有着极其广泛的应用。

针状焦根据原料来源不同可划分为煤系针状焦和油系针状焦。其中，煤系针状焦多以煤焦油沥青及其馏分油为原料；而油系针状焦多以重质馏分油为原料。煤系针状焦与油系针状焦性能差别包括以下几点：

1）相同的条件下，用油系针状焦制作石墨电极比煤系针状焦易于成型。

2）在制成石墨制品后，油系针状焦的石墨化制品密度和强度略高于煤系针状焦。

3）在石墨电极的具体使用上，油系针状焦的石墨化制品的热膨胀系数较低。

4）在石墨电极的理化指标上，油系针状焦的石墨化制品的比电阻略高于煤系针状焦制品。

5）煤系针状焦在高温石墨化过程中"气胀"现象明显，当温度达到1500~2000℃时产生膨胀，升温速率要严格控制，不能快速升温，煤系针状焦通过加入抑制剂可控制膨胀率，但无法降低到油系针状焦的膨胀率。

6）煤系针状焦的原料组成成分比油系针状焦复杂，成焦过程不易控制。

1. 针状焦成焦机理

脱除杂质和原生喹啉不溶物的煤焦油沥青在350~550℃的温度下，发生热分解及热缩聚反应，产生一部分气体及多环缩合芳烃。随着缩聚程度的加深，稠环芳烃分子在热运动及外力作用下，形成中间相小球。中间相小球吸收母液中的分子，经过不断的生长、融并，形成一个个大球，直到最后球体的形状不能维持，形成中间相。在中间相小球的生成、长大、融并最终形成中间相的过程中，反应体系中有气体产生并连续地向一定方向流动，具有塑性的中间相物质便沿着气流方向有序取向固化，形成针状焦。

2. 针状焦生产工艺

针状焦生产主要采用延迟焦化生产工艺，由美国标准油公司于1931年开发成功，最初用于从低品位的石油重油制取轻质油和石油焦。20世纪60年代中期，美国鲁玛斯公司将这一技术用于以煤焦油软沥青生产沥青焦。1968年，日本日铁化工工业公司八幡钢铁厂以煤焦油为原料，通过延迟焦化、煅烧装置生产沥青焦的6万t/a生产线成功投产，其延迟焦化塔为美国鲁玛斯式，煅烧窑为美国佩特洛卡布式。1970年，日本三菱化学工业公司用同样的方法开发生产出煤系针状焦，并于1973年实现了工业化生产，且于1982年把这项技术应用于生产碳素纤维。在我国，宝钢于1985年采用日本技术建设了国内第一套沥青延迟焦化法装置生产沥青焦。

煤焦油制针状焦的生产过程包括原料预处理、延迟焦化过程和煅烧3个工序。

1）原料预处理阶段主要目的为除去一次喹啉不溶物（QI1）等杂物，以保证精制沥青中QI1的质量分数小于1.0%。如采用真空闪蒸-加压缩聚法生产工艺，可以获得几乎不含有QI1的精制沥青，其过程主要控制参数为真空闪蒸温度和压力，以及加压缩聚温度和压力及缩聚时间。真空闪蒸过程可得到适宜密度和适宜芳香化度，加压缩聚过程可得到含量较高的中间相先驱体（β组分）缩聚沥青。

在焦化初期，煤焦油沥青通过管式炉加热至400℃时，其熔融区域有称为"中间相"的各相异性的"小球体"，即球晶，进一步加热时，小球体会循环合并，互相融合，形成石墨化晶格，最终形成流态状纤维结构。生产针状焦的初始原料煤焦油及软沥青（或改质沥青）中的杂质会影响中间相的各向异性"小球体"的生成和融合。为获得精制沥青，必须对其进行预处理，除去一次喹啉不溶物等有害杂质并调整相对分子量的分布。预处理的方法有加氢法、热聚合法和熔剂法。

2）延迟焦化过程主要利用中间相物质的塑性流动和分子排列的有序性及气相产物产生的剪切力，进行所谓的"气流拉焦丝"，最终形成流线状纤维结构的针状焦。在焦化过程中易出现结焦现象，为防止结焦，一般要向炉管内注入2940kPa高压水蒸气，使沥青油以高速湍流状态，通过临界分解区域。

3）煅烧过程是将流线状纤维结构的针状焦通过回转窑加热到1300~1450℃煅烧，以提高焦炭真密度，降低挥发份，提高碳含量，增强导电性，改善焦炭结构，从而获得高质量的沥青针状焦。

3.4　煤炭多联产技术

以提高物质和能量综合利用效率及减少污染物排放为目的，将传统上以煤为原料，分别单独生产电力和化工品的工艺过程有机地耦合在一起，所形成的新型电力和洁净燃料联合生产系统称为多联产（能源）系统。煤基多联产技术是先进清洁的煤炭利用技术，是综合解决我国能源系统主要问题的关键技术。本小节主要对热电冷三联产技术和以煤气化为基础的多联产技术进行介绍。

3.4.1　热电冷三联产技术

热电冷联产是指以煤、天然气、燃气等为能源，能同时满足区域内的热、冷、电需求的一种能源供应系统，通常由发电系统、制冷系统、供热系统组成。根据用户需求不同，热电冷系统的配置方式较多。发电系统可配置蒸汽、燃气动力装置和燃料电池及采用太阳能等可再生资源的动力装置；制冷系统可选择压缩式电动制冷方式，以及吸收式或吸附式等热动制冷方式；供热系统可直接对外供应蒸汽或经换热站换热后对外供暖和生活热水，也可以利用双效制冷机组制热后进行生活供暖。

1）常规燃煤电厂采用汽轮机+蒸汽型溴化锂吸收式制冷机组（简称蒸汽型溴冷机组）配置。利用汽轮机的抽汽驱动蒸汽型双效溴冷机组进行制冷/制热。

2）燃气轮机（燃机）电站的热电冷系统采用燃机+烟气补燃型溴冷机组配置。利用燃机排气直接驱动溴冷机组进行制冷/制热，当燃机排气流量较小时，启动补燃燃烧器联合驱动溴冷机组。

3）联合循环电站的热电冷系统采用燃机+余热锅炉+汽轮机+蒸汽型溴冷机组配置。在余热锅炉中利用燃机排气和补燃的燃料加热给水，产生高温高压蒸汽驱动汽轮机，再从汽轮机抽出一定参数的蒸汽用于驱动溴冷机组制冷/制热。

4）用燃烧燃气的内燃机（燃气机）发电的热电冷系统采用燃气机+烟气热水补燃型（混合动力型）双效溴冷机组配置。利用燃气机排放的高温烟气及其缸套冷却产生的热水直接驱动烟气热水型溴冷机组制冷/制热；当烟气和热水不足时，启动补燃燃烧器联合驱动溴冷机组。

5）采用微型燃气轮机（微燃机）发电的热电冷系统采用微燃机+烟气补燃型双效溴冷机组配置。利用微燃机排气直接驱动溴冷机组制冷/制热。当微燃机排放的烟气不足时，启动补燃燃烧器联合驱动双效溴冷机组。

热电冷三联产系统的技术原理主要是基于能量综合利用的理念，通过将热能、电力和制冷能的生产结合在一起，实现能量的高效利用。其核心技术包括以下几个方面：

① 热能生产：在电力生产过程中会产生大量余热，热电冷三联产系统利用余热通过余热回收技术，将其转化为热能，这部分热能可以用于建筑物供暖、热水生产等。

② 电力生产：热电冷三联产系统首先通过燃烧化石燃料或利用可再生资源等方式，产生电力，这部分电力可用于供应建筑物内部的用电需求，也可输出给外部电网。

③ 制冷能生产：为了实现冷热电三联产系统的综合利用，还需要生产制冷能，这部分制冷能主要通过吸收式制冷或压缩式制冷等技术获得，用于制冷需求。

大型发电厂的发电效率一般为 35%～55%。考虑厂用电率和输配电线损率后，从发电、输配电到用户终端，能源利用效率为 30%～47%。而热电冷联产系统对能量进行分级利用，能源综合利用率可达 80% 左右。对具备热力、电力、制冷负荷需求地区的常规燃煤机组，采用热电冷三联产与热电二联产相比，加大了非发电出力，有利于提高机组效率。热电冷三联产技术具有节能环保、高效率、资源综合利用等优点，广泛应用于工业生产、商业建筑、住宅社区等领域。

某焦化厂采用美国索拉公司大力神 130 号机组和金牛 60 号两台燃气轮机发电，分别配套 24t 余热锅炉和 11t 锅炉产生 0.8MPa 蒸汽。同时选用蒸汽型溴化锂冷水机组 2 台，用低压蒸汽作为冷水机组的热源，可满足用冷量需要，形成热电冷三联产，某焦化厂热电冷三联产工艺流程示意如图 3-15 所示。

净化合格的焦炉煤气干法脱硫后，煤气中的 H_2S 含量低于 20mg/Nm^3，经煤气压缩机增压至 2.5MPa，且调节压缩机后冷却器和压缩机旁通回路，满足燃机对燃料温度（≤70℃）、压力为（2.16～2.45MPa）和流量的使用要求，管道输送至燃气轮机配有过滤和计量装置的燃料系统中。燃气轮机轴流式压气机从外部吸收空气，压缩后送入燃烧室，同时高压煤气也喷入燃烧室，与高温压缩空气混合，在受控方式下进行定压燃烧。生成的高温高压烟气进入透平膨胀做功，推动动力叶片高速旋转，从而使得转子旋转做功，转子的大部分做功用于驱动压气机，另约有 1/3 的功率被输出，用来驱动发

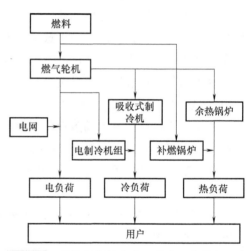

图 3-15　某焦化厂热电冷三联产工艺流程示意

电机。透平出来的烟气温度大约为 500℃，2 台燃气轮机可产生尾气流量为 24kg/h，利用余热锅炉进行热交换产制蒸汽。夏季生产用剩余蒸汽通过溴化锂冷水机组，提供冷却量，便于生产与生活使用。

3.4.2　以煤气化为基础的多联产技术

以煤气化为基础的多联产技术是指将以煤气化技术为"龙头"的多种煤炭转化技术通过优化组合集成在一起，以同时获得多种高附加值的化工产品（包括脂肪烃和芳香烃）和多种洁净的二次能源（气体燃料、液体燃料、电力等），如图 3-16 所示。

以煤、渣油或石油焦为原料，将其气化后生产一氧化碳和氢气为主要成分的合成气，合成气极易脱除二氧化硫等。干净合成气可作为原料进行热电冷三联产，即在发电的同时，联

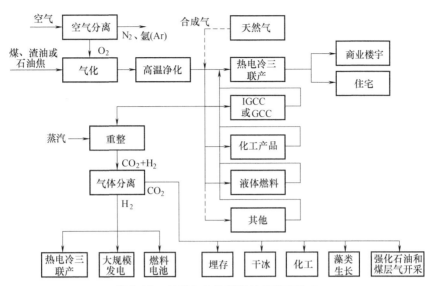

图 3-16 以煤气化为基础的多联产技术

产包括液体燃料在内的多种高附加值的化工产品、城市煤气及工艺过程热。合成气经过进一步的重整和气体分离，可得到氢气和二氧化碳。二氧化碳可以直接分离出来，进行综合利用和埋存。多联产系统的实质是多种产品生产过程的优化耦合。优化耦合之后的产品生产流程可以简化，从而减少基本投资和运行费用，降低各个产品的成本。

1. 以煤部分气化为核心的多联产系统

以煤部分气化为核心的多联产技术，主要是将煤在气化炉内进行部分气化产生煤气，没有被气化的半焦进入锅炉燃烧产生蒸汽以发电、供热。部分气化产生的煤气视成分不同分别用于不同用途。例如，空气气化产生的煤气由于氮气含量高、热值较低而用于燃气-蒸汽联合循环发电。氧气气化产生的合成气一般可以直接作为燃料气供应，如民用燃气、生产工艺燃气和燃气-蒸汽联合循环发电等，也可经过转化生产各种丰富的化学产品，如甲醇、二甲醚及乙二醇等。另外，在热电气多联产系统中，还可获得其他副产品，如硫黄及 CO_2 等其他产品，煤灰渣中可提取钒等贵重原料，或可作为建筑原料。

经过多年的发展，目前在国外主要有气化燃烧技术与联合循环发电相结合的先进燃煤发电技术。以煤部分气化为基础的先进燃煤发电技术的主要代表有美国 Foster Wheeler 公司开发的第二代增压循环流化床联合循环（2G-PFBC 或称 APFBC）和英国 Babcock 公司开发的空气气化循环（ABGC）。近年来，日本通过引进国外技术和自行开发研究的结合，设计出了第二代增压流化床联合循环（APFBC）和增压内部循环流化床联合循环（PICFG）等。

我国对部分气化为核心的多联产技术研究起步较晚。在国家重点基础研究发展规划项目——煤热解、气化和高温净化过程的基础性研究的资助下，浙江大学、中国科学院山西煤炭化学研究所和东南大学分别对常压气化燃烧、加压气化常压燃烧和常压气化加压燃烧集成利用技术进行了研究开发，完成了系统的试验验证工作。

2. 以煤完全气化为核心的多联产系统

以煤完全气化为基础的热电气多联产技术就是将煤在一个工艺过程——气化单元内完全

转化，将固相炭燃料完全转化为合成气，合成气可以用于燃料、化工原料、联合循环发电及供热制冷等，实现以煤为主要原料，联产多种高品质产品，如电力、清洁气体、液体燃料、化工产品以及为工业服务的热力。

美国展望21（Vision 21）能源系统（见图3-17）的基本思想是以煤气化为"龙头"，利用所得的合成气，一方面用以制氢供燃料电池汽车用；另一方面通过高温固体氧化物燃料电池和燃气轮机组成的联合循环转换成电能，能源利用效率可达50%～60%。其系统特点是排放少，经济性比现代煤粉炉高10%。

由Shell公司提出的合成气工业园（Syngas Park）多联产系统也是利用煤气化生产氢能等多联产的典型示例。该系统的源头是Shell公司的干煤粉加压气化装置（SCGP），它与Vision 21一样，原料多元，合成煤气通过转化反应分离出的氢气可作为燃料电池、火箭发射、发电等装置的重要清洁燃料。合成气可直接用作燃气-蒸汽联合循环发电的燃料及城市煤气，还可作为生产氨的原料，并且能进一步合成尿素、醋酸、铵盐等产品，与化工结合更紧密。利用合成气可生产的甲醇、二甲醚，必要时可以合成油品，二甲醚既是重要化工产品的原料，又是公认的清洁燃料。Shell公司的合成气工业园的概念比一般的多联产系统更为广泛，更接近工业生态科技园工业模式（见图3-18）。

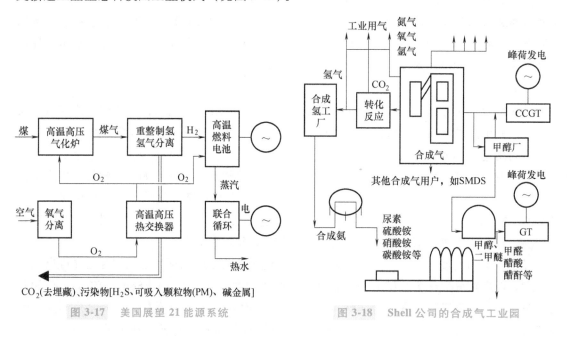

图3-17 美国展望21能源系统　　图3-18 Shell公司的合成气工业园

3.5 煤炭低碳化利用的新技术

在全球能源转型的关键时刻，煤炭低碳化利用技术正日益成为实现可持续发展的重要策略之一。传统煤炭的高碳排放和资源浪费已经引发环境和经济双重压力，而煤炭低碳化利用的新技术为这一问题的解决带来了希望与创新。随着科技的不断进步和工程技术的日益成熟，我们有望在保障能源安全的同时，有效降低碳排放，实现绿色和可持续发展。

3.5.1　焦炉煤气制氢气技术

近 10 年，我国粗钢和焦炭产量整体小幅上升，在全球产能中占比均超过 50%。2021年，我国焦炭产量为 4.64 亿 t，每生产 1t 焦炭可产生 430m³ 左右的焦炉煤气。焦炉煤气中含有氢气 54%~59%（体积百分数，下同）、甲烷 23%~29% 以及烃类、一氧化碳、二氧化碳、氧气、氮气和少量的硫化氢、有机硫、氨、焦油尘、BTX（苯、甲苯、二甲苯）、一氧化氮等杂质成分。

此外，燃烧过程产生的大量温室气体（如 CH_4、CO_2）被直接排放到大气中，严重污染环境。焦炉煤气综合利用意义重大，特别是 H_2 的分离与利用，一方面满足国家环保战略和冶金企业转型升级的需要；另一方面满足高纯 H_2、合成气等化工原料市场的迫切需求。在能源化工领域，H_2 主要用作甲醇、乙醇、乙醚合成，以及苯加氢的原料。在新能源汽车领域，H_2 作为燃料，是汽车的核心动力来源，在国内已有多座城市开始投运氢燃料电池公交车（如河北张家口市等）和洒水车（如广州市）。

目前，焦炉煤气制氢的方法主要有膜分离法、变压吸附（PSA）分离法和深冷分离法。其中，PSA 是一种较灵活、实用性强的氢分离工艺技术，适合于焦炉煤气的氢分离。国内一些钢铁联合型焦化企业或独立型焦化企业已工业化应用开发 PSA 法进行焦炉煤气制氢，实践经验得出，该项工艺技术较成熟，宜推广应用。

PSA 技术由美国联合碳化物公司于 20 世纪 60 年代开发，广泛应用于气体混合物的分离，其原理是利用吸附剂对不同气体组分的吸附能力随压力变化的特性，升压时吸附剂吸附杂质组分，降压时杂质组分被脱附，吸附剂再生，整个过程中 H_2 几乎不会被吸附，从而实现连续分离 H_2 的目的。

焦炉煤气变压吸附制氢工艺流程如图 3-19 所示，主要分为 4 个工序。

工序 1 为压缩，压缩炼焦厂产生的焦炉煤气，压力由 5~12kPa 提升至变压吸附所需压力（0.6~1.8MPa）。

工序 2 为预处理、净化及压缩，焦炉煤气经冷却进入预净化装置，预脱除有机物、H_2S、NH_3 等杂质，再通过变温吸附（TSA）工艺进一步脱除易使吸附剂中毒的组分，如焦油、萘、硫化物。

工序 3 为变压吸附，它是整个工艺的核心，用于除去 H_2 以外的绝大部分杂质组分。

工序 4 为脱氧净化，前一道工序获得的 H_2 一般含有少量 O_2 和水分，为获得纯度达 99.999% 的高纯氢还需严格控制 O_2 含量。

图 3-19　焦炉煤气变压吸附制氢工艺流程

根据目标气体组分特性，变压吸附工艺须采用具有不同吸附选择性和吸附容量的吸附剂。根据焦炉煤气的成分特点，吸附剂一般选用氧化铝、分子筛、活性炭。氧化硅及硅胶为高孔隙率的球状颗粒，具有机械强度高、无毒等特点，对水亲和力较强，可以深度吸附微量的水，主要填装于吸附塔的第一层（底部）。活性炭为毛细孔结构，对有机物亲和力强，主要填装于吸附塔的第二层（中部），用于吸附分离萘和各类烃。分子筛为立方体骨架结构，具有比表面积大、孔隙均匀等特点，主要填装于吸附塔的第三层（上层），用于吸附脱除 CH_4、N_2、CO_2 等，变压吸附示意如图 3-20 所示。

3.5.2 绿氢耦合煤制烯烃技术

"双碳"目标下，现代煤化工产业的绿色、低碳转型要有系统思维，注重多产业融合、协同发展。在推动与新能源——氢能产业融合发展方面，现代煤化工应发挥自身优势，打破行业壁垒，积极布局绿电-绿氢-储氢/储能-煤化工一体化发展工业示范基地。新增可再生资源和原料用能不再纳入能源消费总量的控制，必将会催生绿电、绿氢的实践应用，促进产业系统

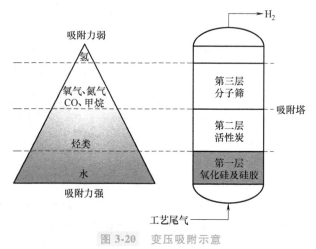

图 3-20　变压吸附示意

降低碳排放。一方面，应充分利用厂区厂房屋顶、空余场地等闲置空间，积极开发分布式光伏，积极开发风光储综合能源等项目，提高绿电使用比例；另一方面，应积极开展煤化工与新能源制氢的耦合研究，使用绿氢部分替代煤制氢。近年来，随着 CO_2 化工利用技术的不断革新进步，尤其在"双碳"背景下，煤化工与碳捕集及绿氢技术的耦合发展也逐渐呈现出一定的良好态势，部分技术已完成了示范或中试，如重整制备合成气，合成可降解聚合物、有机碳酸酯，合成甲醇、合成聚合物多元醇等，为现代煤化工未来绿色、低碳转型发展提供了新的机遇与发展动力，也可助力国家"双碳"目标如期实现。

煤制烯烃在利用绿电、绿氢方面做了一些积极的探索。2021 年 4 月 20 日，宝丰能源国家级太阳能电解水制氢综合示范项目（见图 3-21）在宁夏宁东能源化工基地正式投产，该项目包括 20 万 kW 光伏发电装置和产能为每小时 2 万 Nm^3 的电解水制氢装置，每年可减少煤炭消耗 25.4 万 t，减少二氧化碳排放 44.5 万 t。该项目所产氢气可用于与宝丰能源现有煤化工装置结合，实现甲醇生产过程的降本增效和节能减排。结合最新的先进技术与装备，上述绿氢+煤制烯烃（见图 3-21）项目全部建成后的能源转化效率将达到 47.54%、单位产品水耗 9.16t/t 烯烃、单位产品能源消耗 1.71t 标准煤/t 烯烃，各项能效指标均优于行业当前标杆水平。

在此基础上，宁夏宝丰能源集团股份有限公司控股子公司内蒙古宝丰煤基新材料有限公司在内蒙古鄂尔多斯市乌审旗苏里格经济开发区图克工业项目区新建 260 万 t/a 煤制烯烃和配套 40 万 t/a 植入绿氢耦合制烯烃工程。项目采用绿氢与现代煤化工协同生产工艺，烯烃总产能为 300 万 t/a，是目前为止全球单厂规模最大的绿氢替代化石能源生产烯烃的项目。该示范项目是以 260 万 t/a 煤制烯烃为基础，由配套建设的风光制氢一体化示范项目（单独

立项建设）为依托逐年补充绿氢和绿氧，补充的氢气直接补入甲醇合成装置，减少变换及热回收装置变换部分的负荷（变换是通过 CO 与 H_2O 反应生产 H_2 和 CO_2，以满足后续甲醇合成反应所需的 H_2/CO 比），从而减少工艺系统 CO_2 的排放量；补充的氧气作为气化用氧，减少空分装置负荷，从而减少燃料煤用量。在基于原料煤消耗不变的情况下，通过逐年补氢、补氧增加自产甲醇产量，至补氢第五年自产甲醇产量可满足下游甲醇制烯烃的需求，在此同时实现 CO_2 的逐年减排。

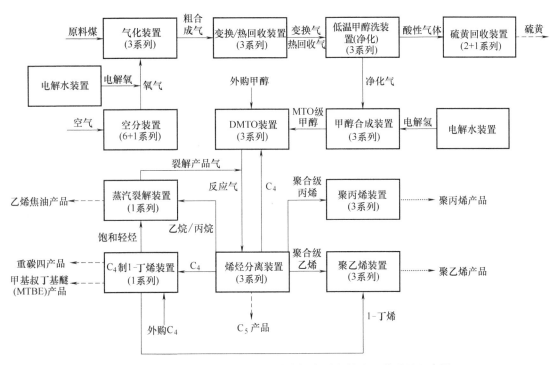

图 3-21　宝丰能源国家级太阳能电解水制氢综合示范项目示意图

该项目主体工艺为原料煤经水煤浆加压气化（激冷流程）、变换、净化后得到净化气，净化气与风光制氢一体化示范项目补充的氢气混合作为甲醇合成的原料气，通过低压甲醇合成技术生产 MTO 级甲醇，再通过甲醇制烯烃技术生产聚合级乙烯和丙烯，聚合级乙烯、丙烯分别经聚合得到聚乙烯、聚丙烯产品。为合理利用各种副产物料，对烯烃分离副产的乙烷、丙烷和 C_4 制 1-丁烯副产的饱和轻烃通过蒸汽裂解技术以增加乙烯、丙烯产量；对烯烃分离过程副产的混合 C_4 通过分离得到 1-丁烯，作为生产聚乙烯的原料。

第4章
石油资源及开采与利用

石油以及用石油生产出来的多种物质，在人类生产生活中起着极其重要的作用。例如，作为燃料，石油被广泛用于各类交通工具（如汽车、飞机、船舶）的燃料，为人们的出行和生活提供必要的动力支持；作为化工产品的主要原料，石油裂解产生的烯烃是合成生产塑料等高分子产品的重要化工原料；此外，石油还能衍生出如塑料、化肥、润滑油、合成纤维等多种产品，在工业生产、建筑材料、日常用品制造等领域中扮演着不可或缺的角色。总体而言，石油与人类的衣食住行息息相关，它不仅是一种重要的能源，更是现代工业和生活中不可或缺的化工原料，其应用和开发直接影响着全球经济的发展和人类社会的进步。目前，全球石油年产量已超过 40 亿 t。本章将介绍石油的形成与分布、石油的开采与加工、石油的能源和化工应用等内容。

4.1 石油的形成与分布

4.1.1 石油的组成和分类

1. 石油的元素组成

组成石油的化学元素主要是碳、氢、硫、氮、氧，其中碳和氢含量最多。一般石油中的碳含量为 84%～87%，氢含量为 11%～14%，两者在石油中以烃的形式出现，占石油成分的 97%～99%，剩下的硫、氮、氧及微量元素的总含量一般只有 1%～3%，但是在个别情况下，主要由于硫分增多，该比例可达 3%～7%。除上述五种元素外，在石油中还发现了铁、钙、镁、铝、钒、镍等微量元素，构成了石油灰分，即石油燃烧后的残渣。由于石油的性质不同，灰分含量变化很大，从十万分之几到万分之几，胶质和沥青质含量多的石油往往灰分含量也多。这些元素近似自然界有机物的元素组成，说明石油与原始有机质存在着明显的亲缘关系。

世界上各油田所产原油的性质虽然千差万别，但是元素组成是基本一致的。表 4-1 列出了一些原油的元素组成。迄今，大多是用减差法估算原油中的氧含量，而并不是直接进行测定。这样得到的氧含量数据不够准确，因此在表中没有列出。从表中数据可以看出，碳、氢这两种元素合计在原油中一般占 95% 以上。由于各种原油中硫、氮、氧等杂原子的含量有时相差甚大，所以单纯地采用碳含量或氢含量不易进行比较，但碳、氢这两种元素的比值却可以作为反映原油化学组成的一个重要参数。这两者的比值可以用氢碳质量比或氢碳原子比来表示，其中以氢碳原子比（简称氢碳比）较为直观。可以看出，各种原油的氢碳原子比是有明显差别的，如大庆原油和印度尼西亚米纳斯原油的氢碳比较高，分别为 1.90 和 1.88，而欢喜岭原油和加拿大阿萨巴斯卡油砂沥青的氢碳比则较低，分别为 1.53 和 1.49。

表 4-1　原油的元素组成

油田名称	元素组成（%）				氢碳原子比 $n(H)/n(C)$
	$w(C)$	$w(H)$	$w(S)$	$w(N)$	
大庆	85.87	13.73	0.11	0.16	1.90
胜利	86.26	12.20	1.03	0.37	1.68
孤岛	85.12	11.61	1.44	0.43	1.62
辽河	85.86	12.65	0.26	0.41	1.75
欢喜岭	86.36	11.13	0.22	0.43	1.53
高升	85.78	11.46	0.49	0.73	1.59
北疆	86.13	13.30	0.13	0.22	1.84
大港	85.67	13.40	0.12	0.23	1.86
轻质油（伊朗）	85.14	13.13	1.35	0.17	1.84
米纳斯（印度尼西亚）	86.24	13.61	0.10	0.10	1.88
阿萨巴斯卡（加拿大）	83.44	10.45	4.19	0.48	1.49
加州，文图拉（美国）	84.00	12.70	0.40	1.70	1.80
堪萨斯州（美国）	84.20	13.00	1.90	0.45	1.84
格罗兹尼（车臣）	85.59	13.00	0.14	0.07	1.81
杜依玛兹（俄罗斯）	83.90	12.30	2.67	0.33	1.75

2. 石油的化合物组成

组成原油的化合物主要是烃类，在石油中占 80% 以上。石油中的烃类有很多种，按其本身化学结构的不同可分为烷烃、环烷烃、芳香烃三大类。其他非烃类则以含硫、含氯、含氧化合物的形态存在于胶质和沥青质中，一般含量为 10%～20%，是石油的杂质部分，它们对石油的质量鉴定和炼制加工有着重要影响。

（1）含硫化合物　硫是石油的重要组成元素之一。它在石油中的含量变化甚大，从万分之几到百分之几。硫在石油中可以呈元素硫以游离状态悬浮于石油之中，或多呈硫化氢和有机含硫化合物出现。

石油中所含的硫是一种有害杂质，因为它容易产生硫化氢、硫化铁、亚硫酸或硫酸等化合物，对金属设备造成严重腐蚀，所以硫含量常作为评价石油质量的一项重要指标。一般产于砂岩中的石油硫含量较少，产于碳酸盐岩系和膏盐岩系中的石油硫含量则较高。

（2）含氮化合物　石油中的氮含量一般在万分之几至千分之几。我国大多数原油氮含量均低于千分之五。石油中主要为含氮的杂环化合物，其中有意义的是卟啉化合物。生物色素（即动物的血红素和植物的叶绿素）都含卟啉化合物，因此石油中卟啉化合物的存在就成为石油生物成因的重要证据之一。同时当温度高于 180℃ 时，卟啉化合物分解破坏，由此也说明了石油是在较低温度下生成的。此外，卟啉化合物又是还原环境的一种标志，故石油中卟啉化合物的存在，还说明石油是在还原环境中形成的。

（3）含氧化合物　目前在石油中已鉴定出 50 多种含氧化合物。石油中的氧含量只有千分之几，个别可高达 2%～3%。氧在石油中均以有机化合物状态存在，可分为酸性氧化物和中性氧化物两类。前者有环烷酸、脂肪酸及酚，总称石油酸；后者有醛、酮等，含量极少。石油酸中，以环烷酸最重要，约占石油酸的 90% 左右。石油中的环烷酸含量因地而异，一般多在 1% 以下。因为环烷酸和酚能溶于水，如果油田水中有环烷酸及其盐类、酚及其衍生物，可作为含氧的直接标志。

3. 原油的组分

原油的组分是指组成原油的物质成分。为了解原油的性质及其变化，可利用不同的方法将原油的组成分成性质相近的组，这些组称为原油的组分。一般分为下列几组：

（1）油质　油质为石油的主要组分，一般含量为 65%～100%，它是烃类化合物组成的淡色黏性液体。它的溶解性强，可溶于石油醚、苯、氯仿、乙醚、四氯化碳等有机溶剂中。油质不能被硅胶等吸附剂吸附，显天蓝色荧光。油质含量高，石油的质量相对较好。

（2）胶质　胶质一般是黏性的或玻璃状的半固体或固体物质。颜色由淡黄、褐红到黑色。它的主要成分是烃类化合物，此外还含有一定数量的含氧、氮、硫的化合物。胶质溶解性较差，只能溶解于石油醚、苯、氯仿、四氯化碳等溶解性较强的溶剂中。它的特性是能被硅胶吸附。密度较小的石油一般含胶质 4%～5%，密度较大的可达 20% 或更高。

（3）沥青质　沥青质为暗褐色至黑色的脆性固体物质。它不溶于石油醚及酒精，而溶于苯、三氯甲烷及二硫化碳等有机溶剂中，也可被硅胶吸附。在石油中含量较少，一般在 1% 左右。

（4）碳质　碳质是一种非烃类化合物的物质，不溶于有机溶剂，以碳元素的状态分散在石油内，含量很少，也称为残炭。

4. 原油的分类

原油的分类方式不止一种。原油中的非烃类物质对原油的很多性质都有着重大影响。因此，根据原油中某些非烃物质的含量，可对原油进行如下分类：

（1）按胶质沥青质含量分类　胶质沥青质在原油中形成胶体结构，它对原油的流动性具有很重要的作用，可形成高黏度的原油等。原油中胶质沥青质含量在 8% 以下的是少胶原油，胶质沥青质含量为 8%～25% 的是胶质原油，胶质沥青质含量在 25% 以上的是多胶原油。我国多数油田产出的原油属于少胶原油或胶质原油。

（2）按蜡含量分类　原油中的蜡含量常影响其凝固点，一般蜡含量越高，其凝固点越高，这给原油的开采和运输带来很多麻烦。

（3）按硫的含量分类　原油中若含有硫，则会腐蚀钢材或对炼油不利，经燃烧生成的二氧化硫也会污染环境，对人畜有害。欧美国家规定石油产品必须清除硫以后才能出售。原油中硫含量在 0.5% 以下的是少硫原油，硫含量在 0.5% 以上的是含硫原油。我国的大庆原油、吐哈原油、长庆原油属于低硫原油，胜利原油、大港原油、塔里木原油属于含硫原油，塔河原油属于高硫原油。我国生产的原油，多数是少硫原油。

（4）按特性因数 K_W 分类　特性因数 K_W（又称 Watson 特性因数）是表示原油馏分的相对密度和平均沸点的函数。

$$K_W = \frac{1.126\sqrt[3]{T}}{d_{15.6}^{15.6}}$$

按特性因数大小可将原油划分为石蜡基、中间基和环烷基三种。石蜡基原油的特性因数 K_W 值大于 12.1；中间基原油，K_W =11.5~12.1；环烷基原油，K_W =10.5~11.5。

我国的大庆原油、吐哈原油、长庆原油属于石蜡基原油，胜利原油、大港原油、塔河原油、塔里木原油属于中间基原油。

4.1.2　石油的形成

1. 油气成因的现代模式

人类对于石油和天然气成因的认识，是在整个自然科学迅速发展的推动下，在勘探及开采油气藏的实践中逐步加深的。由于石油及天然气的化学成分比较复杂，又是流体，现在找到的油气藏往往不是它们最初生成的地方，这就为研究油气成因问题增加了许多难度。长期以来，关于油气成因问题，在原始物质、客观环境及转化条件等方面都有过许多激烈的争论。

18 世纪 70 年代以来，对油气成因问题的认识基本上可归纳为无机生成和有机生成两大学派。前者认为石油和天然气是在地下深处高温高压条件下由无机物变成的；后者主张油气是在地质历史上由分散在沉积岩中的动、植物有机体转化而成的。后来，人们通过对近代沉积中烃类生成过程的观察研究，应用"将今论古"的对比方法，得出结论：石油有机生成的现代科学理论是比较符合客观实际的。

沉积有机质是油气生成的物质条件，但是要使这些有机物质有效地保存并向石油转化，还需要适当的环境条件。这些环境条件可以归纳为两个方面：一是古地理环境与地质条件，二是物理化学条件。

（1）古地理环境与地质条件　要形成大量油气，一是要有让大量生物长时期繁盛的古地理环境，二是要有使这些动植物尸体得到有效埋藏和保存的地质条件。

水生生物利于成油而陆生高等植物利于成煤。大量利于成油的水生生物长时期保持繁盛的环境，需要稳定的水体、丰富的养料、一定的光照和温度。原始有机质易被氧化，地表的有机质难于保存，但在长期被淹没的水体下，虽有氧化但较微弱，利于有机质的保存。根据对现代沉积物和古代沉积岩的调查，浅海、海湾、潟湖、内陆湖泊的深湖—半深湖区，是满足上述条件的主要地区。

海洋中的滨海地区，潮汐、波浪作用强烈。海水进退频繁，不利于生物繁殖和有机质沉积保存。深海区生物生长条件较差，生物较少，浅表水体的生物尸体下沉到海底需要很长时间，这期间易被氧化而散失，而且由于离岸较远，陆源物质沉积基质少，这都不利于有机质的沉积与保存，唯有浅海地区，有供水生生物生长的陆源有机营养物随河流输入，水体深度适中，并可保持一定的光照条件和温度，这些都有利于生物生长，加之这些地区离岸较远、水体宁静，有利于动植物尸体保存。同时，浅海地区也是黏土、细粒灰岩等极细粒沉积物的重要沉积场所，这就为大量的动植物尸体的掩埋保存提供了有利条件，在海湾与潟湖地区，因水体较闭塞、无底流，属于缺氧乏浪环境，也有利于有机质的保存。内陆湖泊的深湖—半深湖区，也具有与浅海类似的利于生物繁盛与堆积保存的环境，各种资料和研究都证明，古地理条件下的浅海区，海湾、潟湖、内陆湖泊的深湖—半深湖区，是地球上油气生成的最主要的地区。上述地区中靠近河流入海、入湖的三角洲地带，更是适宜于生物繁盛与有机质保存的最有利地区。这种地区稳定存在的时期越长，则形成的富含有机质的细粒沉积物厚度就越大，其潜在的生油量就越多。

（2）物理化学条件　有机质向油气转化是一个复杂的过程。对现代沉积物和古代沉积岩的大量研究，以及一些特定条件下的试验资料，已揭示出有机质向油气转化的过程和特点。在这个转化过程中，细菌作用、温度、压力、催化剂等是必不可少的理化条件。在海相和湖相沉积盆地的发育过程中，原始有机质伴随其他矿物质沉积后，随着埋藏深度逐渐加大，经受地温不断升高，在缺氧的还原条件下，有机质逐步向油气转化。由于在不同深度范围内，各种能源条件显示不同的作用效果，致使有机质的转化反应性质及主要产物都有明显的区别，表明原始有机质向石油天然气转化的过程具有明显的阶段性。油气成因的现代模式将该过程划分为四个逐步过渡的阶段：生物化学生气阶段、热催化生油气阶段（后生作用阶段前期）、热裂解生凝析气阶段（后生作用阶段后期）及深部高温生气阶段（变生作用阶段）。现将油气成因的现代模式概括如下：

1）生物化学生气阶段。当原始沉积有机质堆积到盆底之后，便进入生物化学生气阶段。这个阶段的深度范围是从沉积界面到1500m深处，与沉积物的成岩作用阶段基本相符，温度为10~60℃，以细菌活动为主。生物起源的沉积有机质主要由类脂化合物、蛋白质，碳水化合物及木质素等生物化学聚合物组成。在缺乏游离氧的还原环境内，厌氧细菌非常活跃，部分有机质被完全分解造成 CO_2、CH_4、NH_3、H_2S 和 H_2O 等简单分子；而生物体则被选择性分解，转化为分子量更低的生物化学单体（如苯酚氨基酸、单糖、脂肪酸等），这些新生产物会互相作用形成结构复杂的地质聚合物"腐泥质"和"腐植质"。前者富含脂肪族结构，后者由多缩合核、支承碳链和官能团（—COOH、—OCH$_3$、—NH$_2$、—OH 等）组成，通过杂原子键或碳键连接在一起，它们都成为干酪根的前身；另外，可溶于酸碱的物质，胶质、沥青质和少量液态烃等可溶于有机溶剂的馏分略有增加，矿物介质（如铁和硫酸盐）则被还原为低价化合物（菱铁矿、黄铁矿）。上述这些变化导致沉积物中有机质的总量减少。

在这个阶段，有机质除形成少量烃类和挥发性气体以及未熟-低熟石油外，大部分成为干酪根保存在沉积岩中，由于细菌的生物化学降解作用，所生成的烃类除树脂体等生成的未熟-低熟凝析油外，以甲烷为主，而缺乏轻质（C_4~C_8）正烷轻和芳香烃。只是到了此阶段后期，埋藏深度加大，温度接近60℃，开始生成少量液态石油。这个阶段生成的生物化学气，或称细菌气，甲烷的含量在95%以上；甲烷碳同位素含量异常低，为其典型特征。它们可以聚集成特大型气藏，埋藏深度浅，温度、压力较低，易于勘探和开发。

2）热催化生油气阶段（后生作用阶段前期）。当沉积物埋藏深度达到1500~4000m，进入后生作用阶段前期，有机质经受的地温升至60~180℃，促使有机质转化的最活跃因素是热催化作用，随深度的加大，压力升高、岩石更加紧密，黏土矿物吸附力增大，按物质组分的吸附性能不断重新分布：分子结构复杂的脂肪酸、沥青质和胶质集中在吸附层内部，烃类集中在外部，依次为芳香烃、环烷烃和正烷烃。黏土矿物的这种催化作用可以降低有机质的成熟温度，促使残留干酪根发生热降解，杂原子（O、N、S）的键破裂，产生二氧化碳、水、氨、硫化氢等挥发性物质，同时获得低分子液态烃和气态烃。所以，在热催化作用下，有机质能够大量转化为石油和湿气，成为主要的生油时期，在国外常称为"生油窗"。

该阶段产生的烃类已经成熟，在化学结构上与原始有机质有明显区别，而与石油非常相似。需要指出，有机质成熟的早晚及生烃能力的强弱，还与有机质本身的性质有关。在其他条件相同的情况下，树脂体和高含硫的海相有机质往往成熟较早，藻质体生烃能力最强；腐植型有机质同样可以成为生油气母质，只不过成熟较晚、生气较多而已。

3）热裂解生凝析气阶段（后生作用阶段后期）。当沉积物埋藏深度达到 4000~7000m 时，有机质进入后生作用阶段后期，地温达到 180~250℃，超过了烃类物质的临界温度，除继续断开杂原子官能团和侧链，生成少量水、二氧化碳和氮外，主要反应是大量 C—C 键裂解（包括环烷烃的开环和破裂），液态烃急剧减少。C_{25} 以上高分子正烷烃含量渐趋于零，只有少量低碳原子数的环烷烃和芳香烃；相反，低分子正烷烃剧增（主要是甲烷及其气态同系物），在地下深处呈气态（凝析气），采至地面时随温度、压力降低，反而凝结为液态轻质石油（即凝析油），并伴有湿气，进入高成熟阶段。但石油焦化即干酪根残渣热解生成的气体量是有限的。

4）深部高温生气阶段（变生作用阶段）。当沉积物埋藏深度达到 7000~10000m 时，沉积物已进入变生作用阶段，达到有机质转化的末期。温度达到 250~375℃，以高温高压为特征，已形成的液态烃和重质气态烃经强烈裂解，变成热力学上最稳定的甲烷；干酪根残渣释出甲烷后进一步缩聚，H 与 C 原子比降至 0.45~0.3，接近甲烷生成的最低限，所以出现了全部沉积有机质热演化的干气甲烷和碳沥青或石墨。

以上将有机质向油气转化的整个过程大致划分为四个阶段，油气生成过程如图 4-1 所示。

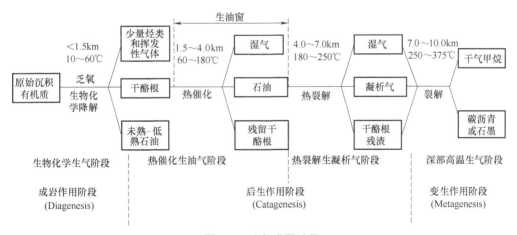

图 4-1 油气成因过程

对不同的沉积盆地而言，由于其沉降历史、地温历史及原始有机质类型的不同，其中的有机质向油气转化的过程不一定全都经历这四个阶段，有的可能只经过了前两个阶段，尚未达到第三阶段，而且每个阶段的深度和温度界限也可能略有差别。在地质发展史较复杂的沉积盆地，经历过数次升降作用，生油岩中的有机质可能由于埋藏较浅尚未成熟而遭遇上升，直到再度沉降埋藏到相当深度，待达到成熟温度后，有机质才生成大量石油，即所谓"二次生油"。

2. 油气藏的形成

（1）圈闭与油气藏的基本概念　油气一旦在生油层中生成便开始运移。在生油岩中生成的呈分散状态的油气，经过初次运移，进入储集层中，在储集层中经过二次运移，进入具有圈闭条件的地方聚集起来而形成油气藏。

圈闭是指适于聚集、保存油气，并使之形成油气藏的场所。更确切地说，圈闭是由以下三个部分组成的：

① 适于储存油气的储集层。

② 防止油气逸散的盖层。

③ 从各方面阻止油气继续运移，造成油气聚集的遮挡物，它可以是盖层本身的弯曲变形，如背斜，也可以是另外的遮挡物，如断层、岩性变化等。

总之，圈闭是具备油气聚集条件的场所，但是，圈闭中不一定都有油气。一旦有足够数量的油气进入圈闭，充满圈闭或占据圈闭的一部分，便可形成油气藏。

正确识别和评选有利于油气聚集的圈闭，对打开地下油气藏宝库具有决定性的作用。油气藏是指单一圈闭内具有独立压力系统和统一油水（或气水）界面的油气聚集场所，是地壳中最基本的油气聚集单位，即一定数量的运移着的油气，由于遮挡物的作用阻止了它们继续运移而在储集层的某一部分富集起来，形成油气藏。油气藏的重要特点是在单一的圈闭中。单一主要是指受单一要素控制，在单一的储集层中，在同一面积内，具有统一的压力系统，统一油、气、水边界。

根据上述两条基本原则和关于圈闭及油气藏的概念，我们把油气藏分为构造油气藏和地层油气藏两大类。

构造油气藏是指油气在构造圈闭中的聚集。构造圈闭是指由于地壳运动使地层发生变形或变位而形成的圈闭。因为构造运动可以形成各种各样的构造圈闭，由此形成的油气藏也就不同。据此，又可将其分为背斜油气藏、断层油气藏、裂缝性油气藏及刺穿接触油气藏等。

地层油气藏是指油气在地层圈闭中的聚集。地层圈闭是指因储集岩性横向变化或由于纵向沉积连续性中断而形成的圈闭条件。地层圈闭与构造圈闭的区别在于：构造圈闭是由于地层变形或变位形成的；地层圈闭则主要是沉积条件改变，储集层岩性岩相变化，或者是储集层上下不整合接触的结果。根据地层圈闭条件，地层油气藏可进一步分为：原生砂岩体地层油气藏、地层不整合遮挡油气藏、地层不整合超覆油气藏及生物礁块油气藏等。

（2）油气藏形成的基本条件　油气藏的形成过程就是在各种因素的作用下，油气从分散到集中的转化过程。能否有丰富的、足够数量的油气聚集，形成储量丰富的油气藏，并且被保存下来主要决定于是否具备生油层、储集层、盖层、运移、圈闭和保存等条件。对于研究油气藏形成的基本条件而言，充足的油气来源和有效的圈闭将成为两个最重要的方面，此外还有有利的生、储、盖组合和必要的保存条件。

1）充足的油气来源。在一个沉积盆地中，能否形成储量丰富的油气藏，充足的油气来源是重要前提。油气来源是否充足，取决于盆地内生油层系的发育情况、所含原始有机质的多少及其向油气转化的程度。地壳运动的多周期性使沉积盆地经历多个生油期，在剖面上出现多生油层系。衡量油气来源丰富程度的具体标志是生油凹陷面积的大小及凹陷持续时间的长短（生油层系的厚薄）。对于世界上 61 个特大油气田所在大的含油气盆地的统计显示，生油凹陷面积大，持续时间长，可以形成极厚的多回旋性的生油层系及多生油期，具备丰富的油气来源，这也是形成储量丰富的大油气藏的物质基础。

需要指出的是，不能因此就认为较小的盆地就没有丰富的油气资源。生油凹陷面积的大小固然重要，但这并不是唯一的决定因素。有些盆地的生油凹陷面积虽然较小，但沉积岩厚度大，含油岩系所占的比例大，圈闭有效面积大，生油层总厚度大，油源丰富，也可形成丰富的油气聚集。

油源的丰富程度除与生油岩的体积有关外，还与生油岩的埋藏深度、生油岩与储集岩的接触关系及配合情况等有密切关系。换言之，油源的丰富程度决定于生油岩的体积、有机质数量和类型、生油岩的成熟度（有机质转化为油气的程度），以及生油岩排出石油和天然气的能力（给油率）等综合因素。这是研究油气资源评价时必须全面考虑的。

2）有效的圈闭。如前所述，圈闭由储集层、盖层和遮挡物组成，它具备聚集油气的能力，是形成油气藏的必要条件。但是，大量油气勘探实践证明，在具有油气来源的前提下，并非所有圈闭都聚集油气。有的圈闭只含水，也就是说，它对油气聚集而言是无效的。由此可见，由于各个圈闭所处的地质环境有所差异，所经历的地质历史不同，它们聚集油气的有效性也不同。研究圈闭的有效性是指在具有油气来源的前提下，研究圈闭聚集油气的实际能力。由于不同因素的影响，圈闭聚集油气的实际能力表现为不同的情况：有的圈闭只对聚集天然气有效，而对石油无效，形成纯气藏；有的圈闭对聚集油气都有效，而形成油气藏；也有的圈闭对聚集油气都无效，只含水，形成"空圈闭"。影响圈闭有效性的主要因素有如下几个方面：

① 圈闭形成时间与油气运移时间的对应关系。只有那些在油气区域性运移以前或同时形成的圈闭，对油气的聚集才是有效的。

② 圈闭所在位置与油源区的相应关系。一般情况下，圈闭所在位置距油源区越近，越有利于油气聚集，圈闭的有效性越高。

③ 水压梯度和流体性质对圈闭有效性的影响。在水压梯度和流体密度差的作用下，圈闭对油聚集的有效性与对气聚集的有效性是不同的，对石油的聚集条件往往比对天然气聚集的条件要求高，同一圈闭可能对天然气聚集有效，而对石油聚集无效。

在自然界还有许多因素会破坏圈闭的有效性，使油气藏无法保存，如断裂活动、剥蚀作用、强烈的水动力冲刷，以及生物、化学作用等。

从以上叙述可以看出，影响圈闭有效性的因素很多，在油气勘探的实践中必须结合盆地的沉积发育史和内部构造发展史，具体分析各个圈闭的形成时间、空间位置、有效容积、水压梯度和流体性质，以及保存条件等，才能对圈闭的有效性做出正确判断。

3）有利的生、储、盖组合。油气田的勘探实践证明，生油层、储集层、盖层的密切配合，是形成丰富的油气聚集，特别是形成巨大油气藏必不可少的条件之一。有利的生、储、盖组合是指生油层中生成的油气能及时地运移到储集层中，即具有良好的输送通道，畅通的排出条件，同时盖层的质量和厚度又能保证运移至储集层中的油气不会逸散。这是形成大油气藏极其重要的条件。

生、储、盖的组合形式在时间上（纵向上）和空间分布上（横向上）都有一定的变化规律。前者主要受地壳周期性运动的影响，后者取决于盆地的构造运动、古地貌和沉积条件。常见的生、储、盖组合形式有互层状、指状交叉、砂岩透镜体等。

不同的生、储、盖组合具有不同的油气输送通道和不同的输导能力，因此富集油气的条件也就不同。例如，生油层与储集层为互层状的组合形式，由于生油层与储集层直接接触的面积大，储集层上、下生油层中生成的油气可以及时、不受限制地向储集层中输送，对油气生成及富集最为有利。当储集层中有背斜存在时，油气则可从四周向背斜中聚集，形成丰富的油气藏。又如，生油层和储集层为指状交叉的组合形式时，由于生油层和储集层的接触局限于指状交叉地带，在这一地带的输导条件与互层相似。但对于远离交叉带的一侧、由于附近缺乏储集层，输导能力受到一定的限制；在另一侧，由于只有储集层，附近缺乏生油层，油气来源也受到一定限制。故它的输导条件和油气富集条件都比互层差。再如，当生油层中存在砂岩透镜体时，从接触关系来看，油气的输导条件最为有利。但是在这种情况下，油气输导的机理至今还没有被充分地解释清楚。因为，在油气生成的主要阶段之前，砂岩透镜体早已被水充满，要使油气进入透镜体，必须同时有等量的水被排出。J. K. 罗伯特认为，生油层中的油气是从砂岩透镜体的底部进入透镜体的，而透镜体内原有的水从上部排出。

上述三种生、储、盖组合的形式与油气初次运移和富集的关系基本上可以说明生、储、盖组合形式对油气藏形成的影响，但这些都只是被简化了的理想情况，在实际中，必须充分考虑具体的地质条件。

4）必要的保存条件。在地质历史中已经形成的油气藏能否保存至今，取决于在油气藏形成以后是否遭到破坏，以及破坏的程度。因此，必要的保存条件是油气藏存在的重要前提。油气藏保存条件的影响因素包括以下几个方面：

① 地壳运动对油气藏保存条件的影响。地壳运动可以导致油气藏保存条件的完全破坏。如果地壳运动破坏了圈闭条件，储集层遭到剥蚀风化，油气全部流失，破坏了原有的油气藏。

② 岩浆活动对油气藏保存条件的影响。一般来说，岩浆岩的活动对油气藏的保存是不利的，因为高温的岩浆侵入油气藏会把油气烧掉，破坏圈闭，最终导致油气藏的破坏。不过，岩浆的破坏作用只产生在它活动时，当它冷凝之后，不仅失去了破坏作用，而且在其他有利条件配合下，可成为良好的储集层或遮挡条件。

③ 水动力对油气藏保存条件的影响。水动力环境对油气藏的保存条件有重要影响。活跃的水动力环境可以把油气从圈闭中冲走，导致油气藏的破坏。因此，稳定的水动力环境是油气藏保存的重要条件之一。

当然，影响油气藏保存条件的因素还有很多，如热变质作用、生物化学作用等，都会直接影响油气藏的保存。

4.1.3 石油资源和分布

石油的分布从总体上来看极端不平衡：从东西半球来看，约有3/4的石油资源集中于东半球，西半球占 1/4；从南北半球看，石油资源主要集中于北半球；从纬度分布看，主要集中在北纬 20°～40° 和 50°～70° 两个纬度带内。

2022 年全球石油储量为 2406.9 亿 t。全球油气资源分布格局中，石油储量主要集中在中东和美洲地区，天然气储量主要集中在中东、东欧地区。图 4-2 所示为世界 6 大地区石油已探明储量占比。

从全球各地区石油已探明储量来看，中东地区储量占全球总量的 49.5%，处于绝对领先地位；美洲以 33.7% 居于第二；非洲、东欧及亚太地区石油储量也较为丰富，分别占全球总量的 6.8%，6.8%，2.6%；西欧地区储量相对稀少，仅占 0.6%，说明全球石油储量呈现强烈的区域性特征，各地占比严重不均。

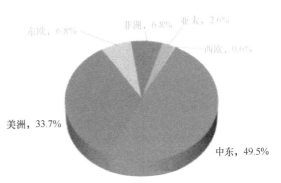

图 4-2　世界 6 大地区石油已探明储量占比

从世界各国石油已探明储量来看，当前世界储油大国主要集中在中东的沙特阿拉伯、伊朗、伊拉克、科威特，美洲的加拿大、委内瑞拉以及欧亚大陆的俄罗斯等国家。非洲部分国家如尼日利亚、利比亚等也在世界石油储量中占有一定份额，但以沙特阿拉伯为首的中东各国仍是全球石油储备的主要力量。

中东地区石油资源丰富，被称为"世界油库"，该地区的石油储量大、埋藏浅、油质好、开发成本低。得天独厚的地理条件为中东国家勘探开发石油资源带来绝对优势。沙特阿拉伯东部的盖瓦尔油田，石油埋藏在地表下仅 1.6km 处，自 1951 年以来平均每天生产 300 万桶原油，至今仍有超过 650 亿桶的石油储量。

中东地区的石油主要分布在波斯湾及其沿岸地区，所产石油绝大部分运往西欧、美国和日本等国家和地区，对世界经济具有重要影响。中东也是我国进口石油的主要地区。

4.1.4　我国石油资源概况

我国石油资源主要分布在渤海湾、松辽、塔里木、鄂尔多斯、准噶尔、珠江口、柴达木和东海陆架八大盆地，可采资源量为 17.2 亿 t，占全国的 81.13%。其中，常规石油储量分布广泛，主要集中在东北地区的大庆、胜利、吉林等油田，以及东部地区的沿海盆地，如渤海湾盆地、黄河三角洲等；页岩油主要分布在华北地区的塔里木盆地、鄂尔多斯盆地和江汉盆地等地，其中鄂尔多斯盆地的页岩油储量较为丰富。

我国原油部分需要进口。我国主要进口原油按其个别特性可分为高蜡原油（如印尼米纳斯、辛塔、维杜里原油）、含硫和高硫原油［如伊朗（轻质）、俄罗斯乌拉尔、也门马哈拉、阿曼、伊朗（重质）、安哥拉罕格原油属于含硫原油，沙特阿拉伯（轻质）、伊拉克巴士拉、沙特阿拉伯（中质）、科威特、沙特阿拉伯（重质）均属于高硫原油］、高酸原油（如安哥拉奎托、印尼杜里、乍得多巴原油）、高硫高酸原油（如赤道几内亚赛巴、巴西宝马利姆、委内瑞拉奥里诺科重质原油）。此外，我国进口量比较大的阿尔及利亚撒哈拉、安哥拉卡宾达、安哥拉吉拉索、刚果杰诺及利比亚埃斯锡德尔原油是原油密度较小、蜡含量较低、相对容易加工的原油。

国家统计局数据显示，2021 年，我国原油产量达到 19888.1 万 t，同比增长 2.1%，实现原油产量连续 3 年回升。其中，页岩油实现经济规模生产，产量达 240 万 t。渤海油田原油产量达 3013.2 万 t，成为我国第一大原油生产基地，原油增量约占全国原油增量的 50%。

我国石化化工行业整体规模世界领先。2021 年，我国炼油产能与美国接近，2022 年超过美国，成为炼油产能第一大国；乙烯产能和产量世界第一；芳烃及下游的聚酯化纤产业链规模优势进一步巩固。主要大宗有机原料、合成树脂、合成橡胶产能居世界第一位，占世界总产能的比重均在 30% 以上。2021 年我国石化化工行业代表性产品产能及世界位次见表 4-2。

表 4-2　2021 年我国石化化工行业代表性产品产能及世界位次

项目	产能/(万 t/a)	占世界的比例(%)	居世界位次
炼油	88630	17.5	2
乙烯	4169	20.1	1
丙烯	4830	31.9	1
对二甲苯	3127	46.8	1
精对苯二甲酸(PTA)	6387	66.6	1
乙二醇	2091	43.5	1
聚对苯二甲酸乙二醇酯(PET)	6536	58.8	1
苯乙烯	1504	38.7	1
环氧丙烷	370	30.7	1
丙烯腈	294	38.2	1
合成树脂	10504	35.3	1
合成橡胶	696.2	32.0	1
合成氨	6488	35.4	1
甲醇	9744	60.9	1
磷酸	2303	32.9	1

4.1.5　我国石油资源发展战略

我国石油资源比较丰富，但以品位较差、地理地质条件较复杂的油气资源为主，与我国对石油的需求相比，石油供给相对不足，国家石油安全面临严峻形势。解决我国石油供应不足的问题，应首先立足于开发利用国内的油气资源，不断提高油气资源综合利用水平，对油气矿产资源实行综合勘查、综合评价、综合开发、综合利用，使经济可利用性差的资源加快转化为经济可利用性较好的资源。开展资源综合利用是我国油气资源勘查、开发的一项重大技术经济政策。

未来我国石油储量增长的主要领域在西部和海上。从近期勘探和资源潜力分析来看，石油勘探应主要在前陆盆地、大型隆起带、地层岩性油藏、渤海湾盆地浅层、海相碳酸岩盐及海域（包括滩海）。这些将是我国今后进一步加强勘探的主要目标区，也是今后发现大中型油田，增加石油储量的主战场。

南沙海域石油资源丰富，根据初步估算，石油可采量约为 100 亿 t，其中 70% 在我国断续国界以内。据悉，在南海我国断续国界附近已经探明石油储量为 8.6 亿 t，我国建立起的原油产能也超过了 5000 万 t，逐步开发利用这一区域的油气资源。这对我国石油资源可持续发展具有重要的战略意义。

应采取多元化能源供应的战略，通过发展清洁能源和替代能源，减少对传统石油的依赖，推动能源结构的优化和升级。

4.2 石油的开采与加工

4.2.1 石油的开采

地质工作者用地震勘探和其他地球物理方法进行地质普查，初步判明可能含有油气的位置后，必须通过打探井的方法予以验证。此外，还可在钻井过程中通过各种录井方法和地球物理测井方法最终确定含油面积、油藏储量、地层压力、地层岩石物性等地质要素，为油气田的开发提供可靠的依据。油气井是石油和天然气从地下流到地面的通道，若要尽可能多地采出地下石油，就必须在油气田开发过程中钻足够数量的生产井。

石油开采的方式一般有以下几种：

（1）自喷采油 油田开发过程中，油井一般都会经历自喷采油阶段。自喷采油是利用地层自身的能量将原油举升到井口，再经地面管线送到计量站。自喷采油设备简单、管理方便、产量高，不需要人工补充能量，可以节省大量的动力设备和维修管理费用，是个简单、经济、高效的采油方法。

（2）气举采油 气举采油是从地面将高压气体注入油井中，降低油管内气、液混合物的密度，从而降低井底流压的一种机械采油方法。利用气体的膨胀能举升井筒中的液体，使停喷、间喷或自喷能力差的油井恢复生产或增强生产能力。气举采油与自喷采油有许多相似之处，其井筒流动规律基本相同。自喷采油依靠油层本身的能量生产，而气举采油的主要能量来自高压气体。气举采油的优点很多，如排液量范围大、举升深度大、井下无机械磨损件、操作管理方便等。

（3）有杆泵采油 有杆泵采油（抽油）是最古老，也是国内外应用最广泛的机械采油方法，在各种人工举升方法中居首要地位。有杆泵采油设备结构简单、适应性强、寿命长。

典型的有杆泵采油装置由三部分组成：抽油机、抽油泵和抽油杆柱。抽油机是地面驱动设备。抽油泵是井下设备，借助于柱塞的上下往复运动，使油管柱中的液体增压，将其抽吸至地面。抽油杆柱是传递动力的连接部件。就整个生产系统而言，还包括供给流体的油层、作为举升通道的油管柱及其配件、环空及井口装置等。

（4）无杆泵采油 无杆泵采油也是油田生产中常见的机械采油方式。无杆泵采油不需抽油杆柱，减少了抽油杆柱断脱和磨损带来的作业及修井费用，适用于开采特殊井身结构的油井。随着我国各大油田相继进入中后开采期，地质条件越来越复杂，无杆泵采油将会得到更广泛的应用。无杆泵采油主要分为潜油电泵、水力活塞泵、射流泵及螺杆泵采油等。

油田开发及石油开采过程一般可分为一次采油、二次采油和三次采油三个阶段。

一次采油是指利用油藏天然能量进行开采的过程，这是大多数油藏开发要经历的第一个阶段。早期，很多油藏都是用一次采油方法开采到经济极限产量后废弃。其采油机理是：随着油藏压力下降，液体和岩石的体积膨胀，地层能量把油藏流体驱入井筒。压力降到原油的饱和压力时，溶解在油中的气体释放、膨胀，又能驱出部分原油。气顶膨胀和重力排驱也能促使原油流入生产井。天然水侵既能驱替油藏孔隙中的原油，又能弥补原油开采造成的压力下降，但其后期产水率很高。不同油藏的一次采收率相差极大，一次采收率主要取决于油藏类型、岩石和原油的性质及开采机理。

二次采油是指向油层补充流体以保持地层能量的采油方法，如将气体注入气顶、将水注入油层或靠近油水界面的含水层。以前油藏能量衰竭时才进行二次采油。现在为保持油藏压力，维持较长时间的高产和稳产，许多油藏在开发初期就进入二次采油阶段。二次采油达到经济极限时，油藏中还存留有大量的原油。为了获得更高的采收率，需要进行三次采油。

三次采油是指采用物理、化学、生物等方法改变油藏岩石及流体的性质，提高水驱后油藏采收率的方法。由于投资多，注入流体价格高，三次采油风险很大，但采收率提高幅度也大。

压裂和酸化是油气井增产、注水井增注的重要手段，其原理是通过降低流动阻力来提高产量或注入量。一些低渗透性油气层即使在较大生产压差下也很难获得高产。有的油气层受到钻井液、修井液等外来流体的侵害，近井区渗透率降低，导致产量下降，甚至无法投产，必须采取增产措施。水力压裂施工规模大，增产幅度大。酸化用于解除近井区的污染，恢复底层渗透率及提高油井产量，效果显著，施工规模小，成本低。目前，我国水力压裂和酸化增产措施每年所获得的产量相当于一个中等油田的产量。水力压裂和酸化已成为油气田勘探、开发与开采中最常用的油藏改造措施。

4.2.2　石油的加工

石油炼制因加工原油性质、产品需求的不同，分成不同的类型，建有不同的加工装置。常用的加工装置有常减压蒸馏、催化裂化、催化重整、延迟焦化、加氢裂化、石油产品精制等。通常，人们把常减压蒸馏视为炼油生产装置的"龙头"，原油经过常减压蒸馏被分馏成馏分油后，才能用作化工裂解原料或经过油品调和，制成各类成品油；原油经过常减压蒸馏后，再采用裂解的方法，可把低附加值的重质油进一步轻质化，变为高附加值的轻质油。起初采用的是热裂解的方法；后来，为了提高裂解的效率，采用了催化剂，这就是催化裂化，通常人们把催化裂化视为炼油生产装置的"心脏"；此后，为了提高汽油的辛烷值，也为了提高芳烃的收率，人们开发了催化重整的方法；再后来，为了从根本上提高轻质油的收率，使组成上碳氢比很大的重质油变成碳氢比稍小的轻质油；为了提高油品的质量，人们开发了加氢裂化方法；与此同时，人们还开发了焦化方法，特别是延迟焦化方法，把重质油变成石油焦和焦炉气，实现了资源的合理利用。

1. 常减压蒸馏

常压蒸馏和减压蒸馏习惯上合称为常减压蒸馏。常减压蒸馏基本上属于物理过程。

原油在蒸馏塔里按蒸发能力被分成沸点范围不同的油品，称为馏分。馏分小部分经调和添加剂后以产品形式出厂，大部分作为后续加工装置的原料。因此，常减压蒸馏又被称为原油的一次加工。常减压蒸馏的工艺流程如图4-3所示。

（1）工序　常减压蒸馏工艺包括原油脱水与电脱盐、常压蒸馏与减压蒸馏三个工序。

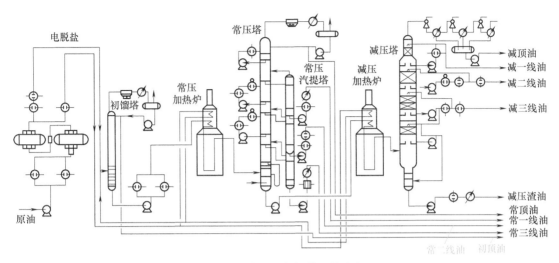

图 4-3　常减压蒸馏的工艺流程

1) 原油脱水与电脱盐。原油在井下直接与水接触，井口采出的原油伴有大量的水。一般在油田从原油中脱水，并将脱出的水回注井下的过程称为原油脱水。脱水时向含水原油中加入破乳剂，油水沉降后分离。为确保原油含水量达到指标，在最后的沉降罐内安装高压电极，使油、水在电场下分离。外输原油的含水量要求不大于 0.5%。

电脱水器是至今为止效率最高、处理能力最强、依靠电场的作用对原油进行脱水的先进设备。电脱水器的形式有好多种，如管道式、储罐式、立式圆筒形、球形等。目前大批采用卧式圆筒形电脱水器，并将卧式电脱水器、油气分离器、加热炉、沉降脱水器四种设备有机地组合为一体使用。

电脱盐是原油进入蒸馏前的一道预处理工序。由于无机盐大部分溶于水，故脱盐与脱水同时进行。电脱盐是指为脱除悬浮在原油中的盐粒，在原油中注入一定量的新鲜淡水（注入量一般为 5%），充分混合后，通过电化学方法进行脱盐。电脱盐的主要设备是电脱盐罐，它的主要部件为原油分配器、电极板和防爆变压器。原油分配器的作用是使从底部进入的原油通过分配器均匀地垂直向上流动，一般采用低速槽型分配器。电极板一般有水平和垂直两种形式。交流电脱盐罐常采用水平电极板，交直流脱盐罐则采用垂直电极板。

在强弱电场与破乳剂的作用下，乳化液的保护膜被破坏，水滴由小变大，不断聚合形成较大的水滴，借助于重力与电场的作用沉降下来，与油分离。因为盐溶于水，所以脱水的过程也就是脱盐的过程。

2) 常压蒸馏与减压蒸馏。

① 常压蒸馏。蒸馏又称为分馏，它是在精馏塔内同时进行的液体多次部分汽化和气体多次部分冷凝的过程。原油能够利用蒸馏的方法进行分离的根本原因在于原油内部的各组分的沸点不同。

在原油加工过程中，原油被加热到 360~370℃，进入常压蒸馏塔，其气相部分上升进入塔的精馏段，与塔顶下降的冷回流借助塔板进行气液传质交换，液相部分则下降进入塔的提馏段，与塔底上升的热蒸气借助塔板进行气液传质交换。最终，在塔的不同位置，从上到下，依次采出常一线、常二线、常三线，乃至常四线等馏分油，将原油分离。

② 减压蒸馏。液体沸腾的必要条件是蒸汽压必须等于外界压力。降低外界压力就相当于降低液体的沸点。压力越小，沸点越低。如果蒸馏过程的压力低于大气压，这种过程称为减压蒸馏。其目的是进一步将重质油分离成减一线、减二线、减三线等馏分油。

（2）塔 塔是整个装置的工艺过程的核心，原油在蒸馏塔中通过传质传热实现蒸馏作用，最终将原油分离成不同组分的产品。最常见的常减压装置流程为三段汽化流程或称为"两炉三塔流程"，常减压中的塔包括初馏塔或闪蒸塔、常压塔和减压塔。塔通常由以下部分组成：

塔体：直圆柱形桶体，高度在 35~40m，对于处理高含硫原油的装置，塔内壁还有不锈钢衬里。

塔体封头：一般为椭圆形或半圆形。

塔底支座：塔底支座要求有一定高度，以保证塔底泵有足够的灌注压头。

塔板或填料：塔内介质接触的载体，传质过程的三大要素之一。

开口及管嘴：将塔体和其他部件连接起来的部件，一般由不同口径的无缝钢管加上法兰和塔体焊接而成。

人孔：供进入塔内安装检修和检查塔内设备状况用，一般直径为 600mm，圆形孔。

进料口：由于进料气速高，流体的冲刷很大，为减小塔体内所受损伤，使气、液分布良好和缓冲，进料处一般留有较大的空间，以利于气、液充分分离。

液体分布器：使回流液体在塔板或填料上方均匀分布，常减压装置应用较多的是管孔式液体分布器和喷淋型液体分布器。

气体分布器：气体分布器一般应用在汽提蒸气入塔处，目的是使蒸气均匀分布。

破沫网：在减压塔进料上方，一般都装有破沫网，破沫网由丝网或其他材料组成，当带液滴的气体经过破沫网时，液滴与破沫网相撞，附着在破沫网上的液滴不断积聚，达到一定体积时下落。

集油箱：主要作用是收集液体，供抽出或再分配。

塔底防漏器：为防止塔底液体流出时，产生旋涡将油气卷入，使泵抽空。塔底装有防漏器。它还可以阻挡塔内杂质，防止其阻塞管线和进入泵体内。

外部保温层：一般用保温砖砌成，并用螺钉固定，外包薄钢板或铝板，保温层起隔热和保温作用。

（3）加热炉与换热网络

1）加热炉。一般为管式加热炉，其作用是将燃料在炉膛内燃烧时产生的高温火焰与烟气作为热源，加热炉中高速流动的物料，使其达到后续工艺过程所要求的温度。管式加热炉一般由辐射室、对流室、余热回收系统、燃烧系统、通风系统五部分组成。

辐射室是加热炉进行热交换的主要场所，其热负荷占全炉的 70%~80%。辐射室内的炉管通过火焰或高温烟气进行传热，以辐射为主，又称为辐射管。它直接受火焰辐射冲刷，温度高，所以其材料要具有足够的高温强度和高温化学稳定性。

对流室利用辐射室排出的高温烟气对物料进行加热。烟气以较高的速度冲刷炉管管壁，进行有效的对流传热，其热负荷占全炉的 20%、30%。对流室一般布置在辐射室之上，有的单独放在地面。为了提高传热效果，多采用钉头管和翅片管。

余热回收系统用以回收加热炉的排烟余热，可采用空气预热方式或废热锅炉回收方式。

燃烧及通风系统的作用是把燃烧用空气导入燃烧器，将废烟气引出炉子。通风可分为自然通风和强制通风两种方式。前者依靠烟囱本身的抽力，后者使用风机。目前普遍采用强制通风方式。

2）换热网络。众所周知，欲将原油分离成汽油、煤油、柴油和润滑油，必须将原油加热至 300℃以上，通过前述的蒸馏方法，将其分离成各种馏分油，而各种馏分油通常具有较高的温度，其热量可回收利用，然后通过冷却降温后储存。因此，加热炉、热交换器、冷却器等设备构成了常减压蒸馏装置的换热网络。

换热网络设计的合理性直接关系到装置的投资多少和能耗大小。以窄点理论为基础的系统分析、综合优化方法是目前世界上换热网络优化先进技术之一。利用国内外换热网络多功能软件包，如 Aspen Plus，可对常减压蒸馏装置换热网络进行网络匹配、信息转换及流程模拟等设计，可以计算换热器、预测冷或热公用工程的热强度、换热终温等。

常减压蒸馏是石油加工的"龙头装置"，后续二次加工装置的原料及产品都是由常减压蒸馏装置提供的。常减压蒸馏主要是通过精馏过程，在常压和减压的条件下，根据各组分相对挥发度的不同，在塔盘上气液两相进行逆向接触、传质传热，经过多次汽化和多次冷凝，生产合格的汽油、煤油、柴油、渣油和润滑油基础油等。

2. 催化裂化

（1）催化裂化的化学原理　催化裂化是最重要的石油炼制过程之一，它是指在热和催化剂的作用下使重质油发生裂化反应，转变为裂化气、汽油和柴油等的过程。催化裂化工艺流程如图 4-4 所示。

原料采用原油蒸馏（或其他石油炼制过程）所得的重质馏分油，或在重质馏分油中混入少量渣油，经溶剂脱沥青后的脱沥青渣油，或全部用常压渣油或减压渣油。在反应过程中由于不挥发的类碳物质沉积在催化剂上，缩合为焦炭，使催化剂活性下降，需要使其在空气中经燃烧去除，以恢复催化活性，并提供裂化反应所需热量。

催化裂化是石油炼厂从重质油生产汽油的主要过程之一，该过程所产汽油辛烷值高、安定性好，裂化气含丙烯、丁烯、异构烃多。

催化裂化条件下各族烃类的主要反应如下：

1）烷烃裂化为较小分子的烯烃和烷烃，如 $C_{16}H_{34} \rightarrow C_8H_{16} + C_8H_{18}$。

2）烯烃裂化为较小分子的烯烃。

3）异构化反应：正构烷烃→异构烷烃，烯烃→异构烯烃。

4）氢转移反应：环烷烃+烯烃→芳烃+烷烃。

5）芳构化反应。

6）环烷烃裂化为烯烃。

7）烷基芳烃脱烷基反应：烷基芳烃→芳烃+烯烃。

8）缩合反应：单环芳烃可缩合成稠环芳烃，最后缩合成焦炭，并放出氢气，使烯烃饱和。

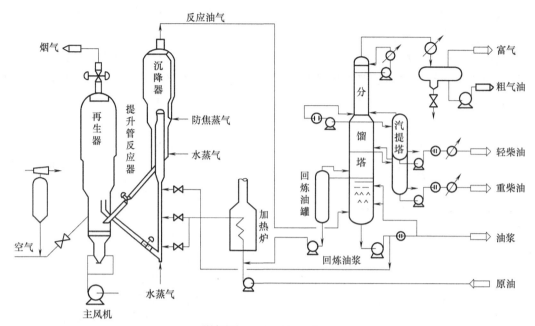

图 4-4 催化裂化工艺流程

在烃类的催化裂化反应过程中，裂化反应使大分子分解为小分子的烃类，这是催化裂化使重质油轻质化的根本依据。氢转移反应则使催化汽油饱和度提高、安定性好。异构化、芳构化反应是催化汽油辛烷值提高的重要原因。

催化裂化得到的石油馏分仍然是很多烃类组成的复杂混合物。催化裂化并不是各族烃类单独反应的综合结果，在反应条件下，任何一种烃类的反应都将受到其他烃类及催化剂的影响。

石油馏分的催化裂化反应属于气固非均相催化反应。反应物首先是从油气流扩散到催化剂孔隙内，并且被吸附在催化剂的表面上，在催化剂的作用下进行反应，生成的产物从催化剂表面上脱附，然后扩散到油气流中，导出反应器。因此，烃类进行催化裂化反应的先决条件是在催化剂表面上吸附。试验证明，碳原子相同的各种烃类的吸附能力的大小顺序是稠环芳烃>稠环环烷烃及多环环烷烃>烯烃>烷基芳烃>单环环烷烃>烷烃。而按烃类的化学反应速率顺序排列，大致情况如下：烯烃>大分子单烷侧链的单环芳烃>异构烷烃和环烷烃>小分子单烷侧链的单环芳烃>正构烷烃>稠环芳烃。

综合上述两个排列顺序可知，石油馏分中芳烃虽然吸附性能强，但反应能力弱，吸附在催化剂表面上占据了大部分表面积，阻碍了其他烃类的吸附和反应，使整个石油馏分的反应速率变慢。烷烃虽然反应速率快，但吸附能力弱，对原料反应的总效应不利。而环烷烃既有一定的吸附能力，又具有适宜的反应速率。因此，富含环烷烃的石油馏分应是催化裂化的理想原料。但实际生产中，这类原料并不多见。

石油馏分催化裂化是一个复杂的反应过程。反应可同时向几个方向进行，中间产物又可继续反应，这种反应属于平行—顺序反应。平行—顺序反应的一个重要特点是反应深度对产品产率分配有重大影响。随着反应时间的增长，转化率提高、气体和焦炭产率增加。汽油产率在开始时增加，经过最高点后又下降。这是因为到一定反应深度后，汽油分解成气体的反应速率超过汽油的生成速率，即二次反应速率超过了一次反应速率。因此，需要根据原料的特点选择合适的转化率，这一转化率应选择在汽油产率最高点附近。

（2）催化裂化催化剂　1936 年，工业上首先使用经过酸处理过的蒙脱石催化剂。由于这种催化剂热稳定性不高、再生性能差，后来被合成的无定形硅酸铝所取代。20 世纪 60 年代又出现了含沸石的催化剂。可用作裂化催化剂的所有沸石中，只有 Y 型沸石具有工业意义。在许多情况下，将稀土元素引入 Y 型沸石中。Y 型沸石在硅酸铝基体中的加入量可达 15%。采用沸石催化剂后，汽油的选择性大大提高，汽油的辛烷值也较高，同时气体和焦炭产率降低。

工业上应用的超稳 Y 型沸石分子筛，在温度高达 1200K 时晶体结构能保持不变。催化裂化实质上是正碳离子的化学反应。正碳离子经过氢负离子转移步骤生成，由于高温，正碳离子可分解为较小的正碳离子和一个烯烃分子。生成的烯烃比初始的烷烃原料易于变为正碳离子，裂化速率也较快。由于一键断裂一般发生在正碳离子的位置，所以催化裂化可生成大量的 C_3 和 C_4 烃类气体，只有少量的甲烷和乙烷生成。新正碳离子或裂化，或夺得一个氢负离子而生成烷烃分子，或发生异构化、芳构化等反应。

沸石分子筛具有特定的孔径大小，对原料和产物都表现了不同的选择特性。例如，在HZSM-5 沸石分子筛上烷烃和支链烷烃的裂化速度：正构烷烃＞一甲基烷烃＞二甲基烷烃。

沸石分子筛对原料分子大小表现的选择性和对产物分布的影响称为择形性。ZSM-5 用作脱蜡过程的催化剂，就是利用了沸石的择形催化裂化功能。

3. 催化重整

催化重整（简称重整）是在催化剂和氢气存在下，将汽油馏分中的烃类分子结构重新排列成新的分子结构的过程，是将常压蒸馏所得的轻汽油转化成含芳烃较高的重整汽油的过程。重整的反应条件：反应温度为 490～525℃，反应压力为 1～2MPa。以 80～180℃馏分为原料，产品为高辛烷值汽油；以 60～165℃馏分为原料油，产品主要是苯、甲苯等芳烃。重整过程的副产物为氢气，可作为炼油厂加氢操作的氢源。

（1）催化重整的化学原理　催化重整包括环烷烃脱氢、烷烃脱氢环化、异构化和加氢裂化四种主要反应。前两个反应生成芳烃，同时产生氢气，为吸热反应；异构化反应是将烃分子结构重排，为放热反应（热效应不大）；加氢裂化反应使大分子烷烃断裂成较轻的烷烃和低分子气体，会减少液体收率，并消耗氢，为放热反应。除以上反应外，还有烯烃的饱和、生焦等反应，各类反应进行的程度取决于操作条件、原料性质及催化剂的类型。

（2）催化重整催化剂　近代催化重整催化剂的金属组分主要是铂，酸性组分为卤素（氟或氯），载体为氧化铝。其中，铂构成脱氢活性中心，促进脱氢反应；酸性组分提供酸性中心，促进裂化、异构化等反应。改变催化剂中的酸性组分及其含量可以调节酸性功能。为了改善催化剂的稳定性和活性，20 世纪 60 年代末以来人们研究出了各种双金属或多金属催化剂。这些催化剂中除加入铂外，还加入铼、铱或锡等金属组分作为助催化剂，以改进催化剂的性能。

（3）催化重整工艺流程　催化重整工艺流程主要包括原料预分馏和预加氢、重整、产品后加氢和稳定处理三个工序，当以生产芳烃为目的时，还包括芳烃抽提和精馏。图 4-5 所示为催化重整工艺流程。

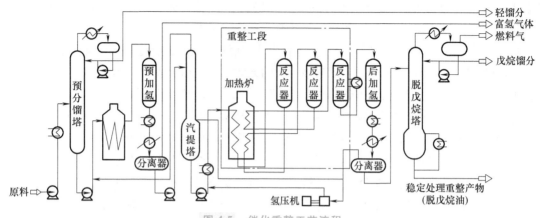

图 4-5　催化重整工艺流程

经过预处理后的原料进入重整工段，与循环氢混合并加热至 490~525℃后，在 1~2MPa 下进入反应器。反应器有 3~4 个串联，设有加热炉，以补偿反应所吸收的热量。离开反应器的物料进入分离器分离出富氢循环气（多余部分排出），所得液体由稳定塔脱去轻组分后作为重整汽油，是高辛烷值汽油组分，或送往芳烃抽提装置生产芳烃。

4. 延迟焦化

延迟焦化是在较长反应时间下，使原料深度裂化，以生产固体石油焦炭为主要目的，同时获得气体和液体产物。延迟焦化是一种石油二次加工技术，是指以贫氢的重质油为原料，在高温（约 500℃）进行深度的热裂化和缩合反应，生产气体、汽油、柴油、蜡油和焦炭的技术。延迟是指将焦化油（原料油和循环油）经过加热炉加热迅速升温至焦化反应温度，在反应炉管内不生焦，而进入焦炭塔再进行焦化反应，有延迟作用，此种技术被称为延迟焦化技术。它是渣油先经过加热炉加热，进入焦炭塔后再进行焦化反应的过程，是一种半连续工艺过程。一般是一炉（加热炉）二塔（焦炭塔）或二炉四塔，加热炉连续进料，焦炭塔轮换操作。它是目前渣油深度加工的主要方法之一。原料油（减压渣油或其他重质油如脱油沥青、澄清油甚至污油）经加热到 495~505℃进入焦炭塔，待陆续装满（留一定的空间）后，进入另一焦炭塔。热原料油在焦炭塔内进行焦化反应，生成的轻质产物从顶部出来进入分馏塔，分馏出石油气、汽油、柴油和重馏分油。重馏分油可以送去进一步加工（如裂化原料）也可以全部或部分循环回原料油系统。残留在焦炭塔中的焦炭以钻头或水力除焦卸出。焦炭塔恢复空塔后再进入热原料。该过程焦炭的收率随原料油残炭而变化，石油气产量一般为 10%（质量分数，后同）左右，其余因循环比不同而异，但柴油汽油比大于 1。

延迟焦化工艺流程如图 4-6 所示。

延迟焦化装置主要由八个部分组成。

1）焦化部分，主要设备是加热炉和焦炭塔，有一炉两塔、两炉四塔，也有与其他装置直接联合的。

2）分馏部分，主要设备是分馏塔。

3）焦化气体回收和脱硫，主要设备是吸收解吸塔、稳定塔、再吸收塔等。

4）水力除焦部分。

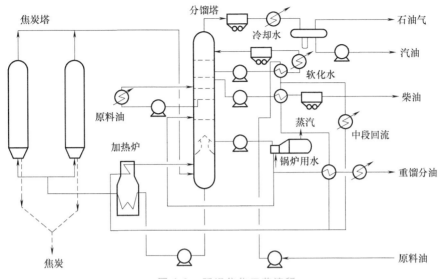

图 4-6　延迟焦化工艺流程

5）焦炭的脱水和储运。

6）吹气放空系统。

7）蒸汽发生部分。

8）焦炭焙烧部分。

通常，炉出口温度为 495~500℃，焦炭塔顶压力为 0.15~0.2MPa。

延迟焦化原料可以是重油、渣油，甚至是沥青。延迟焦化产物分为气体、汽油、柴油、蜡油和焦炭。对于国产渣油，气体收率为 7.0%~10.0%，粗汽油收率为 8.2%~16.0%，柴油收率为 22.0%~28.66%，蜡油收率为 23.0%~33.0%，焦炭收率为 15.0%~24.6%，外甩油为 1.0%~3.0%。焦化汽油和焦化柴油是延迟焦化的主要产品，但其质量较差。石油焦是延迟焦化过程的重要产品之一，根据质量不同可用作电极或冶金燃料等。焦化气体经脱硫处理后可作为制氢原料或送燃料管网作燃料使用。

5. 加氢裂化

加氢裂化过程是在高压、氢气和催化剂条件下进行的，可把重质原料转化成汽油、煤油、柴油和润滑油。加氢裂化时，由于氢的存在，原料转化的焦炭少，可除去有害的含硫、氮、氧的化合物，操作灵活，可按产品需求调整。产品收率较高，而且质量好。加氢裂化使重质油发生加氢、裂化和异构化反应，转化为轻质油（汽油、煤油、柴油或催化裂化、裂解制烯烃的原料）。它与催化裂化不同的是，催化裂化反应伴有烃类加氢反应。

加氢裂化实质上是加氢和催化裂化过程的有机结合，能够使重质油品通过催化裂化反应生成汽油、煤油和柴油等轻质油品，又可以防止生成大量的焦炭，还可以将原料中的硫、氮、氧等杂质脱除，并使烯烃饱和。因此，加氢裂化具有轻质油收率高、产品质量好的突出特点。

（1）加氢裂化的化学反应　烃类在加氢裂化条件下的反应方向和深度取决于烃的组成、催化剂性能及操作条件，主要发生的反应类型包括裂化、加氢、异构化、环化、脱硫、脱氮、脱氧及脱金属等。

1）烷烃的加氢裂化反应。在加氢裂化条件下，烷烃主要发生 C—C 键的断裂反应，以及生成的不饱和分子碎片的加氢反应，此外还可以发生异构化反应。

2）环烷烃的加氢裂化反应。在加氢裂化过程中，环烷烃发生的反应受环数的多少、侧链的长度以及催化剂性质等因素的影响。单环环烷烃一般发生异构化、断链和脱烷基侧链等反应；双环环烷烃和多环环烷烃首先异构化成五元环衍生物，然后断链。

3）烯烃的加氢裂化反应。在加氢裂化条件下，烯烃很容易加氢变成饱和烃，此外还会发生聚合和环化等反应。

4）芳香烃的加氢裂化反应。对于侧链有三个以上碳原子的芳香烃，首先会发生断侧链，生成相应的芳香烃和烷烃，小部分芳香烃也可能加氢饱和生成环烷烃。双环、多环芳香烃加氢裂化是分步进行的，首先是一个芳香环加氢成为环烷芳香烃，接着环烷环断裂生成烷基芳香烃，然后继续反应。

5）非烃化合物的加氢裂化反应。在加氢裂化条件下，含硫、氮、氧杂原子的非烃化合物进行加氢反应生成相应的烃类、硫化氢、氨和水。

（2）加氢裂化催化剂及影响因素

1）加氢裂化催化剂。加氢裂化催化剂是由金属加氢组分和酸性载体组成的双功能催化剂。该类催化剂不但要求具有加氢活性，而且要求具有裂解活性和异构化活性。

① ⅥB 族和ⅧB 族中的几种金属元素［如铁（Fe）、钴（Co）、Ni、Cr、钼（Mo）、钨（W）］的氧化物或硫化物，以及贵金属元素铂（Pt）、钯（Pd）等。

② 催化剂的载体。加氢裂化催化剂的载体有酸性和弱酸性两种。酸性载体为硅酸铝、硅酸镁、分子筛等，弱酸性载体为氧化铝及活性炭等。催化剂的载体具有如下几方面的作用：增加催化剂的有效表面积；提供合适的孔结构；提供酸性中心；提高催化剂的机械强度；提高催化剂的热稳定性；增加催化剂的抗毒能力；节省金属组分的用量，降低成本。

③ 催化剂的预硫化。加氢裂化催化剂的活性组分是以氧化物的形态存在的，而其活性只有呈硫化物的形态时才较高，因此加氢裂化催化剂使用之前需要将其预硫化。预硫化就是使其活性组分在一定温度下与 H_2S 反应，由氧化物转变为硫化物。预硫化的效果取决于预硫化的条件，一般的温度范围为 280~300℃。

2）加氢裂化影响因素。影响石油馏分加氢过程（加氢精制和加氢裂化）的主要因素包括反应压力、反应温度、空速、氢油比、原料性质和催化剂性能等。

① 反应压力。反应压力的影响是通过氢气分压来体现的，而系统中氢分压决定于操作压力、氢油比、循环氢纯度及原料的气化率。含硫化合物加氢脱硫和烯烃加氢饱和的反应速率较快，在压力不高时就有较高的转化率；而含氮化合物的加氢脱氮反应速率较低，需要提高反应压力和空速来保证一定的脱氮率。对于芳香烃加氢反应，提高反应压力不仅能够提高转化率，而且能够提高反应速率。

② 反应温度。提高反应温度会使加氢精制和加氢裂化的反应速率加快。在通常的反应压力范围内，加氢精制的反应温度一般不超过 420℃，加氢裂化的反应温度一般为 260~400℃。具体的加氢反应温度需要根据原料性质、产品要求及催化剂性能合理确定。

③ 空速。空速反映了装置的处理能力。在工业上，人们希望采用较高的空速，但是空速会受到反应温度的制约。根据催化剂活性、原料油性质和反应深度的不同，空速在较大的范围内（$0.5\sim10h^{-1}$）波动。重质油料和二次加工得到的油料一般采用较低的空速，加氢精制过程中，降低空速可使脱硫率、脱氮率及烯烃饱和率上升。

④ 氢油比。提高氢油比可以增大氢分压，这不仅有利于加氢反应，而且能够抑制生成积炭的缩合反应，但是这增加了动力消耗和操作费用。此外，加氢过程是放热反应，大量的循环氢可以提高反应系统的热容量，减小反应温度变化的幅度。在加氢精制过程中，反应的热效应不大，可采用较低的氢油比；在加氢裂化过程中，热效应较大，氢耗量较大，可采用较高的氢油比。

（3）加氢裂化工艺流程　加氢裂化工艺绝大多数都采用固定床反应器，根据原料性质、产品要求和处理量的大小，加氢裂化工艺一般按照两段操作：一段加氢裂化（见图 4-7）和两段加氢裂化（见图 4-8）。除固定床加氢裂化工艺外，还有沸腾床加氢裂化工艺和悬浮床加氢裂化工艺等。

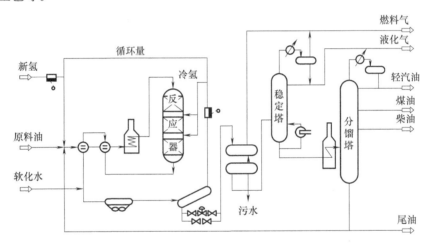

图 4-7　一段加氢裂化工艺流程

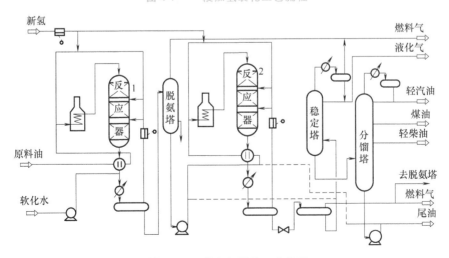

图 4-8　两段加氢裂化工艺流程

4.3 石油的能源和化工应用

4.3.1 石油的能源应用

石油是世界上最重要的能源之一，它的消耗量占世界能源总消耗量的 33% 左右。石油的能源应用非常广泛，它在能源结构中的地位主要体现在以下几个方面：

① 工业能源需求：石油被广泛应用于工业生产中，如化工、纺织、建材等行业，这些行业的发展对石油的需求非常大。

② 交通运输领域：石油在交通运输领域的需求量也非常大，其中最为典型的就是石油被用于制造汽车燃料，根据国际能源署的统计数据，全球 90% 的交通运输能源来自于石油。

③ 电力行业：尽管石油在电力行业中的地位并不是很高，但是在一些小型机组或一些发电设备的备用燃料中，石油的需求量也比较大。

④ 家庭生活：石油不仅被用于生产家庭用品，如洗涤剂、润滑剂和塑料制品等，还被用于加热房屋和烹饪食品等。

以石油为原料，可以生产汽油、喷气燃料、柴油等燃料油，以及石脑油、芳烃、润滑油、石油蜡、石油沥青、石油焦等各种石油产品和石油化工基本原料。这些生产过程即"炼油"。炼油的主要产品有以下几种：

（1）汽油 汽油是发动机的重要动力燃料之一，分为车用汽油和航空活塞式发动机使用的航空汽油。

车用汽油的沸点范围为 35~205℃，广泛用于汽油车、摩托车、快艇等。车用汽油的牌号按汽油抗爆性评定指标——辛烷值大小划分，有 89 号、92 号、95 号。例如，95 号车用汽油要求其研究法辛烷值不小于 95。车用汽油牌号高，抗爆性好。但不是牌号越高油品质量越好，汽油牌号是汽车发动机设计压缩比的依据，提高发动机设计压缩比，使用与之相适应的高牌号汽油，有利于降低汽车油耗。因此，实际使用的汽油牌号应与汽车发动机设计压缩比相匹配，需根据发动机的设计压缩比正确选用汽油牌号。

航空汽油用作活塞式航空发动机燃料，沸点范围为 40~180℃。我国生产的航空活塞式发动机燃料按马达法辛烷值分为 75 号、95 号和 100 号三个牌号，75 号适用于轻负荷低速度的初教-6 等飞机，其他活塞式飞机使用 95 号，100 号适用于水上飞机。

多个炼油装置生产的汽油组分油经调和成符合质量标准的汽油后才能出厂，生产汽油调和组分的主要有催化裂化、催化重整、异构化、烷基化等装置。

（2）柴油 柴油是适用于柴油发动机的动力燃料，馏程范围为 200~365℃，分为车用柴油、普通柴油。

1）车用柴油。车用柴油是适用于中高速柴油机的动力燃料，柴油汽车应该使用车用柴油。随着汽车尾气排放标准的不断严格，车用柴油的质量标准不断升级，2019 年起全国执行国六标准。

我国车用柴油的牌号按凝点高低划分，牌号有 5 号、0 号、-10 号、-20 号、-35 号、

-50 号。牌号越低，说明其低温性越好，如-35 号车用柴油的凝点要求不高于-35℃。车用柴油牌号的选用主要根据使用地区的气温，车用柴油的凝点应比使用地区的最低气温低 5~7℃。

柴油的着火性能用十六烷值表示，5 号、0 号、-10 号车用柴油标准要求十六烷值不小于 51。多个炼油装置生产的柴油组分油也要经调和成符合质量标准的柴油后才能出厂，生产柴油调和组分的主要有常减压蒸馏、催化裂化、加氢裂化、延迟焦化等装置。

2）普通柴油。普通柴油适用于拖拉机、工程机械、内河船舶和发电机组等低速柴油发动机。现在我国普通柴油和车用柴油，都要求硫含量不大于 10mg/kg，普通柴油和车用柴油相比，十六烷值为不小于 45。

与车用柴油一样，普通柴油的牌号按凝点高低划分，牌号有 5 号、0 号、-10 号、-20 号、-35 号、-50 号。牌号越低，说明其低温性越好。普通柴油牌号选用也要根据使用地区的气温。普通柴油的凝点应比使用地区的最低气温低 5~7℃。

普通柴油的调和组分有经过加氢精制的催化裂化柴油和加氢精制后的直馏柴油等组分。

（3）喷气燃料 喷气燃料也称航空煤油，是涡轮发动机（飞机）的专用燃料，广泛用于喷气式飞机。喷气燃料馏程范围一般为 130~280℃，要求热值高、低温性能好、燃烧稳定。主要指标是密度和冰点，要求密度大，冰点低。我国生产标准规定的喷气燃料分为 5 个牌号：1 号、2 号、3 号、4 号、5 号，其中以 3 号喷气燃料最常使用。3 号喷气燃料广泛用于民航客货机、歼击机、轰炸机、直升机等。5 号喷气燃料用于舰载飞机。

由于喷气燃料是航空装备使用的动力燃料，人们对其产品质量要求很高，在生产、运输和使用中，应特别注意喷气燃料的洁净性、腐蚀性和安定性。

喷气燃料主要来自常减压装置的直馏航煤加氢精制后的馏分、加氢裂化装置的航煤馏分。

（4）燃料油 燃料油一般是指石油加工过程中得到的比汽油、柴油重的剩余产物，是沸点在 300℃以上的重质组分。其特点是黏度高、相对分子量大、含非烃化合物、胶质及沥青质较多。燃料油广泛用作海上船用柴油机燃料、船用锅炉燃料、非航空用燃气轮机燃料、加热炉燃料、冶金炉和其他工业炉燃料；内河船舶要求使用普通柴油。

馏分燃料油主要由减压渣油和催化柴油等调和而成，残渣燃料油主要是减压渣油，同时调入适量催化油浆。自 2020 年 1 月 1 日起，船用燃料油的硫含量要求不大于 0.5% m/m。

（5）沥青 沥青是由不同分子量的碳氢化合物及其非金属衍生物组成的黑褐色复杂混合物，具有较高的黏度，呈液态或固态，表面呈黑色，可溶于二硫化碳。沥青是一种防水防腐的有机材料。沥青主要分为天然沥青、石油沥青和煤焦油沥青三种，主要用于涂料、塑料、橡胶等工业及铺筑路面等。

石油沥青是由原油经蒸馏提炼出各种轻质油（如汽油、柴油等）及润滑油以后的残留物，这些渣油都属于低牌号的慢凝液体沥青。以慢凝液体沥青为原料，可以采用不同的工艺得到黏稠沥青。根据主要技术性能指标和用途的差别可将沥青分为以下三类：

1）道路石油沥青，主要用于路面工程的沥青，通常为直馏沥青或氧化沥青。

2）建筑石油沥青，是土建工程中用于防水、防腐的沥青，通常为氧化沥青。

3）普通石油沥青，是含石蜡较多的直馏或氧化沥青，一般不单独使用。

（6）润滑油 润滑油是用在各种机械设备上以减少摩擦与磨损、保护机械及加工件的液体润滑剂，主要起润滑、冷却、防锈、清洁、密封和缓冲等作用。

润滑油由基础油和添加剂两部分组成。基础油是润滑油的主要成分，决定着润滑油的基本性质；添加剂则可弥补和改善基础油性能方面的不足，赋予某些新的性能，是润滑油的重要组成部分。润滑油基础油主要分为矿物基础油、合成基础油及动植物基础油三大类。润滑油矿物基础油主要以减压馏分油或渣油为原料，经脱蜡、脱沥青、溶剂精制或加氢精制而得。润滑油添加剂按作用分为清净剂、分散剂、抗氧抗腐剂、极压抗磨剂、摩擦改进剂、黏度指数改进剂、防锈剂、降凝剂、抗泡沫剂等。

润滑油种类繁多，规格、牌号复杂，不同的应用领域要求使用不同的品种，不同的使用环境和不同的使用条件，又要求使用不同的牌号。常用的润滑油有内燃机油（包括汽油机油、柴油机油）、齿轮油、液压油、汽轮机油等。内燃机油和车辆齿轮油采用专用的 SAE 黏度分类，其他工业液体润滑剂采用 ISO 黏度分类，按 40℃运动黏度从 2～3200mm²/s 分成 20 个黏度等级，每个黏度等级的运动黏度范围允许为中间点运动黏度的±10%。

（7）润滑脂 润滑脂是一种稠厚的油脂状半固体润滑剂，主要用于机械的摩擦部分，起润滑、保护和密封作用，也用于金属表面，起填充空隙和防锈作用。润滑脂主要由稠化剂、基础油、添加剂及填料三部分组成。一般润滑脂中稠化剂含量为 10%～20%，基础油含量为 75%～90%，添加剂及填料的含量在 5%以下。

根据稠化剂的不同，润滑脂可分为皂基润滑脂和非皂基润滑脂两类。皂基润滑脂的稠化剂常用锂、钠、钙、铝、锌等金属皂，也用钾、钡、铅、锰等金属皂；非皂基润滑脂的稠化剂有石墨、炭黑、石棉、聚脲、膨润土。根据用途，润滑脂可分为通用润滑脂和专用润滑脂两种。前者用于一般机械零件，后者用于拖拉机、铁道机车、船舶机械、石油钻井机械、阀门等。主要质量指标是滴点、针入度、灰分和水分等。

绝大多数润滑脂用于润滑，称为减摩润滑脂。减摩润滑脂主要起降低机械摩擦，防止机械磨损的作用，兼具防止金属腐蚀的保护作用，以及密封防尘作用。有一些润滑脂主要用来防止金属生锈或腐蚀，称为保护润滑脂。工业凡士林等有少数润滑脂专作密封用，称为密封润滑脂，如螺纹脂。

（8）石脑油 一般把原油在常压蒸馏时从开始馏出的温度到 200℃（或 180℃）之间的轻馏分称为石脑油馏分（也称轻油或汽油馏分）。其沸密度为 650～750kg/m³，硫含量不大于 0.08%，烷烃含量不超过 60%，芳烃含量不超过 12%，烯烃含量不大于 1.0%。

从石脑油中分离出来的碳五、碳六组分油异构化后是优质的高辛烷值汽油调和组分，石脑油催化重整得到的重整生成油也是高辛烷值汽油调和组分。随着汽油质量标准的提升，重整生成油要脱除苯和碳九以上重芳烃后才能用于调和汽油。

石脑油还是乙烯和芳烃的重要原料。石油用作乙烯原料时，要求石脑油组成中烷烃和环烷烃的体积含量不低于 70%；用作芳烃原料时，石脑油中环烷烃和芳烃含量之和（又称芳烃潜含量）尽量不小于 40%。

（9）炼厂气 炼厂气是指炼油厂副产的气态烃，主要来源于原油蒸馏、催化裂化、热裂化、延迟焦化、加氢裂化、催化重整、加氢精制等过程。不同来源的炼厂气的组成各异，主要成分为碳四以下的烷烃、烯烃、氢气、少量氮气、二氧化碳等气体。炼厂气的产率随原油的加工深度不同而不同，深度加工的炼油厂炼厂气产率一般为原油加工量的 6%（质量）左右。

炼厂气分为干气和湿气。干气是由氢、甲烷、乙烯、乙烷组成的难以液化的气体，湿气是由难以液化的干气和容易液化的碳三、碳四馏分组成的气体。

过去，干气在炼油厂都当燃料气使用，湿气中分离出来的碳三、碳四称为液化气，基本当作民用燃料使用。现在，干气中的乙烯、乙烷，液化气中的丙烷、丁烷都是乙烯的优质原料，液化气中的丁烯和异丁烷通过烷基化装置生产的烷基化油是优质的高辛烷汽油调和组分。

我国炼油厂催化裂化是炼厂气的主要来源，由于原料、催化剂、反应器结构及工艺条件不同，产率和组成有较大的差别。渣油延迟焦化也是炼厂气的重要来源。

（10）石油蜡　蜡广泛存在于自然界，按其来源可分为动物蜡、植物蜡和从石油或煤中得到的矿物蜡。在化学组成上，石油蜡和动物蜡、植物蜡有很大的区别，石油蜡是烃类，而后两者则是高级脂肪酸的酯类。石油蜡主要包括液蜡、石蜡和微晶蜡，是具有广泛用途的石油产品。我国原油多数为含蜡原油，蜡的资源十分丰富。

液蜡一般是指 $C_9 \sim C_{16}$ 的正构烷烃，它在室温下呈液态。液蜡一般由天然石油的直馏馏分经尿素脱蜡或分子筛脱蜡而得到，可以制成 α-烯烃，氯化烷烃、仲醇等，以生产合成洗涤剂、农药乳化剂、塑料增塑剂等化工产品。

石蜡又称晶形蜡，它是从减压馏分中经精制、脱蜡和脱油而得到的固态烃类。其烃类分子的碳原子数为 7~35，平均相对分子量为 300~450。石蜡产品按其精致程度和用途可分为粗石蜡、半精炼石蜡、全精炼石蜡、食品用石蜡等。粗石蜡主要作为橡胶制品、篷帆布，火柴及其他工业用原料。半精炼石蜡主要用作蜡烛、蜡笔、蜡纸等轻工、化工及一般电信器材原料。全精炼石蜡主要用于高频瓷、复写纸、铁笔蜡纸、精密制造、装饰吸声板等产品。食品用石蜡普遍用作糖果食品的包装纸的涂层，以及中药丸的蜡壳等，此外，食品用石蜡还广泛应用于化妆品。

微晶蜡的相对分子量比石蜡大，所以比石蜡更难熔化。由于其组成比石蜡复杂，所以无明显的熔点。微晶蜡的主要用途之一是用作润滑脂的稠化剂，也是制造电子工业用蜡、橡胶防护蜡、调温器用蜡、军工用蜡、冶金工业用蜡等一系列特种蜡的基本材质。

（11）石油焦　石油焦为黑色或暗灰色的固体石油产品，它是带有金属光泽，呈多孔性的无定形碳素材料。石油焦一般含碳 90%～97%，含氢 1.5%～8%，其余为少量的硫、氮、氧和金属，其氢碳原子比在 0.8 以下。石油焦一般是各种渣油、沥青或重油经延迟焦化而制得，广泛应用于冶金、化工等部门，作为制造石墨电极或生产化工产品的原料，也可直接用作燃料。

按纤维结构形态的不同，石油焦可分为海绵焦和针状焦。海绵焦多孔如海绵状，又称普通焦，一般是由高胶质、沥青质含量的原料生成的焦炭。针状焦致密如纤维状，又称优质焦，主要由芳烃含量高且非烃含量少的原料制得。它在性质上与海绵焦有显著区别，具有密度大、强度高、热膨胀系数小等特点。在导热、导电、导磁和光学上都有明显的各向异性，针状焦经过煅烧、石墨化后可制造高级电极等石墨制品。

4.3.2　石油的化工应用

石油化工又称石油化学工业，是指化学工业中以石油为原料生产化学品的领域，广义上也包括天然气化工。随着石油化工的高速发展，使大量化学品的生产从传统的以煤及农林产品为原料，转移到以石油及天然气为原料。石油化工已成为化学工业中的主干工业，在国民经济中占有极重要的地位。

以石油及天然气生产的化学品品种极多、范围极广。石油化工原料主要为石油炼制过程产生的各种石油馏分和炼厂气，以及油田气、天然气等。石油馏分（主要是轻质油）通过烃类裂解、裂解气分离可制取乙烯、丙烯、丁二烯等烯烃和苯、甲苯、二甲苯等芳烃，芳烃也可来自石油轻馏分的催化重整。石油轻馏分和天然气经蒸汽转化、重油经部分氧化可制取合成气，进而生产合成氨、合成甲醇等。由烯烃可生产各种醇、酮、醛、酸类及环氧化合物等。随着科学技术的发展，上述烯烃、芳烃经加工可生产合成树脂、合成橡胶、合成纤维等高分子产品及一系列制品，如表面活性剂等精细化学品，因此石油化工的范畴已扩大到高分子化工和精细化工的大部分领域。

以石油和天然气原料为基础的石油化学工业，产品应用已深入国防、国民经济和人民生活各领域，市场需求迅速扩大，今后石油化工仍将得到继续发展。为了应对近年原料价格波动的情况，石油化工企业采取了多种措施。例如，使生产乙烯的原料多样化，使烃类裂解装置具有适应多种原料的灵活性；石油化工和炼油的整体化结合更为密切，以便于利用各种原料；采用工艺技术的改进和新催化剂，提高产品收率，降低生产过程的能耗及原料消耗；调整产品结构，发展精细化工，开发具有特殊性能、技术密集型新产品和新材料，以提高经济效益，并对石油化工生产引起的环境污染进行防治等。

石油化工的发展与石油炼制工业、以煤为基本原料生产化工产品和三大合成材料的发展有关。1920 年人们实现了由丙烯生产异丙醇，这被认为是第一个石油化工产品。20 世纪 50 年代，人们在裂化技术基础上开发了以制取乙烯为目的的烃类水蒸气高温裂解（简称裂解）技术，裂解技术的发展为石油化工提供了大量原料。石油化工高速发展的主要原因是有可靠的、先进的生产技术和广阔的应用空间。原料、技术、应用三个因素的综合，实现了石油化工的快速发展，完成了化学工业发展史上的一次飞跃。随着低碳技术的进步，目前石油化工向着采用新技术、节能、优化生产操作、综合利用原料、向下游产品延伸等方向发展。

石油是不可再生资源，储量有限。石油的燃烧是二氧化碳（CO_2）等温室气体的主要来源之一。采用低碳化利用技术，不仅可以延长石油资源的使用寿命、减少石油利用过程中产生的温室气体排放，帮助遏制全球变暖和气候变化，还能减少社会经济发展对石油的依赖，提升国家的能源安全水平。更重要的是，采用低碳化利用技术能够以石油作为原料，制成一系列重要的基本有机化工产品，如乙烯、丙烯、丁二烯、苯、甲苯、二甲苯、乙炔、萘、苯乙烯、醇、醛、酮、羧酸及其衍生物、卤代物、环氧化合物及有机含氮化合物等。这些产品有些具有独立用途，如溶剂、萃取剂、抗冻剂等，被广泛地应用于油漆工业、油脂工业、运输工业及其他工业；更大量的产品是作为高分子合成材料（树脂及塑料、合成纤维、合成胶、成膜物质等）的单体，以及合成洗涤剂、表面活性剂、水质稳定剂、染料、医药、农药、香料、涂料、增塑剂、阻燃剂等精细有机化学工业的原料和中间体。我国已成为世界上举足轻重的石油和化工产品生产和消费大国。因此，石油的低碳化利用可以实现环境保护、经济发展和社会进步的多重目标，推动全球可持续发展。本章将对石油制烯烃、制芳烃及炼厂气的化工利用等内容进行介绍，还将探讨一些石油低碳化利用的新技术。

5.1 石油制烯烃

低碳烯烃通常是指碳原子数不大于 4 的烯烃，如乙烯、丙烯、丁烯和丁二烯等，它们是非常重要的基本有机化工原料，特别是乙烯的生产能力常被视为一个国家和地区石油化工发展水平的标志。低碳烯烃通常都是深度化学加工煤炭、天然气或石油烃类后产生的。目前，多产低碳烯烃的方法主要有蒸汽裂解和催化裂解。现代石油裂解技术能够高效地将石油中的长链烃类分子裂解成短链的烯烃（如乙烯、丙烯）。这种高效的转化过程减少了原料的浪费，提高了资源的利用率，从而降低了碳排放。

5.1.1 烯烃的用途

以丙烯为原料可以合成聚丙烯（PP）、丙烯腈、丁醇、苯酚丙酮等有机化学品。由于聚丙烯具有密度较小、没有毒性、加工难度低、抗冲击力强，以及具有不错的绝缘能力等优点，它不仅在注塑、挤管、吹膜等领域有着广泛的应用，同时因为它具有良好的耐热性，在汽车、家电、包装等方面也有很广阔的市场，因此聚丙烯占丙烯消耗量的比例超过60%。

乙烯同样是非常重要且基础的化工原料，乙烯工业的发展状况，在很大程度上代表着石化行业的发展水平。乙烯是合成纤维、合成橡胶、合成塑料（聚乙烯及聚氯乙烯）、合成乙醇（酒精）的基本化工原料，也是制造氯乙烯、苯乙烯、环氧乙烷、醋酸、乙醛和炸药等的原料，它还可用作水果和蔬菜的催熟剂，是一种已证实的植物激素。乙烯的下游产品可占石化产品的四分之三以上。

5.1.2 石油制烯烃的原理

1. 烃类裂解的化学反应原理

烃类裂解是石油系原料中的较大分子的烃类在高温下发生断链反应和脱氢反应，生成较小分子的乙烯和丙烯的过程。烃类裂解反应是吸热过程，属于自由基链反应。它包括脱氢、断链、异构化、脱氢环化、芳构化、脱烷基化、聚合、缩合和焦化等诸多反应，十分复杂。所以，裂解是许多化学反应的综合过程。作为裂解原料的石油馏分，又是各种烃类的混合物，使烃类裂解过程更加复杂。因此，采用简单的模式或过程描述这一反应是不可能的，这里只是将这个平行顺序反应过程按物料变化过程的先后顺序划分为一次反应和二次反应，并进行简要介绍。

（1）烃类裂解过程的一次反应　烃类裂解过程的一次反应是指原料烃经过高温裂解生成乙烯、丙烯的反应。

1）烷烃裂解的一次反应。烷烃裂解的一次反应主要有以下两种：

① 断链反应。C—C键断裂，反应后生成碳原子数减少、相对分子量较小的烷烃和烯烃。例如：

$$C_{m+n}H_{2(m+n)+2} \longrightarrow C_nH_{2n} + C_mH_{2m+2}$$
$$C_3H_8 \longrightarrow C_2H_4 + CH_4$$
$$C_4H_{10} \longrightarrow C_3H_6 + CH_4$$
$$C_4H_{10} \longrightarrow C_2H_4 + C_2H_6$$

② 脱氢反应。C—H键断裂，生成的产物是碳原子数与原料烷烃相同的烯烃和氢气。例如：

$$C_nH_{2n+2} \Longleftrightarrow C_nH_{2n} + H_2$$
$$C_2H_6 \Longleftrightarrow C_2H_4 + H_2$$
$$C_3H_8 \Longleftrightarrow C_3H_6 + H_2$$
$$C_4H_{10} \Longleftrightarrow C_4H_8 + H_2$$

在相同裂解温度下，脱氢反应所需的热量比断链反应所需的热量要大。例如，在700℃温度下裂解，断链反应比脱氢反应容易，若要加快脱氢反应，必须采用更高的温度。从断链反应看，一般说来C—C键在碳链两端断裂比在中间断裂占优势。断链所得的较小分子是烷烃（主要是甲烷），较大分子是烯烃。随着烷烃相对分子量的增加，C—C键在两端断裂的优势逐渐减弱，而在中间断裂的可能性相应地增大。在同级烷烃中，带有支链的烷烃较易发生裂解反应。高碳烷烃（C_4以上）的裂解首先是断链。

2）烯烃裂解的一次反应。烷烃断链可得到烯烃，烯烃可进一步断链成为较小分子的烯烃。例如：

$$C_{m+n}H_{2(m+n)} \longrightarrow C_nH_{2n} + C_mH_{2m}$$

$$C_5H_{10} \longrightarrow C_3H_6 + C_2H_4$$

生成的小分子烯烃，也可能发生如下反应：

$$2C_3H_6 \longrightarrow C_2H_4 + C_4H_8$$

$$2C_3H_6 \longrightarrow C_2H_6 + C_4H_6$$

乙烯在 1000℃以上可脱氢生成乙炔：

$$C_2H_4 \Longleftrightarrow C_2H_2 + H_2$$

3）环烷烃裂解的一次反应。原料中的环烷烃开环裂解，生成乙烯、丁烯、丁二烯和芳烃等。例如，环己烷裂解、断链反应如下：

脱氢反应：

带支链的环烷烃裂解时，首先进行脱烷基反应，对长支链的环烃反应一般在支链的中部发生，一直进行到侧链变成甲基或乙基，然后进一步裂解。侧链断裂的产物可以是烷烃，也可以是烯烃。

4）芳烃裂解的一次反应。芳烃的热稳定性很高，在一般的裂解过程中，芳香环不易发生断裂。所以，由苯生成乙烯的可能性很小。但烷基芳烃可以断侧链及脱甲基，生成苯、甲苯、二甲苯等。苯的一次反应是脱氢缩合为联苯，多环芳烃则脱氢缩合为稠环芳烃。

从以上分析也可以看到，以烷烃为原料裂解最有利于生成乙烯和丙烯。

（2）烃类裂解过程的二次反应　烃类裂解过程的二次反应是指乙烯、丙烯继续反应，生成炔烃、二烯烃、芳烃，以及发生生炭和生焦反应。主要反应有：

1）一次反应生成的烯烃进一步裂解，如：

2）烯烃的加氢和脱氢反应。例如，烯烃加氢反应生成烷烃和脱氢反应生成二烯烃和炔烃。

$$C_2H_4 + H_2 \Longleftrightarrow C_2H_6$$

$$C_2H_4 \longrightarrow C_2H_2 + H_2$$

3）烯烃的聚合、环化、缩合等反应。这类反应主要生成二烯烃和芳烃等。

$$2C_3H_6 \longrightarrow C_2H_6 + C_4H_6$$

$$C_2H_4 + C_4H_6 \longrightarrow \text{〇} + H_2$$

$$C_3H_6 + C_4H_{10} \longrightarrow 芳烃 + H_2$$

4）烃的生炭和生焦反应。在较高温度下，低分子烷烃和烯烃可能分解为碳和氢，这一过程是随着温度升高而分步进行的。例如，乙烯脱氢先生成乙炔，再由乙炔脱氢生成炭。

$$C_5H_{10}=CH_2 \xrightarrow{-H_2} CH \equiv CH \xrightarrow{-H_2} 2C + H_2$$

又如，非芳烃裂解时，先生成环烷烃，而后脱氢生成苯，再由缩合生成芳烃液体，进一步脱氢缩合而结焦。

$$\text{〇} \longrightarrow \text{〇〇} \longrightarrow \text{〇〇〇} \cdots \longrightarrow 高分子稠环芳烃 \longrightarrow 焦$$

多环芳烃，如茚、菲等，双苯更易缩合而结焦。

综上所述，生炭和生焦都是典型的连串反应。乙炔是生炭反应的中间生成物，因为生成炔烃需要较高的反应温度，所以生炭在 900～1000℃才能明显发生。而生焦反应的中间生成物是芳烃及连续生成的稠环芳烃，而生成稠环芳烃不需要高温，所以生焦反应在 500℃以上就可以进行。

石油是由各种烃类组成的极其复杂的混合物，其裂解反应比单个烃裂解反应复杂得多，不仅原料中各单个烃在高温下进行裂解，单个烃之间、单个烃与裂解产物之间以及裂解产物之间也会发生相互反应。尤其是随着裂解时间的延长，必然会生成缩合物（沥青状物质），直到最终生成焦。

2. 烃类催化裂解反应机理

石油烃分子在酸性催化剂催化下主要按正碳离子机理进行。

（1）正碳离子生成途径

1）烷烃：烷烃分子通过得到氢正离子或失去氢负离子形成正碳离子。

$$质子酸(B 酸):R + HX \longrightarrow RH^+ + X^-$$

$$非质子酸(L 酸):RH + L \longrightarrow R^+ + LH$$

2）烯烃：烯烃分子得到氢正离子形成正碳离子。

$$RCH = CH_2 + HX \longrightarrow RCH^+ CH_3 + X^-$$

3）正碳离子与烷烃反应生成新的正碳离子。

$$R_1^+ + R_2H \longrightarrow R_1H + R_2^+$$

（2）形成的正碳离子主要的反应

1）异构化。因为正碳离子继续发生断裂所需要的能量大小顺序为叔正碳离子>仲正碳离子>伯正碳离子，所以叔正碳离子是最稳定的。正碳离子会向整体更稳定的方向转化。而低能量的、稳定的正碳离子会继续发生以下反应：一是氢转移反应生成异构烷烃；二是失去质子生成异构烯烃。

2）裂解。碳数高的正碳离子会继续依照 β 位断裂原则，生成一个烯烃和一个碳数更低的正碳离子，直到形成三个碳或者四个碳的正碳离子。最终的正碳离子依然是发生以下反应，一是氢转移反应，生成烷烃或者异构烷烃；二是失去质子生成烯烃。

（3）链传递　已经生成的正碳离子与烃类分子接触，生成新的正碳离子。

（4）链终止　催化剂夺回失去的 H^+，正碳离子生成烯烃。生成的产物还会继续发生二次反应，如异构化、氢转移、芳烃缩合。而其中的氢转移反应会消耗掉产物中的烯烃，生成烷烃和芳烃，如：

$$烯烃+环烷烃 \longrightarrow 烷烃+芳烃（或环烯烃）$$
$$烯烃+烯烃 \longrightarrow 烷烃+芳烃（或二烯烃）$$
$$环烯烃+环烯烃 \longrightarrow 环烷烃+芳烃$$

（5）催化裂解反应中的自由基反应　催化裂解反应中也存在自由基反应，催化剂也可对其进行调控。催化剂通过本身的活性组分与本身的结构特点，调控自由基断键反应的类型和速率：

① 活性组分电负性高则发生 C—H 键断裂脱氢反应，电负性低则发生 C—C 键断裂反应。

② 催化剂孔径的大小决定进出催化剂内部自由基分子的大小，调控生成自由基分子的大小；催化剂孔径越小，进入的自由基分子越小，从而催化断裂产生更多的小分子自由基；进入催化剂内部的芳环自由基越小，越不容易发生缩聚反应。催化剂的表面积与孔径结构密切相关，大的表面积可以提供更多的气固催化反应活性位，使初始自由基断键速率增大。

3. 烃类产率与工艺参数的关系

工业上的烃类裂解都在高温下进行。烃类裂解伴生的副反应，使乙烯、丙烯继续反应生成炔烃、二烯烃、芳烃和焦炭等。产物的二次反应不但能降低乙烯、丙烯的产率，增加原料的消耗，而且焦炭的生成也会造成反应器和锅炉等设备内的管道阻力增大，传热效果下降，使温度上升，甚至造成通道堵塞，影响生产周期，降低设备处理能力。在对裂解过程的反应热力学和动力学分析的基础上，通过乙烯生产长期的工业实践、工艺的不断改进，目的产物烯烃的收率也逐步提高。归结起来，有以下几点：

（1）最佳操作温度　烃类裂解制乙烯的最适宜温度一般为 750~900℃。适当提高温度，有利于提高一次反应对二次反应的相对速度，可以提高乙烯产率。当温度低于 750℃时，乙烯的产率较低；当反应温度超过 900℃，甚至达到 1100℃时，对生焦成炭反应极为有利，这样原料的转化率虽有增加，产品的产率却大大下降。

（2）适宜的停留时间　如果裂解原料在反应区停留时间太短，大部分原料还来不及反应就离开了反应区，使原料的转化率降低；延长停留时间，虽然原料的转化率很高，但会造成乙烯产率的下降，生焦和成炭机会的增多。

裂解温度与停留时间是相互关联的，缩短停留时间，可以允许提高反应温度。为此烃类裂解必须具备高温、快速、急冷的反应条件，保证在操作中很快地使裂解原料上升到反应温度，缩短时间（适宜停留时间）的高温反应后，迅速离开反应区，又很快地使裂解气急冷降温，以终止反应，这就是烃类裂解的基本特点。

近几十年来，世界各主要工业国家的裂解技术都相继向提高裂解温度、缩短停留时间的操作条件演变，积极进行工程开发，以增加乙烯的产量，这可以由表 5-1 看出。

表 5-1　裂解技术操作条件

年代	最高反应温度/℃	停留时间/s
20 世纪 50 年代	750	1.5
20 世纪 60 年代	800	1.2
20 世纪 70 年代	815	0.65
20 世纪 80 年代	850	0.35

实际工业上采用的停留时间和反应温度，除了考虑提高乙烯产率这一重要因素外，还应考虑一系列其他问题，如裂解原料组成、操作条件和副产品的回收利用，以及裂解炉的操作性能等。当以石脑油、粗柴油为原料时，提高温度、缩短停留时间有利于提高乙烯产率，但丙烯产率和汽油产率有所下降。

（3）降低体系内原料烃的分压　烃类裂解的一次反应，不论是断链反应还是脱氢反应，都是反应分子数增多、气体体积增大的反应。例如：$C_2H_6 \rightleftharpoons C_2H_4 + H_2$，体积增大一倍。对于反应后气体体积增大的可逆反应，降低压力有利于反应向正方向进行，即有利于提高乙烯的平衡产率。聚合、缩合、结焦等二次反应，都是体积缩小的反应，降低压力可以抑制这些反应的进行。概括来说，降低压力对烃的裂解是有利的。裂解过程的压力一般为 $150 \sim 300kPa$。

那么，在高温下如何降低裂解反应系统的压力呢？高温系统是不易密封的，如果要用减压操作，就可能有空气渗入裂解系统（包括急冷至压缩前的系统），与裂解气形成爆炸混合物。此外，减压下操作给以后分离工段的压缩带来不利，要增加能量的消耗。所以，烃类裂解一般不采用直接减压法，而采用在裂解气中添加惰性稀释剂的办法。裂解原料中加入稀释剂后，稀释剂在系统内的分压增高，相应的原料烃的分压必然下降，从而达到减压操作的目的。工业上常用水蒸气作为稀释剂，也称稀释蒸汽。

水蒸气的加入量根据裂解原料不同而异。一般来说，裂解原料越易结焦，加入的水蒸气量越大。表 5-2 所列为管式炉裂解各种原料的水蒸气稀释度的一般范围。

表 5-2　管式炉裂解各种原料的水蒸气稀释度的一般范围

原料	氢含量(%)	易结焦程度	m(水蒸气)∶m(烃)
乙烷	20	较不易	0.25∶1～0.4∶1
丙烷	18.5	较不易	0.3∶1～0.5∶1
石脑油	14.16	较易	0.5∶1～0.8∶1
粗柴油	≤13.6	很易	0.75∶1～1.0∶1
原油	≤13.0	极易	3.5∶1～5.0∶1

5.1.3　石油制烯烃的工艺

1. 裂解工艺流程

裂解工艺流程包括原料油供给和预热系统、裂解和高压水蒸气系统、急冷油和燃料油系统、急冷水和稀释水蒸气系统，不包括压缩、深冷分离系统。图 5-1 所示为轻柴油裂解工艺流程。

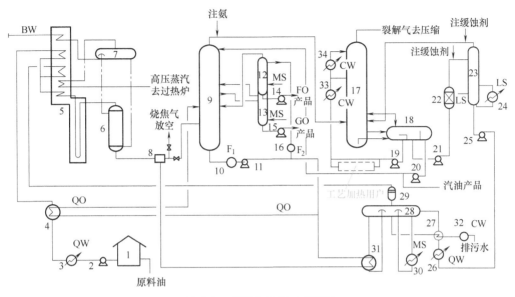

图 5-1　轻柴油裂解工艺流程

1—原料油储罐　2—原料油泵　3、4—预热器　5—裂解炉　6—急冷换热器　7—高压汽包　8—油急冷器
9—油洗塔（汽油初分馏塔）　10—急冷油过滤器　11—急冷油循环泵　12—燃料油汽提塔　13—裂解轻柴
油汽提塔　14—燃料油输送泵　15—裂解轻柴油输送泵　16—燃料油过滤器　17—水洗塔　18—油水分离罐
19—急冷水循环泵　20—汽油回流泵　21—工艺水泵　22—工艺水过滤器　23—工艺水汽提塔　24—再沸器
25—稀释蒸汽发生器给水泵　26—急冷水预热器　27—排污水预热器　28—稀释蒸汽发生器汽包　29—分离器
30—中压蒸汽加热器　31—急冷油加热器　32—排污水冷却器　33、34—急冷水冷却器
QW—急冷水　CW—冷却水　MS—中压水蒸气　LS—低压水蒸气
QO—急冷油　FO—燃料油　GO—裂解轻柴油　BW—锅炉给水

（1）原料油供给和预热系统　原料油从原料油储罐 1 经预热器 3 和 4 与过热的急冷水和急冷油热交换后进入裂解炉 5 的预热段。原料油供给必须保持连续、稳定，否则直接影响裂解操作的稳定性，甚至有损毁炉管的危险。因此，原料油泵须有备用泵及自动切换装置。

（2）裂解和高压水蒸气系统　预热过的原料油进入对流段初步预热后与稀释水蒸气混合，再进入裂解炉的第二预热段预热到一定温度，然后进入裂解炉的辐射室进行裂解。炉管出口的高温裂解气迅速进入急冷换热器 6，使裂解反应很快终止，再去油急冷器 8，用急冷油进一步冷却，然后进入油洗塔（汽油初分馏塔）9。

急冷换热器的给水先在对流段预热并局部汽化后送入高压汽包 7，靠自然对流流入急冷换热器 6 中，产生 11 MPa 的高压水蒸气，从高压汽包送出的高压水蒸气进入裂解炉预热段过热，再送入水蒸气过热炉（图中未绘出），过热至 447℃后并入管网，供蒸气透平使用。

（3）急冷油和燃料油系统　裂解气在油急冷器 8 中用急冷油直接喷淋冷却，然后与急冷油一起进入油洗塔 9，塔顶出来的裂解气为氢、气态烃和裂解汽油以及稀释水蒸气和酸性气体。裂解轻柴油从油洗塔9的侧线采出，经裂解轻柴油汽提塔13汽提其中的轻组分后，作为裂解轻柴油产品。裂解轻柴油含有大量烷基萘，是制萘的好原料，常称为制分。塔釜采出重质燃料油。

自油洗塔塔釜采出的重质燃料油，一部分经燃料油汽提塔12汽提出其中的轻组分后作为重质燃料油产品送出，大部分则作为循环急冷油使用。循环使用的急冷油分两股进行冷却，一股用来预热原料轻柴油之后，返回油洗塔作为塔的中段回流，另一股用来发生低压稀释蒸汽，急冷油本身被冷却后则送至急冷器作为急冷介质，对裂解气进行冷却。

急冷油的黏度与油洗塔塔釜的温度有关，也与裂解深度有关，为了保证急冷油系统的稳定操作，一般要求急冷油50℃以下的运动黏度 ν 控制在 $(4.5 \sim 5.0) \times 10^{-5} \, m^2/s$。

急冷油系统常会出现结焦堵塞现象而危及装置的稳定运转，结焦产生的原因有二：一是急冷油与裂解气接触后超过300℃时性质不稳定，会逐步缩聚成易于结焦的聚合物；二是不可避免地由裂解管，急冷换热器带来的焦粒。因此，在急冷油系统内设置有6mm滤网的急冷油过滤器10，并在急冷器油喷嘴前设较大孔径的滤网和燃料油过滤器16。

（4）急冷水和稀释水蒸气系统　裂解气在油洗塔9中脱除重质燃料油和裂解轻柴油后，由塔顶采出进入水洗塔17，此塔的塔顶和中段用急冷水喷淋，使裂解气冷却，其中一部分的稀释水蒸气和裂解汽油冷凝下来。冷凝下来的油水混合物由塔釜引至油水分离罐18，分离出的水一部分供工艺加热用，冷却后的水再经急冷水冷却器33和34冷却后，分别作为水洗塔17的塔顶和中段回流，此部分的水称为急冷循环水；另一部分相当于稀释水蒸气的水量，由工艺水泵21经工艺水过滤器22送入工艺水汽提塔23，将工艺水中的轻烃汽提回水洗塔17，保证塔釜水中含油少于 100×10^{-6}。此工艺水由稀释蒸汽发生器给水泵25送入稀释蒸汽发生器汽包28（先经急冷水预热器26和排污水预热器27预热），再分别由中压蒸汽加热器30和急冷油加热器31加热汽化，产生稀释水蒸气，经汽液分离后再送入裂解炉。这种稀释水蒸气循环使用系统，节约了新鲜的锅炉给水，也减少了污水的排放量。以年产0.3Mt乙烯装置为例，污水排放量从120t/h减至7~8t/h。此流程的污水排放量只是燃料油汽提塔12和裂解轻柴油汽提塔13的汽提水蒸气量。

油水分离罐18分离出的汽油，一部分由汽油回流泵20送至油洗塔9作为塔顶回流循环使用，从裂解气中分离出的裂解汽油作为产品送出。

经脱除绝大部分水蒸气和少部分汽油的裂解气，温度约为313 K，送至压缩系统。裂解气逐步冷却时，其中含有的酸性气体也逐步溶解于冷凝水中，形成腐蚀性酸性溶液。为了防止这种酸性腐蚀，在相应部位注加缓蚀剂。缓蚀剂有氨、碱液等碱性物质。

2. 裂解气的急冷

从裂解管出来的裂解气是富含烯烃的气体和大量水蒸气，温度在727~927℃，烯烃反应性很强，若任它们在高温下长时间停留，仍会继续发生二次反应，引起结焦、烃收率下降，以及生成许多经济价值不高的副产物，因此必须使裂解气急冷以终止反应。

急冷的方法有两种，一种是直接急冷，另一种是间接急冷。直接急冷的急冷剂用油或水，急冷下来的油水密度相差不大，分离困难，污水量大，不能回收高品位热能。近代的裂解装置都是先用间接急冷，后用直接急冷。

采用间接急冷的目的，首先是回收高品位热能，产生高压水蒸气作动力能源以驱动裂解气压缩机、乙烯压缩机、丙烯压缩机、汽轮机及高压水泵等机械，同时终止二次反应。间接急冷的关键设备是急冷换热器。急冷换热器与汽包所构成的水蒸气发生系统称为急冷废热锅炉。

急冷换热器常遇到的问题是结焦问题。结焦后，急冷换热器的出口温度升高，系统压力增大，影响炉子的正常运转，故当结焦到一定程度后，必须进行清焦。用重质原料裂解时，常常是急冷换热器结焦先于炉管，故急冷换热器清焦周期的长短直接影响到裂解炉的操作周期。为了降低裂解气在急冷换热器内的结焦倾向，应控制以下两个指标：

1）停留时间，一般控制在 0.04s 以下。

2）裂解气出口温度，要求高于裂解气的露点（此处显然为油露点）。若低于裂解气的露点，则裂解气中的较重组分有一部分会冷凝，凝结的油黏附在急冷换热器管壁上，形成流动缓慢的油膜，既影响传热，又易因发生二次反应而结焦。

在一般裂解条件下，裂解原料氢含量越低，裂解气的露点越高，因而急冷换热器出口温度也必须控制得较高。三种裂解原料所得裂解气的露点见表 5-3。

表 5-3　三种裂解原料所得裂解气的露点

原料	裂解气露点/℃	要求出口温度/℃
炼厂气	297	≤347
轻油	347	347~447
轻柴油	417~447	447~547

对于体积平均沸点在 127~447℃ 的裂解原料油，有人提出用下列经验式来确定急冷换热器的出口温度。

$$T = 0.56T_v + \alpha - 153$$

式中　T——急冷换热器的出口温度（K）；

　　　T_v——裂解原料油的体积平均沸点；

　　　α——裂解深度函数，其值为 337~427℃。

上式的函数关系可用图 5-2 表示，图中阴影部分表示急冷换热器的出口温度范围，其宽度由 α 的大小决定。

间接急冷虽然比直接急冷能回收高品位能量和减少污水对环境的污染，但急冷换热器技术要求很高，裂解气的压力损失也较大，就裂解反应的要求而言，炉管出口压力越低越好，可是裂解气压缩机入口压力越低，能耗就越高（对一定的压缩终压而言）。据估计，裂解气压缩机入口压力每降低 10kPa，年产 0.3Mt 乙烯的装置就要增加 450kW/h 的能耗，而直接急冷的压力损失就较小。不同裂解原料适用不同的急冷方式，在选择急冷方式时可参考表 5-4。

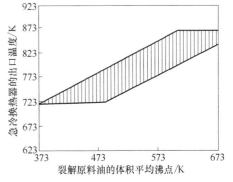

图 5-2　急冷换热器出口的温度与原料油的体积平均沸点的关系

表 5-4 不同裂解原料的急冷方式

裂解原料	裂解稀释蒸汽含量	急冷负荷	重组分液体产物含量	结焦难易	合适的急冷方式		
					间接急冷	油直接急冷	水直接急冷
乙、丙、丁烷	较少	较小	较小	较不易	√		√
石脑油	中等	中等	中等	较易	√	√	
轻柴油	较多	较大	很多	较易	√	√	
重柴油	很多	很大	很多	很易		√	

3. 裂解炉的结焦与清焦

石油烃类在裂解过程中由于聚合、缩合等二次反应的发生，不可避免地会结焦，积附在裂解炉管的内壁上，结焦程度随裂解深度的加深而加剧，且与烃分压、原料重质化等有关。随着裂解炉运行时间的延长，焦的积累量增加，有时结成坚硬的环状焦层，使管子内径变小，阻力增大，进料压力增加，管壁温度升高，破坏了裂解的最优工况，故应当在炉管结焦到一定程度时及时清焦。

炉管结焦表现为：

1）炉管在投料量不变的情况下，进口压力增大，压差增大。

2）从观察孔可看到辐射室裂解管管壁上某些地方因过热而出现光亮点。

3）投料量不变及管出口温度不变，但燃料耗量增加，管壁及炉腔各点温度升高。

4）裂解气中乙烯的含量下降。

上述这些现象分别或同时出现，都表明管内有结焦，必须及时清焦。两次清焦时间的间隔，称为炉管的运转周期或清焦周期。运转周期的长短不仅与操作条件有关，而且与原料性质有关。

清焦方法有停炉清焦法和不停炉清焦法（也称在线清焦法）。

1）停炉清焦法是将进料及出口裂解气切断（离线）后，用惰性气体和水蒸气吹扫管线，逐渐降低炉温，然后通入空气和水蒸气烧焦。反应如下：

$$C + O_2 \longrightarrow CO_2$$

$$C + H_2O \longrightarrow CO + H_2$$

$$CO + H_2O \longrightarrow CO_2 + H_2$$

由于氧化（燃烧）反应是强放热反应，故需加入水蒸气以稀释空气中氧气的浓度，以减慢燃烧速度。烧焦期间，不断检查出口尾气的二氧化碳含量，当二氧化碳含量低至 0.2%（干基，体积分数）以下时，可以认为在此温度下烧焦结束。在烧焦过程中，裂解管出口温度必须严加控制，不能超过 750℃，以防烧坏炉管。

坚硬的焦块有时还需用机械方法去除，即打开管接头，用钻头刮除焦块。这种方法一般不用于炉管除焦，但可用于急冷换热器的直管除焦。机械除焦劳动强度较大。

2）不停炉清焦法是一类改进方法。它有交替裂解法和水蒸气、氢气清焦法等。交替裂解法是在使用重质原料（如轻柴油等）裂解一段时间且有较多的焦生成需要清焦时，切换轻质原料（如乙烷）去裂解并加入大量水蒸气，以起到裂解和清焦的作用，当压降减小后（大部分焦已被清除），再切换为原来的裂解原料。水蒸气、氢气清焦法是定期将原料切换成水蒸气、氢气，方法同交替裂解法，也能达到不停炉清焦的目的。对整个裂解炉系统，可以将炉管组轮流进行清焦操作。

此外，近年研究抑制结焦添加剂，以抑制焦的生成。抑制结焦添加剂是某些含硫化合物，它们是 $(C_4H_9)_2SO_2$、$(CH_3)_2S_2$、噻吩、硫黄、Na_2S 水溶液、$(NH_4)_2S$、$Na_2S_2O_3$、$(NH_4)_2S_2O_8$、硫黄加水、KHS_2O_4、$(CH_3)_2SO$ 加水等。这些物质添加量很少，能起到抑制结焦的作用，但如果添加量过大，则会腐蚀炉管。一般添加量为在稀释蒸汽中加入 $50\times10^{-6}CS_2$，或在气体原料中加入 $(30\sim150)\times10^{-6}H_2S$，或在液体原料中加入 $0.05\%\sim0.2\%$（质量）的硫或含硫化合物。还有人研究添加某些含氟化合物、高分子羧酸、聚硅氧烷等，后者能使结焦不附在管壁上而随气流流出。

抑制结焦添加剂能起到减弱结焦的效果，但当裂解温度很高时（例如 850℃），温度是结焦的主要影响因素，抑制结焦添加剂的作用较小。

4. 原油蒸汽裂解制烯烃技术

蒸汽裂解在我国乃至全世界的化工原料市场占有重要地位，是生产化工基本化学品的主要的途径，反应过程中没有催化剂参与。蒸汽裂解工艺可以在多产乙烯的同时，副产部分丙烯和丁二烯等；在生产低碳烯烃的同时，副产芳烃等有机化工原料。

Exxon Mobil 技术是较早的原油蒸汽裂解制烯烃技术。早期的原油蒸汽裂解工艺采用两个外置分馏塔和轻油、重油两套裂解炉，即将轻质石蜡基原油引入裂解炉的对流段预热，然后出对流段，进入外置的第一蒸馏分离塔进行原油的轻、重馏分分离，轻馏分即石脑油进入轻油裂解炉进行蒸汽裂解，重馏分与蒸汽混合进入重油裂解炉对流段换热后，再进入第二蒸馏分离塔，进一步分离出沸点为 $230\sim590℃$ 的重馏分与塔底油（渣油），重馏分进入重油裂解炉进行蒸汽裂解，渣油则经过汽提后作燃料油产品。轻油和重油裂解炉串联，并在各自优化的操作条件下运行，乙烯产品收率高，且因有效利用了轻、重两台裂解炉对流段的热量，整体能耗较低。

后来，上述工艺经过改进，形成了仅需一座闪蒸塔和一台裂解炉的新工艺：将原油先与稀释蒸汽混合，然后通过裂解炉对流段增设的闪蒸塔将原油分成轻、重两个馏分（或称气态组分和液相组分），轻馏分（气态组分）再次预热后在裂解炉中就地进行蒸汽裂解，而重馏分（液相组分）则去炼油厂进一步加工（如生产高黏度指数润滑油基础油）。原油蒸汽裂解制乙烯核心工艺流程示意如图 5-3 所示。

新工艺能有效脱除原油中的高沸点物质和各种无机盐或微粒，使得进入裂解炉对流段的原油完全汽化，从而避免对流段结焦堵塞。具体做法是在闪蒸塔中采用垂直罐和直径小于该罐的圆柱形接收器等特殊设计的设备以最大化增加气液接触面，从而保证最大化减少非挥发性液相物的夹带，并在操作上采取了新的控制方法，使进入闪蒸塔的物料温度相对恒定，从而使得闪蒸塔出口汽液（蒸汽与液体）比例也保持相对恒定。在此

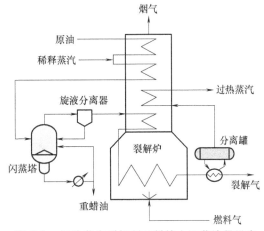

图 5-3　原油蒸汽裂解制乙烯核心工艺流程示意

基础上，再在原油中添加石脑油、加氢尾油、乙烷和丙烷等汽提介质，改善其流动性并进一步提高汽化性能，这样就可以选择更高的裂解炉管温度，从而获得更高的烯烃收率。新工艺还考虑了裂解炉炉管在线烧焦技术。如果所选原油足够轻，没有593℃以上馏分，即无塔底渣油，则可不依托炼油厂。

5. 原油催化裂解制烯烃技术

原油催化裂解制烯烃在催化作用下体现出能耗小、裂解温度偏低、收率高等诸多特点。该技术能大幅缩短生产流程、降低生产成本，同时大幅降低能耗和碳排放。

（1）催化裂解 DCC 工艺技术　催化裂解 DCC 工艺技术是石油化工科学研究院（以下简称石科院）开发的第一代重油催化裂化最大化生产丙烯的技术，在国际上首次采用提升管和密相流化床组合反应器，以含有改性的择形分子筛为催化剂，采用重质油为原料生产以乙烯和丙烯为主的低碳烯烃。该技术与常规催化裂化装置不同，可将目的产品由成品油为主转变成以乙烯、丙烯和轻质芳烃为主，图5-4所示为DCC工艺示意。

DCC 工艺技术分为 DCC-Ⅰ型和 DCC-Ⅱ型。DCC-Ⅰ型以最大化生产丙烯为主；DCC-Ⅱ型以最大化生产异构烯烃为主。

DCC 工艺流程大致如下：经过预热的原料油与水蒸气混合均匀后进入提升管反应器中，与再生催化剂接触后进行反应，反应后的油气分子与催化剂进入提升管上方的密相流化床反应器，继续进行催化裂解反应。反应后的产物经分馏和吸收稳定系统后进一步分离。经过蒸汽汽提后的待生催化剂进入再生器，与空气接触进行烧焦

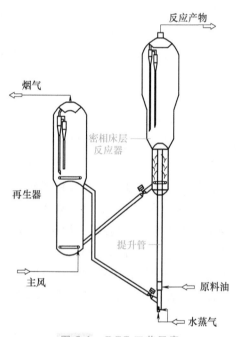

图 5-4　DCC 工艺示意

再生，并释放大量的热量。携带热量的再生催化剂通过再生斜管返回提升管反应器，在预提升介质的作用下，继续循环反应，从而实现连续的反应—再生操作。

由于DCC工艺技术存在无法兼顾低碳烯烃产率与干气和焦炭选择性的缺点，研究人员对DCC工艺技术进行了改进和升级。DCC-Plus装置设计采用主提升管（重油提升管），并增设第二提升管（轻烃提升管）向流化床反应器内补充与轻烃反应后的催化剂，提高该区的催化剂活性，同时降低主提升管反应温度和剂油比，减少干气产率；轻烃提升管进行轻汽油和 C_4 回炼，进一步提高丙烯产率。图5-5所示为DCC-Plus工艺示意。

（2）HCC 工艺技术　HCC 工艺技术是由中石化洛阳石油化工工程公司开发的多产乙烯工艺技术。HCC 工艺技术以传统的催化裂化工艺为基础，原料来源非常广泛，可以是凝析油、原油混合馏分油、渣油，也可以是焦化馏分油、热裂化重油、溶剂脱沥青油等二次加工油品，使得乙烯的原料来源更加多样化。工艺流程如下：温度在800~850℃的催化剂，与提升管底部由高效雾化喷嘴喷入的雾化油气进行接触并发生反应，使用急冷剂将热解油气从

反应体系中分离出来，反应后失活的催化剂在水蒸气和空气气氛下煅烧再生。

HCC 工艺特点如下：

1）催化剂为 LCM 系列催化剂，催化剂上的反应机理为自由基机理。

2）烯烃收率的主要影响因素为反应温度、接触时间及水油比。

3）HCC 工艺主要是通过高温增加乙烯的生成，并缩短停留时间减少乙烯的消耗以达到增产乙烯的目的。

4）该工艺的生焦量可达 12% 左右，高的生焦量可以提供足够的反应热量。

（3）CPP 工艺技术 中国石油化工股份有限公司石油化工科学研究院在 DCC 工艺技术的基础上，开发了兼顾乙烯和丙烯生产的 CPP 工艺技术。该工艺特点为：

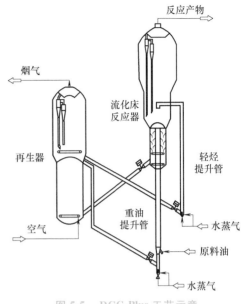

图 5-5 DCC-Plus 工艺示意

1）在较高的苛刻度条件下反应，反应温度为 580~640℃，通常为 610℃ 左右，反应过程涉及催化裂化反应和热裂解反应。

2）采用 CEP 专用催化剂，催化剂具有较高的裂解活性，水热稳定性较好。

3）具有较为灵活的操作方式，可以结合市场和生产情况，对产品结构进行灵活的调整，可以采用最大量生产乙烯、最大量生产丙烯或者兼顾生产乙烯和丙烯等三种操作模式。

4）加工的原料趋于重质化和多样化，可加工减压蜡油、焦化蜡油、脱沥青油和石蜡基常压渣油等原料。与传统的蒸汽裂解工艺相比，该工艺拓宽了乙烯的生产原料，降低了生产乙烯的原料成本。

5.2 石油制芳烃

芳香烃简称芳烃，是含苯环结构的碳氢化合物的总称，是指分子结构中含有一个或者多个苯环的烃类化合物。单环芳烃只含一个苯环，如苯、甲苯、乙苯二甲苯、异丙苯、十二烷基苯等；多环芳烃是由两个或两个以上苯环（苯环上没有两环共用的碳原子）组成的，它们之间以单键或通过碳原子相连，如联苯、三苯甲烷等。

芳烃是有机化学工业最基本的原料，芳烃中的苯、甲苯、二甲苯更是石油化工重要的基础原料，其市场规模仅次于乙烯和丙烯。芳烃产品可以广泛用于合成树脂、合成纤维、合成橡胶、洗涤剂、增塑剂、染料、医药、香料、农药等工业，对发展国民经济、改善人民生活起着重要的作用。使用高效、低碳的石油制芳烃工艺可以减少这些下游产品的碳足迹，从而在整个产业链上实现低碳化目标。

目前，石油制芳烃技术已经非常成熟，且通常伴随较高的能效和较低的碳排放。例如，催化重整技术是生产芳烃的重要技术，由此技术生产的芳烃约占全球芳烃总产量的30%，而且生产过程中还可以显著减少二氧化碳排放。

5.2.1 芳烃的用途

芳烃是重要的化工原料，其中以苯、甲苯、二甲苯、乙苯、异丙苯、十二烷基苯和萘等尤为重要。芳烃产品的生产和利用已有一百余年的历史，它是从煤焦油芳烃的利用开始的。苯-甲苯-二甲苯混合物（Benzene-Toluene-Xylene，BTX），简称轻质芳烃。它在石油化学工业中大量生产和应用是第二次世界大战以后的事。由于科学技术的飞速进步，以及人们对生活和文化的需求日益提高，以芳烃为基础原料的化学纤维、塑料、橡胶等合成材料及品种繁多的有机溶剂、农药、医药、染料、香料、涂料化妆品、添加剂和有机合成中间体等生产的迅猛发展。苯的最大用途是生产苯乙烯、环己烷和苯酚，三者占苯消费总量的80%～90%，其次是硝基、顺酐、直链基苯等。甲苯大部分用作汽油组分，其次是用作脱烷基制苯、歧化制苯和二甲苯的原料。甲苯是优良溶剂，它的化工利用主要是生产硝基甲苯、苯甲酸、异酸酯等。二甲苯中用量最大的是对二甲苯，是生产聚酯纤维和薄膜的主要原料。邻二甲苯是制造增塑剂醇酸树脂、不饱和聚酯树脂的原料。大部分间二甲苯异构化制成对二甲苯，也可氧化为间苯二甲酸酐，以及用于农药、染料、医药的二甲基苯胺的生产。图5-6所示为工业上的重要芳烃的用途。

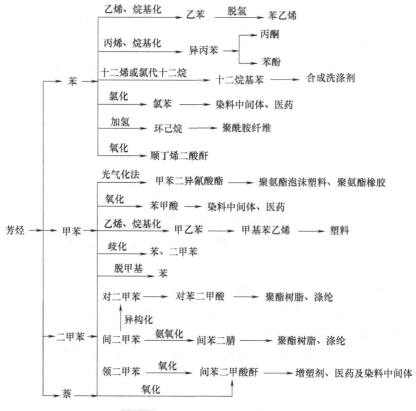

图 5-6　工业上的重要芳烃的用途

5.2.2　石油制芳烃的原理

工业上芳烃主要来自煤高温干馏副产粗苯和煤焦油、烃类裂解制乙烯副产裂解汽油和催化重整产物重整汽油三个途径。后两个途径都以石油烃为原料。随着石油炼制工业、石油化学工业和芳烃分离技术的发展，现在芳烃世界总产量的 90% 以上来自石油。

1. 裂解汽油生产芳烃

随着乙烯工业的发展，副产的裂解汽油已是石油芳烃的重要来源，其产量是乙烯生产能力的 50%~80%。以石脑油为原料不同裂解深度时裂解汽油的组成见表 5-5。裂解汽油除含 40% 以上的 C_6~C_9 芳烃外，还含有相当数量的二烯烃和单烯烃，少量的烷烃与微量氧、氮、硫及砷的化合物。裂解汽油中烯烃与各项杂质含量远远超出芳烃生产后续工序所允许的标准，因此必须经过预处理、加氢精制后，才能作为芳烃抽提的原料。

表 5-5　以石脑油为原料不同裂解深度时裂解汽油的组成

组分	裂解深度					
	乙烯收率 24.4%		乙烯收率 28.5%		乙烯收率 33.4%	
	原料	组成	原料	组成	原料	组成
C_5		20.9%		13.8%		4.0%
苯	6.1%	24.5%	7.2%	31.8%	2.5%	46.0%
C_6 非芳烃		10.4%		7.5%		2.0%
甲苯	4.7%	18.9%	4.4%	19.4%	3.2%	19.6%
C_7 非芳烃		7.0%		4.5%		1.0%
二甲苯	0.75%	3.0%	1.4%	6.2%	1.5%	9.2%
乙苯和苯乙烯	0.7%	2.8%	1.2%	5.3%	1.2%	7.4%
C_8 非芳烃		3.6%		2.0%		1.0%
$C_9{}^+$		8.9%		9.5%		9.8%
总计	24.9%	100.0%	22.6%	100.0%	16.3%	100.0%
裂解汽油中芳烃		49.2%		62.7%		82.2%

裂解汽油为 C_5~200℃ 馏分。C_5 馏分中含有较多异戊二烯、间戊二烯与环戊二烯，它们是合成橡胶和精细化工的重要原料。以 C_5 馏分的不同利用途径，加氢精制原料的分馏方式也有所不同（见图 5-7）。但其共同点是必须经蒸馏除去裂解汽油中 C_5 馏分、部分 C_9 芳烃与 $C_9{}^+$ 芳烃。

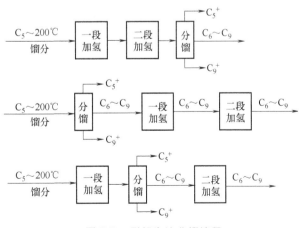

图 5-7　裂解汽油分馏流程

2. 催化重整生产芳烃

催化重整是指在一定的温度、压力、临氢和催化剂作用下，使石脑油转化成富含 BTX 并副产氢气的过程。催化重整是生产高辛烷值车用汽油和 BTX 的重要石油二次加工过程；发达国家车用汽油中重整汽油约占 30% 以上，而世界所需的 BTX 有 70% 以上来自催化重整。

催化重整是以 $C_6 \sim C_{11}$ 石脑油馏分（其沸点范围相当于直馏汽油）为原料，在一定操作条件和催化剂的作用下，烃类分子发生各类化学反应，主要反应有以下几种。

1）六元环烷烃脱氢反应。例如：

2）五元环烷烃的异构脱氢反应。例如：

3）烷烃的环化脱氢反应。例如：

4）异构化反应。在催化重整反应过程中，除了发生五元环烷烃的异构化反应外，还发生正构烷烃的异构化反应。例如：

$$n\text{-}C_7H_{16} \Longleftrightarrow i\text{-}C_7H_{16}$$

5）加氢裂化反应。在催化重整的条件下，各种烃类都能发生加氢裂化反应，而且可以认为加氢、裂化和异构化反应三者同时发生。例如：

$$n\text{-}C_8H_8 + H_2 \longrightarrow 2i\text{-}C_4H_{10}$$

除了以上五种主要反应外，还有脱甲基反应（初期发生）、芳烃脱烷基反应、烯烃饱和叠合和缩合生焦反应等。

5.2.3 石油制芳烃的工艺

1. 裂解汽油生产芳烃

（1）裂解汽油加氢精制　裂解汽油中含有二烯烃、苯乙烯等易聚合的不饱和烃和硫化物、氮化物等有害杂质，在分离芳烃前必须先进行预处理，通常是采用选择加氢法分两段进行。第一段是低温液相加氢，使双烯烃加氢成单烯烃，苯乙烯加氢为乙苯；第二段是高温气相加氢，使单烯烃加氢成饱和烃、使硫化物、氮化物等杂质加氢裂解为相应的烃和 H_2S、NH_3 等而除去。裂解汽油两段加氢流程示意如图 5-8 所示。

经预热的裂解汽油先进入初馏塔脱去 C_5 和 C_{10} 馏分后进入一段加氢反应器。通常采用

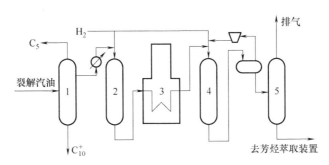

图 5-8　裂解汽油两段加氢流程示意
1—初馏塔　2——段加氢反应器　3—加热炉　4——段加氢绝热床反应器　5—稳定塔

列管式反应器，催化剂为 Pd/Al$_2$O$_3$，反应温度为 80~130℃，反应压强为 5.57 MPa 左右，液空速为 3h^{-1}。反应热由循环于管间的锅炉给水带出。一段加氢后的产物经加热炉升温至 280~300℃后进入二段加氢绝热床反应器，以 Co-Mo-S/Al$_2$O$_3$ 为催化剂，反应温度为 285~395℃，反应压强为 4.05MPa 左右，液空速为 1.5h^{-1}。经两段加氢处理后的裂解汽油在稳定塔分出气体后送芳烃萃取装置。

（2）芳烃的萃取分离　由于裂解汽油中苯系芳烃与相近碳原子数的非芳烃沸点相差很小，不能用一般精馏法分离。通常采用液液萃取法（也称抽提法）进行分离。可用的萃取剂有环丁砜、N-甲基吡咯烷酮、二甲基亚砜和二乙二醇醚等。工业上常使用环丁砜作萃取剂，其优点是腐蚀性小，对芳烃的溶解度较大，选择性高，萃取剂/原料比率较低等。图 5-9 所示为 C$_6$~C$_{11}$ 烃类在环丁砜中的相对溶解度，可以看出环丁砜对 C$_6$~C$_{11}$ 芳烃的溶解能力比相应非芳烃的大十余倍。

环丁砜萃取分离芳烃流程如图 5-10 所示。萃取塔是转盘塔或筛板塔，经加氢处理的裂解汽油，由塔的中部进入，溶剂环丁砜由塔的上部加入〔溶剂与原料油的用量比为 2∶1（质量）〕。由于原料油的密度较溶剂小，故在萃取塔内原料油上浮、溶剂下沉，形成逆向流动接触。上浮的抽余油，即非芳烃自塔顶流出。萃取了芳烃的溶剂称为抽提油，由塔釜引出进入汽提塔。塔顶蒸出轻质非芳烃（其中还含有少量芳烃），冷凝后流入萃取塔下部；塔釜液流入溶剂回收。使溶剂和芳烃分离，塔顶蒸出芳烃，经冷凝和分去水后，先用白土处理以除去其中溶解的痕量烯烃，然后进行精馏分离，获得高纯度的苯、甲苯和二甲苯。自回收塔釜出来的，脱去芳烃的贫溶剂送往萃取塔再用。

萃取塔顶出来的抽余油，用水洗去溶在油中的环丁砜后作其他用。含环丁砜的洗涤水回到溶剂回收塔，回收其中的环丁砜。

2. 重整汽油生产芳烃

按照不同的分类方法，催化重整装置有多种类型：

1）按原料馏程，可分为窄馏分重整和宽馏分重整。

2）按催化剂类型，可分为铂重整、双金属重整和多金属重整。

3）按反应床层状态，可分为固定床重整、移动床重整和流化床重整。

4）按催化剂的再生形式可分为半再生式重整、循环再生式重整和连续再生式重整。

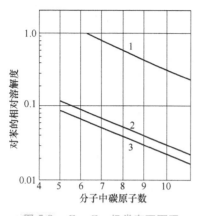

图 5-9　$C_6 \sim C_{11}$ 烃类在环丁砜
中的相对溶解度

1—芳烃　2—环烷烃及烯烃　3—直链烷烃

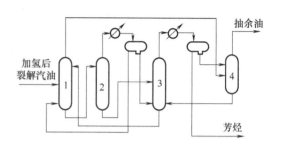

图 5-10　环丁砜萃取分离芳烃流程

1—萃取塔　2—汽提塔　3—溶剂回收塔　4—水洗塔

尽管有多种类型的催化重整工艺，但是重整反应的基本原理是相同的。除了催化剂的再生方式不同外，工艺流程也是基本相同的。目前，我国现有的小型催化重整装置采用的还是固定床半再生式重整工艺，使用的是双金属或多金属催化剂，30 万 t/a 以上的新建装置均采用连续再生式重整工艺。由于生产目的不同，重整的工艺流程也不相同。当生产高辛烷值汽油时，流程包括原料预处理和重整反应两大部分；当生产芳烃时，还包括芳烃抽提和芳烃精馏两部分。

（1）固定床半再生式重整工艺　不同重整装置的具体流程和设备可能会有些差别，但是在基本方面是相同的。图 5-11 所示为典型固定床半再生式重整工艺流程。

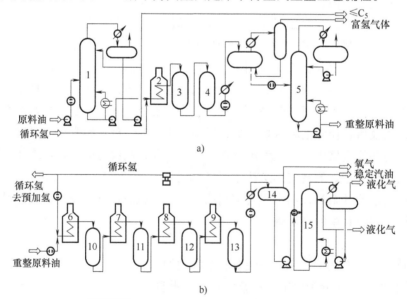

a)

b)

图 5-11　典型固定床半再生式重整工艺流程

a）原料处理部分　b）反应及分馏部分

1—预分馏塔　2—预加氢加热炉　3—预脱砷反应器　4—预加氢反应器　5—脱水塔

6~9—加热炉　10~13—重整反应器　14—高压分离器　15—稳定塔

原料油经换热后进入预分馏塔，分馏塔底出来的馏程适宜的原料与从重整部分来的富氢气体混合，经加热至 280~350℃进入预脱砷反应器中，在 Ni/Al_2O_3 或 $NiMo/Al_2O_3$ 催化剂的作用下进行反应，使原料中的砷含量降到 $1\mu g/kg$ 以下，氯含量降到 $0.5\mu g/g$ 以下。经预脱砷反应器的物料进入预加氢反应器，在 $CoMo/Al_2O_3$ 或 Al_2O_3 催化剂的作用下进行含硫化合物的加氢反应，将原料中的含硫化合物转化为硫化氢。预加氢反应生成物经换热，与原料油冷却后进入高压分离器，分离出的富氢气体可以用于加氢精制装置，分离出的液体物料中溶有少量的 H_2O、NH_3 和 H_2S 等，可经汽提塔除去。汽提塔塔底部抽出的石脑油馏分通过装有脱硫剂（氧化铜/氧化铝或氧化锌）的脱硫塔进一步脱去残余的硫，硫含量 $<0.5\mu g/g$，作为重整反应部分的进料。

我国现有的催化重整装置大部分用于生产芳烃（苯、甲苯和二甲苯），因此催化重整装置一般包括芳烃抽提和芳烃精馏部分。除此之外，重整反应部分的流程也稍有不同：稳定塔改成脱戊烷塔；在这之前增加一个后加氢反应器。这是由于裂化反应使重整生成油中含少量烯烃，在芳烃抽提时，烯烃会混入芳烃中而影响芳烃的纯度。因此，由最后一个重整反应器出来的反应产物，需经换热降至适宜的温度后进入后加氢反应器，通过加氢使烃饱和。后加氢用钴钼/铝氧化物（$CoMo/Al_2O_3$）或镍钼/铝氧化物（$NiMo/Al_2O_3$）催化剂，反应温度为 280~370℃，反应压强为 2.0~3.0 MPa，催化剂体积空速为 2.0~4.0 h^{-1}。后加氢产物经过气液分离，液体进入脱戊烷塔，塔顶分出 ≤C_5 的轻组分，塔底为脱戊烷油，进入后面的芳烃抽提部分。

（2）连续再生式重整工艺　连续再生式重整（简称连续重整）工艺流程与固定床半再生式重整工艺的主要区别在于反应和催化剂再生系统。连续重整工艺采用移动床反应器，催化剂连续反应和再生。UOP 和 IFP 连续重整反应系统流程如图 5-12 和图 5-13 所示，分别是美国 UOP 公司和法国石油研究院（IFP）的连续重整工艺反应再生部分流程图。

连续重整装置中，催化剂连续地依次流过串联的 3 个（或 4 个）移动床反应器，从最后一个反应器（末反）流出的待生催化剂碳含量为 5%~7%，待生剂由重力或气体提升输送到再生器进行再生。恢复活性后的再生剂返回第一反应器进行反应。催化剂在系统内形成一个闭路循环。从工艺角度来看，催化剂可以频繁地再生，因此有比较苛刻的反应条件，即低反应压强（0.8~0.35 MPa）、低氢油分子比（4~1.5）和高反应温度（500~530℃），其结果是更有利于烷烃的芳构化反应，重整生成油的辛烷值可达 100（研究法）以上，液体收率和氢气收率高。

UOP 连续重整和 IFP 连续重整采用的反应条件基本相似，都用铂锡催化剂。从外观来看，UOP 连续重整的三个反应器是叠置的，催化剂依靠重力自上而下依次流过各个反应器，从末反流出的待生催化剂用氮气提升至再生器顶部。IFP 连续重整的 3 个反应器并行排列，催化剂在每两个反应器之间是用氢气提升至下一个反应器的顶部，从末反流出的待生剂则用氮气提升到再生器的顶部。在具体的技术细节上，这两种技术有各自的特点。

连续重整技术是重整技术近年来的重要进展之一，它针对重整反应的特点提供了更为适宜的反应条件，因而取得了较高的芳烃收率、较高的液体收率和气收率，突出的优点是改善了烷烃芳构化反应的条件。虽然连续重整有上述优点，但是并不说明对于所有的新建装置，

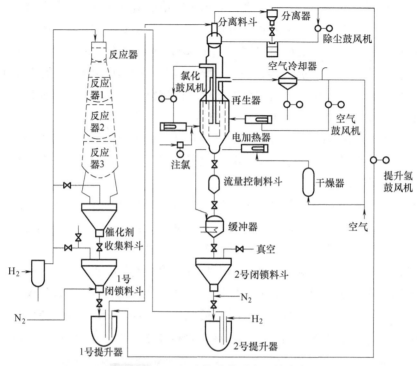

图 5-12　UOP 连续重整反应系统流程

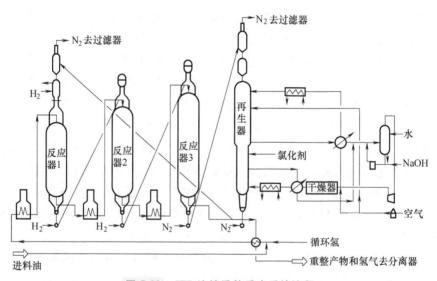

图 5-13　IFP 连续重整反应系统流程

它就是唯一的选择，因为判别某个技术先进性的最终标准是其经济效益的高低。因此，在选择何种技术时应当根据具体情况做全面的综合分析。

　　3. 芳烃的转化

　　不同来源的各种芳烃馏分的组成是不相同的，得到的各种芳烃的产量也不相同。如果仅以这些来源来获得各种芳烃，则必然会产生供需不平衡的矛盾，有的产量不足，而有的因用途较少而过剩。聚酯纤维的生产需要大量对二甲苯，而以上来源中对二甲苯的供给有限，难以满足需要。芳烃转化工艺的开发，能依据市场的供求调节各种芳烃的产量。这些转化工艺包括脱烷基化、烷基化、歧化及烷基转移、异构化等。同时，人们发展重芳烃轻质化技术，把重芳烃也加入转化工艺的原料中，以提高 BTX 收率。芳烃转化工艺的工业应用如图 5-14 所示。

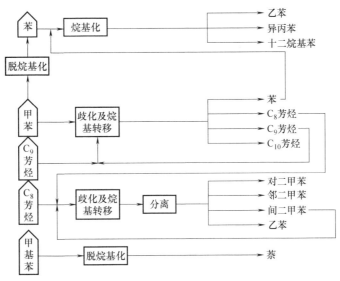

图 5-14　芳烃转化工艺的工业应用

（1）芳烃歧化及烷基转移　工业上应用最广的是通过甲苯歧化反应，将用途较少并过剩的甲苯转化为苯和二甲苯两种重要的芳烃。芳烃歧化一般是指两个相同芳烃分子在酸性催化剂作用下，一个芳烃分子上的侧链基转移到另一个芳烃分子上的反应。例如：

歧化反应是一个可逆反应，逆过程实际上是烷基转移反应。工业上可在原料甲苯中加入一定量 C_9 芳烃，使之与甲苯发生烷基转移反应，用来增产二甲苯。

该反应的平衡常数与温度关系不大，在 $400\sim1000K$ 范围内其平衡转化率为 $35\%\sim50\%$。甲苯歧化是微量吸热的反应，热效应为 $0.84kJ/mol$ 甲苯（800 K）。

常见的酸性催化剂如 $AlCl_3$+HCl 类 L 酸、加氟的 SiO_2-Al_2O_3 的 B 酸都是甲苯歧化的工业催化剂，但目前采用最广的是丝光沸石或 ZSM-5 沸石分子催化剂。甲苯歧化的工业过程是一个复杂过程，歧化时除了可同时发生烷基转移反应之外，还有可能发生酸催化的其他类型反应，如产物二甲苯的异构化和歧化、甲苯脱烷基化、芳烃脱氢缩合成稠环芳烃和焦炭等过程。焦炭的生成会使催化剂表面迅速结焦而活性下降。为抑制焦炭的生成和延长催化剂寿

125

命，工业生产上采用临氢歧化法。

甲苯歧化及烷基转移制苯和二甲苯主要有加压临氢催化歧化法、常压气相歧化法和低温歧化法三种。加压临氢催化歧化法使用 ZSM-5 作为催化剂，反应温度为 $400\sim500℃$，压力为 $3.6\sim4.2$ MPa，$n(H_2):n$（烃）$=2:1$。芳烃转化工艺流程如图 5-15 所示。

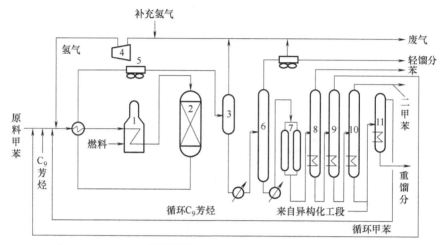

图 5-15　芳烃转化工艺流程

1—加热炉　2—反应器　3—分离器　4—氢气压缩机　5—冷却器　6—稳定塔　7—白土塔

8—苯塔　9—甲苯塔　10—二甲苯塔　11—C$_9$芳烃塔

原料甲苯、C_9芳烃和新鲜氢及循环氢混合后与反应产物进行热交换，再经加热炉加热到反应所需温度后，进入反应器。反应后的产物经热交换器回收其热量后，经冷却器冷却后进入气液分离器，气相含氢 80% 以上，大部分循环回反应器，其余作燃料。液体产物经稳定塔脱去轻组分，再经活性白土塔处理除去烯烃后，依次经苯塔、甲苯塔、二甲苯塔和 C_9芳烃塔，用精馏方法分出产物，未转化的甲苯和 C_9芳烃循环使用。

（2）C_8芳烃的异构化　以任何方法生产得到的 C_8芳烃都含有四种异构体，即邻二甲苯、间二甲苯、对二甲苯和乙苯。异构化的目的是使非平衡的邻、间、对二甲苯混合物转化成平衡的组成，再利用分离手段分离出需要的对二甲苯等产品，剩下的非平衡组成的 C_8芳烃再返回异构化。作为生产聚酯树脂和聚酯纤维单体的对二甲苯用量最大，而间二甲苯需求量最小。因此，工业上采用分离和异构化相结合的工艺，以不含或少含对二甲苯的 C_8芳烃为原料，在催化剂作用下，转化成接近平衡浓度的 C_8芳烃，从而达到增大对二甲苯的目的。反应式如下：

邻二甲苯 ⇌ 间二甲苯 ⇌ 对二甲苯

研究表明，在二甲苯异构化过程中，甲基绕环的移动只能移至相邻一个碳原子上。

C_8芳烃异构化在工业上有临氢和非临氢两类，临氢异构化的副反应少，对二甲苯收率高，催化剂使用周期长，但有较大的动力消耗。临氢异构化反应的催化剂分为贵金属和非贵金属两类，为双功能催化剂（既有异构化所需的酸性中心，能使二甲苯达到平衡组成，又有加氢脱氢活性中心，能将乙苯转化为二甲苯）。临氢异构化对原料的适应性强，对二甲苯的含量无限制，是增产二甲苯的有效手段，在世界上被广泛采用。如用 Pt/Al$_2$O$_3$+HF 催化剂，在 400~450℃，1.1~2.3 MPa 氢压下，C_8 芳烃馏分中的异构化率达 18%~20%，对二甲苯从不到 2% 增加到约 17%，芳烃收率大于 96%。

图 5-16 所示为临氢气相 C_8 芳烃异构化流程示意。它由三部分组成：

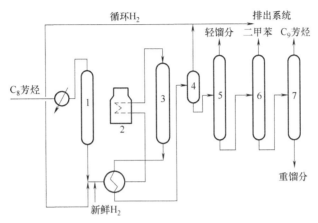

图 5-16　临氢气相 C_8 芳烃异构化流程示意

1—脱水塔　2—加热炉　3—反应器　4—气液分离器　5—稳定塔　6—脱二甲苯塔　7—脱 C_9 塔

1）原料脱水。使其含水量降到 $1×10^{-5}$ 以下。

2）反应部分。干燥的 C_8 芳烃与新鲜循环的 H_2 混合后经加热炉 2 加热到所需温度后，进入反应器 3。

3）产品分离部分。产物经换热器后进入气液分离器 4。气相小部分排出系统，大部分循环回反应器。液相进入稳定塔 5 脱去低沸物，釜液经循环白土处理后进入脱二甲苯塔 6。塔顶得到含对二甲苯浓度接近平衡浓度的 C_8 芳烃。送至分离工段分离对二甲苯，塔釜液进入脱 C_9 塔 7。

（3）芳烃脱烷基化　烷基芳烃分子中与苯环直接相连的烷基，在一定条件下可以被脱去，此类反应称为芳烃的脱烷基化。工业上主要应用于甲苯脱甲基制苯、甲基萘脱甲基制萘。脱烷基化又分为催化脱烷基化和热脱烷基化两大类。

甲苯催化脱烷基生产苯代表性的工艺过程有：美国 UOP 公司开发的 Hydeal 过程、美国 Houdry 公司开发的 Detol 过程（以甲苯为原料）、Pyrotol 过程（以加氢裂解汽油为原料）和 Litol 过程（以焦化粗苯为原料）。它们都是在催化剂存在下的加氢脱烷基过程，苯对甲苯的收率为 98% 左右。Detol 过程的原料中加入 C_9 芳烃可提高的产量。

甲苯热脱烷基生产苯的工艺有：由美国 ARCO 公司开发的 HDA 过程，由 Gulf 公司开发的 THD 过程和由日本三菱油化公司开发的 MHC 过程等，苯的收率为 95% 以上。HDA 过程的原料甲苯中加入重芳烃，可提高苯的产量。美国 HRI 公司和 ARCO 公司共同开发了重芳烃加氢脱烷基（HAD）过程，以 C_7~C_{11} 芳烃或萘和联苯为原料，采用活塞流式反应器，生产高纯度苯、苯产率可达 95% 左右。过程不需催化剂，但氢耗量比轻质进料高。

热法脱烷基的工艺过程简单，可长时间连续运转，但操作温度比催化脱烷基法高 100~200℃，这带来了反应器腐蚀的问题，操作控制也较困难。脱烷基法产品收率稍高，但催化剂使用半年左右需进行再生，操作成本较高。

（4）芳烃烷基化　芳烃烷基化是指苯环上一个或几个氢被烷基所取代而生成烷基芳烃的反应。在工业上主要用于生产乙苯、异丙苯和十二烷基苯等。乙苯主要用于脱氢制三大合成材料的重要单体苯乙烯；异丙苯用于生产苯酚和丙酮；十二烷基苯主要用于生产合成洗涤剂，在芳烃的烷基化反应中以苯的烷基化最为重要。

4. 芳烃的分离

芳烃分离技术包括溶剂抽提、精馏和抽提蒸馏、结晶分离、模拟移动床吸附分离、其他分离（包括络合分离、膜分离等）技术。

（1）溶剂抽提　由于催化重整油和裂解汽油等所含芳烃的沸点与相应的烷烃等相近并形成共沸物，不易用分馏方法得到芳烃，因此通常采用溶剂抽提方法取得混合芳烃，然后用其他分离方法取得单体芳烃。

芳烃抽提由于采用不同溶剂而形成了各种溶剂抽提过程。

1）Udex 过程。使用甘醇类溶剂的 Udex 过程，是由 DOW 化学公司开发，后又被 UOP 公司发展。甘醇类溶剂有二甘醇（DEG）、三甘醇（TEG）和四甘醇（TTEG）多种。近年来美国多数 Udex 装置改用 TTEG 溶剂，相应装置在全世界已有 100 余套。此外，使用甘醇类溶剂的还有 Union Carbide 公司开发的 Tetra 过程和 Carom 过程，可进一步降低能耗，提高处理能力。目前已有 30 多套 Udex 装置改造成这种过程。

2）Sulfolane 过程。使用环丁砜为溶剂的 Sulfolane 过程是由 Royal Dutch/Shell 公司开发、UOP 公司继续开发的。在全世界也有 100 余套装置。此外，使用环丁砜溶剂的还有美国 HRI 和 Arco 公司联合开发的 Arco 过程。

（2）精馏和抽提蒸馏　用溶剂抽提技术取得的混合芳烃，可以通过一般的精馏方法分馏成为苯、甲苯、间二甲苯、对二甲苯、邻二甲苯、乙苯和重芳烃等几个馏分。但是进一步分离间二甲苯、对二甲苯，或把芳烃和某些烷烃、环烷烃等分开是困难的，这是由于它们沸点很相近，有的还存在共沸物。

为了解决上述分离问题，开发了抽提蒸馏技术。某些极性溶剂（如 N-甲酰吗啉）与烃类混合后，在降低烃类蒸气压的同时，拉大了各种烃类的沸点差，这样就能使原来不能用蒸馏方法分离的芳烃可用抽提蒸馏分开。

1）Morphylane 过程。该过程是德国 Krupp Koppers 公司开发的抽提蒸馏过程。采用 N-甲酰吗啉溶剂，可回收单一芳烃，苯回收率达 99.7%，苯纯度可达 99.95%。已有 10 余套工业化装置。

2）Morphlex 过程。该过程是抽提和抽提蒸馏相结合的过程，先进行液液抽提，分离掉沸点较高的非芳烃（因为它溶解度小），然后用抽提蒸馏原理有效地除去沸点较低的非芳烃。意大利 Snam Progetti 公司也开发了类似技术，称为 Formex 过程。

3）Octener 过程。该过程是 Morphylane 过程的进一步发展。与溶剂抽提相比能耗降低 30%，投资费用减少 50%～60%。据报道，抽提蒸馏溶剂也有用苯酚的。

（3）结晶分离　C_8 芳烃中邻二甲苯、间二甲苯、对二甲苯沸点差别较小而凝固点差别较大。C_8 芳烃的部分性质见表 5-6。由表可知，邻二甲苯在 C_8 芳烃四种异构体中沸点最高，与间二甲苯沸点差为 5.3℃。用精馏法两塔串联分离，塔板数为 150～200 块，产品从塔釜引出，纯度为 98%～99.6%。乙苯沸点最低，与沸点相近组分的沸点差为 2.2℃，用精馏法三塔串联分离，总板数为 360 块，纯度为 98.6% 以上。由于对二甲苯、间二甲苯的沸点仅差 0.7℃，故难以用一般精馏法分离。在分子筛吸附方法出现之前，结晶分离法是工业上唯一实用的分离对二甲苯的方法。各种结晶分离专利技术之间的主要差别是制冷剂、制冷方式和分离设备的不同。

表 5-6　C₈ 芳烃的部分性质

名称	沸点/℃	熔点/℃	相对碱度	与 BF3-HF 生成络合物的相对稳定性
邻二甲苯	144.4	-25.173	2	2
间二甲苯	139.1	-47.872	3～100	20
对二甲苯	138.4	13.263	1	1
乙苯	136.2	-94.971	0.1	—

工业生产中的结晶工艺过程尽管相互有较大不同，但大体为二段的结晶工艺。

混合 C₈ 芳烃经脱除乙苯和邻二甲苯后进入结晶单元，在该单元先用贫对二甲苯母液预冷却。然后，预冷却的原料与循环物流混合并流入一段结晶槽，被冷却到接近第一共晶点的温度，一般为 -50℃ 左右。冷冻过程中，约有 60%～70% 的对二甲苯变成晶体。

从结晶槽出来的液固混合物流入相分离装置，通常采用连续离心机或转鼓式过滤机由该装置分出的液相与结晶槽的原料进行热交换然后分出，一般进行异构化。固相排至加热槽使晶体熔化。然而该熔体是不纯的对二甲苯，原因如下：

1）在结晶槽中局部温度比共晶点偏低，使一些间二甲苯也结晶出来。

2）滤饼含有相当数量的中间液体，其组成与贫二甲苯母液相同，从而污染了熔化的晶体。

基于以上原因，一般要求有第二步结晶以获得工业纯的对二甲苯。

熔化的粗对二甲苯进入第二段结晶槽，然后进入第二段相分离装置，像第一段一样在冷却形式上可能有各种变化。从第二段分出的液体含有相当多的对二甲苯，所以将其循环至第一段作原料以进行回收。从第二段分出的固相熔化后被泵送出来作为对二甲苯产品。

（4）模拟移动床吸附分离　工业应用最多的吸附分离技术是 Parex 过程。Parex 过程是美国 UOP 公司开发的 Sorbex"家族"工艺之一，采用模拟移动床技术，用 24 通道旋转阀集中控制物料进出。吸附剂为 X 型或 Y 型沸石，含有 I A 或 II A 族金属离子。解吸剂为二乙基甲苯，或四氢化萘，或间位、邻位二氟化苯。产品对二甲苯回收率为 90%～95%（而结晶分离法为 40%～70%），对二甲苯纯度达 99.9%。模拟移动床吸附分离法的设备投资比结晶分离法的低 15%～20%，操作费用也低 4%～8%。该技术于 1972 年被开发出来，成为生产对二甲苯的领先技术，至 1998 年已有 Parex 装置 69 套，目前对二甲苯分离装置 90% 以上采用此工艺。

（5）其他分离技术　其他芳烃分离技术还有络合分离、膜分离等。MGCC 过程是日本三菱（Mitsubishi）瓦斯化学公司开发的络合分离方法。当 C₈ 芳烃用氟化氢-三氟化硼（HF-BF₃）处理时形成两相。间二甲苯选择性地溶于 HF-BF₃ 相，生成了二甲苯-四氟硼酸盐（二甲苯-BHF₄）（1:1）的络合物，其中间二甲苯络合物最稳定，升温到 100℃ 会发生异构化反应，达到二甲苯平衡值，然后回收溶剂。

5. 芳烃联合加工流程

在工业化的芳烃生产中，实际上是把许多前述的单独生产工艺过程组合在一起，组成一套芳烃联合加工流程，用以在限定的条件下达到优化的产品结构，提高产品收率和降低加工能耗，最终达到最高的经济效益。

由于原料性质和产品方案不同，联合加工流程可以有多种不同方案，主要可分为以下两大类型。

（1）炼油厂型芳烃加工流程　此加工流程把催化重整装置的生成油经过溶剂抽提和分馏，分离成苯、甲苯、混合二甲苯等产品，直接出厂使用或送到其他石油化工厂进一步深加工。这种加工流程较简单，加工深度浅，没有芳烃之间的转化过程，苯和对二甲苯等产品收率较低。

（2）石油化工厂型芳烃加工流程　石油化工厂型芳烃加工流程又称为芳烃联合加工流程。以催化重整油和裂解汽油为原料的典型芳烃联合加工流程如图 5-17 所示。

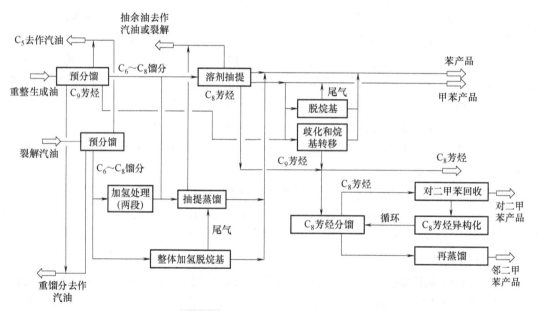

图 5-17　典型芳烃联合加工流程

催化重整生成油经预分馏得到 $C_6 \sim C_8$ 馏分，然后送去抽提分离。裂解汽油经预分馏后还要经过两段加氢处理，除去双烯烃和烯烃，然后才能抽提加工。

第一段低温液相加氢常用 Pd/Al_2O_3 为催化剂，在 80~130℃温度、5.5MPa 压力的反应条件下，将二烯烃转化为单烯烃，苯乙烯转化为乙苯。

第二段高温气相加氢，使单烯烃饱和，同时除去所含的硫化物和氮化物，催化剂为钴钼硫/铝氧化物（$Co\text{-}Mo\text{-}S/Al_2O_3$），操作温度为 285~395℃，操作压力为 4.05MPa。

抽提过程可采用溶剂抽提或抽提蒸馏，目前溶剂抽提应用较普遍，抽提蒸馏较适用于加工裂解汽油或煤焦油等含芳烃高的原料。若需分出一个单一芳烃产品，而且产品纯度需求不严格时，用以苯酚为溶剂的抽提蒸馏可以节省费用；若需分离几个产品，而且产品纯度要求很高时，最好采用溶剂抽提，得到的苯、甲苯和 C_8 芳烃可直接作为产品出厂。

甲苯可通过加氢脱烷基制苯。整体加氢脱烷基是甲苯脱基过程的扩展，常用于加工从裂解汽油等得到的芳烃馏分，把甲苯和 C_8 芳烃一起加氢脱基制成，可以不需要预加氢和抽提分离等过程。甲苯进行催化歧化可生产苯和 C_8 芳烃，可用此过程生产乙苯含量低的高纯二甲苯。若在歧化过程的原料中加入从重整装置来的 C_9 芳烃，把歧化和烷基转移放在一起进行，则可生产更多的 C_8 芳烃，也生产苯和副产少量重芳烃。

二甲苯的两个需求量大的异构物是对二甲苯和邻二甲苯。在典型异构化温度 454℃下，二甲苯三个异构物的平衡组成是：对二甲苯 23.5%，间二甲苯 52.5%，邻二甲苯 24.0%。为了把间二甲苯及乙苯转化成对二甲苯和邻二甲苯，采用把间二甲苯及乙苯循环转化的办法，即在二甲苯分馏塔中将混合二甲苯先分离出沸点较高的邻二甲苯，然后把分馏塔顶产物通过吸附分离或结晶分离，回收对二甲苯，把剩余的含间二甲苯和乙苯的物料进行 C_8 芳烃异构化，达到平衡组成，再循环回二甲苯分馏塔。

此外，联合加工装置中还可采用轻质烃芳构化装置和重质芳烃转化装置，生产更多的 BTX 芳烃。实际上大多数芳烃联合加工装置除生产苯和对二甲苯外，还生产其他芳烃，如甲苯、乙苯邻二甲苯和间二甲苯等。

5.3　炼厂气的化工利用

炼厂气是指在石油炼制过程中产生的一种副产品气体混合物。炼厂气若不加以利用，往往会被直接燃烧，释放大量的二氧化碳和其他温室气体，通过化工方法对其进行综合利用，用于生产低碳或零碳的化工产品，如氢气、甲醇、乙烯、丙烯等，可以有效减少资源浪费，显著减少直接燃烧带来的碳排放，而且这些产品在下游应用中可以进一步替代传统高碳产品，从而间接降低碳排放。

5.3.1　炼厂气的来源与组成

炼厂气主要由 $C_1 \sim C_4$ 低碳数的烷烃、烯烃和少量非烃组分及无机组分（H_2、CO_x、H_2S、NH_3 等）组成。因加工条件及原料不同，炼厂气组成差别很大。表 5-7 列出了石油炼制主要热加工及催化加工过程的典型气体组成。由表 5-7 中的数据可以看出，在石油的高温热解反应中，所得气体除了含有烷烃，还含有烯烃，其中乙烯的含量最高；在催化裂化反应产生的气态烃中除丙烯和丁烯外还有较高含量的异丁烷；在催化裂解反应产生的气体中含有大量的丙烯和丁烯；在催化重整反应产生的气体中其主要成分是氢气；在延迟焦化反应产物中甲烷和乙烷的含量较高。

表 5-7　石油炼制主要热加工及催化加工过程的典型气体组成

项目	高温热解	催化裂化	催化裂解	催化重整	延迟焦化
原料	石脑油	减压馏分油	重质原料油	石脑油	减压渣油
反应温度/℃	750~900	480~530	约 550	约 500	约 500

（续）

气体组成（摩尔分数）（%）	氢气	0.8	0.16	0.5	83.6（体积分数）	0.66
	甲烷	15.3	4.21	7.0	8.55（体积分数）	26.61
	乙烷	3.75	1.03	4.3	3.76（体积分数）	21.23
	乙烯	29.8	7.86	8.8	—	3.97
	丙烷	0.25	11.04	6.6	2.37（体积分数）	18.09
	丙烯	14.1	27.64	37.6	—	10.55
	正丁烷	—	4.37	1.8	0.48（体积分数）	—
	异丁烷	9.3	18.43	4.5	0.68（体积分数）	—
	丁烯	（C_4 馏分）	23.75	29.0	—	7.53
	>C_4 及其他	26.65	1.51	0	0	0.58

5.3.2 炼厂气化工利用技术的进展

1. 催化干气生产乙苯

催化裂化是重要的石油加工过程，其加工过程产生的 $C_1 \sim C_2$ 气体统称为催化干气。催化裂化装置干气的产率及组成因采用的原料和工艺条件的不同而异。通常干气产率在 3% ~ 5%，主要成分是氢气、甲烷、乙烷、乙烯、乙炔，此外还有少量的 C_3、C_4、硫化氢、二氧化碳、空气等。催化裂化干气典型体积组成见表 5-8。

表 5-8　催化裂化干气典型体积组成

项目	FCC 干气（%）	DCC 干气（%）	ARGG 干气（%）	乙苯尾气（%）
H_2O	饱和	饱和	饱和	饱和
H_2	21.10	50.19	33.94	41.65
C_1	27.65	19.26	22.54	27.29
C_2	16.18	4.34	11.64	14.22
$C_2 =$	12.00	12.46	15.85	0.75
$C_3 =$	3.52	2.74	2.46	
$i\text{-}C_4$		0.01	0.46	0.71
$n\text{-}C_4$	2.16		0.11	
$C_4 =$		0.04	0.11	
C_5	0.03	0.01	0.03	
C_6H_6				0.30
$CO_2 + CO$	1.26	1.25	1.15	1.40
O_2	0.62	0.49	0.44	
N_2	14.98	9.09	10.68	12.98

干气制乙苯技术开发前，这部分宝贵的资源主要作为燃料烧掉了，造成资源浪费的同时还排放大量的 CO_2。另外，由于纯乙烯资源短缺，我国乙苯、苯乙烯一直供不应求，催化干气制乙苯技术合理利用了催化干气中的乙烯，减少了资源浪费并填补了我国乙苯和苯乙烯的缺口。

目前，人们对催化干气制乙苯的研究更多集中在催化剂研究，尤其是分子筛催化剂，包括 ZSM 系列、丝光沸石、Y 型分子筛、β 分子筛、Ω 分子筛、MCM 系列和 SSZ-25 分子筛等。美国 DOW 公司考查过改性丝光沸石和双金属超稳 Y 型沸石上苯与乙烯烷基化反应制乙苯的工艺条件；Robert 等对改性 U 型沸石上苯与乙烯的烷基化反应进行了研究；美国埃克森美孚公司报道了用 MCM-22、MCM-49 和 MCM-56 为催化剂的液相烷基化反应；G. Bellussi 等研究了 U 型沸石上苯与乙烯液相烷基化反应的催化性能。

到目前为止，采用沸石催化剂进行苯与乙烯烷基化反应的工艺类型有三种：高温低压的气相法（Mobil-Badger 气相法）、中温高压的液相法（Unocal/Lummus/UOP 液相法）和催化蒸馏法。

国内催化干气制乙苯技术主要是由中国科学院大连化学物理研究所和中国石油天然气股份有限公司抚顺石化分公司共同开发的五代工艺，以及中国石化集团北京燕山石油化工有限公司和北京服装学院开发的液相法工艺。

1988 年，研究人员开发出抗硫化氢等杂质能力强、水热稳定性好的 ZSM-5/ZSM-11 共结晶分子筛催化剂，以此开发了催化干气制乙苯技术（后来被称为第一代技术），乙烯转化率>95%，产品纯度>99.6%。第一代技术主要有以下特点：

1) 原料干气不需特殊精制，可直接分段进入反应器，既是原料，又是取热介质。

2) 反应器采用多段冷激式固定床绝热反应器，结构简单。

3) 副产的二乙苯、丙苯等混合物可与苯进行烷基转移反应，该过程和干气中乙烯与苯烷基化过程在同一个反应器中进行。

4) 采用过程中的物料吸收尾气中的苯，回收效果显著，工艺简单。

5) 不需特殊的三度处理，环境污染小。

催化干气制乙苯第一代技术中烷基化和烷基转移过程在同一个反应器中进行，由于烷基化反应大量放热，而烷基转移反应的热效应不明显，烷基化和烷基转移过程有可能不在各自最佳的反应条件下进行，导致催化剂结焦积炭和缩短催化剂单程寿命。催化干气制乙苯第二代技术中的烷基化和烷基转移分别在两个反应器中进行。

在催化干气制乙苯前两代工艺中，原料为未脱硫干气，对设备和管道腐蚀严重，使反应系统压降过大，影响反应的正常进行。为进一步提高催化干气制乙苯技术的水平和竞争力，降低乙苯生产能耗和成本，延长催化剂寿命，提高产品质量，中国科学院大连化学物理研究所开发出催化干气制乙苯气相烷基化与液相烷基转移组合的第三代技术。第三代技术工艺较之前两代工艺做了如下改进：

1) 脱硫后的催化干气经过水洗以除去甲基二乙醇胺，保护设备和管道不受腐蚀，同时延长催化剂的寿命。

2) 利用乙苯装置中间物料，通过选择性吸收/解吸工艺，将催化干气中丙烯含量由>7000μL/L 降至 400μL/L 以下，从源头上减少了丙苯的生成，有效降低了苯的消耗，并减少了二甲苯的生成量。

3) 取消稳定塔和脱甲苯塔，增加一个丙苯塔回收丙苯，这样既增加了效益，又减少了烷基化反应过程中副产物甲苯和二甲苯的产生。

4）以二乙苯或乙苯塔底物料为吸收剂，采用低温吸收工艺，使尾气携带苯的回收率达99.5%以上，降低苯耗。以二乙苯为吸收剂时，富吸收剂可以直接进入烷基转移反应器进行反应，不在系统内循环，有效降低了塔尺寸及过程能耗。

5）反应过程中的能量采用热交换和产生蒸汽的形式回收，实现能量的综合利用。催化干气制乙苯技术经过前三代的技术开发，乙苯生产能耗大幅降低，催化剂寿命延长，乙苯产品质量大大提高，乙苯中二甲苯杂质含量由第一代技术的3000μg/g降到第三代技术的<1000μg/g。为进一步提高产品品质，参与国际市场竞争，研究人员又开发出液相烷基化与液相烷基转移组合的第四代技术，在液相烷基化部分，将催化（液相烷基化）、精馏（苯精馏）、吸收（尾气中苯回收）三个单元工艺组合在一个塔内进行。催化干气与苯变相催化制乙苯第五代技术是在第三代技术的基础上，结合第四代催化蒸馏技术的特点而开发的一条更实用和新颖的技术线路。催化干气经水洗脱除甲基二乙醇胺后和原料苯分别从反应塔下部和上部进入反应器，在反应段中利用液态苯的汽化过程吸收烷基化过程放出的部分热量，同时在反应段分段注入冷物料降低反应温升，反应段上部和下部的流出物分别用来加热原料苯和原料气。同时，分离塔分离出的多乙苯从反应塔中下部进入反应塔，与烷基化液中的苯发生烷基转移反应生成乙苯，从而避免了多乙基苯的积累，省去了独立的烷基转移反应器。

北京服装学院的稀乙烯液相烃化制乙苯技术采用改性的B沸石催化剂，该催化剂稳定性良好，再生周期在1年以上。该工艺技术主要特点是烷基化反应和烷基转移反应均为液相，进一步降低反应温度，降低每吨产品的能耗，提高产品质量。产品乙苯中二甲苯含量可降低至50mg/kg以下，乙苯质量好。炼厂干气制乙苯技术今后的发展主要集中在：

1）优化工艺流程，降低生产过程的单位能耗和物耗水平。

2）发展稀乙烯工艺与相关工艺的联合装置，充分发挥放、吸热反应中能量的互供优势，降低能耗。

2. 炼厂干气制氢

在炼油厂生产过程中凡是发生分解反应的装置通常会伴生一定数量的气体，其组成因加工条件及原料的不同可以有很大差别。作为制氢原料的炼厂干气主要有催化裂化干气、焦化干气、加氢裂化干气、加氢精制干气、重整干气等。表5-9列出了不同反应的装置副产干气组成。

表5-9 不同反应的装置副产干气组成

组成	加氢裂化干气	加氢精制干气	重整干气	焦化干气	催化裂化干气
氢气（%）	32	55	87	13	35
甲烷（%）	20	17	4	59	24
乙烷（%）	10	14	4	18	10
乙烯（%）	0	0	0	5	11
丙烷（%）	14	8	3	1	0
丙烯（%）	0	0	0	1	0
丁烷（%）	17	3	1	0	0
戊烷（%）	6	2	1	0	0

（续）

组成	加氢裂化干气	加氢精制干气	重整干气	焦化干气	催化裂化干气
一氧化碳（%）	0	0	0	0	1
二氧化碳（%）	0	0	0	0	1
氮气（%）	0	1	0	2	15
硫化氢/（μg/g）	5~30	5~30	5~30	5~30	5~30
有机硫/（μg/g）	0	0	0	100~200	100~200
原料	大庆、卡宾达减压蜡油	FCC 柴油	大庆石脑油	大庆、卡宾达减压渣油	管输减压蜡油掺减压渣油

由表 5-9 中数据可以看出，不同炼厂干气的组成差别很大。其中，重整干气的氢含量最高，而焦化干气的甲烷含量最高；从烃类组成看，不同来源的干气都含有较多的甲烷和乙烷，而加氢裂化干气同时含有较高的丁烷、丙烷和戊烷。各炼厂干气组成的差异是由各二次加工过程反应机理的差异决定的。因炼厂气的氢碳比高、产氢率高、杂质含量低，作为制氢的原料气在生产过程中易于精制，重整干气和加氢裂化干气已在我国得到广泛利用。从不同加工过程的干气占比来看，焦化干气和催化裂化干气占炼厂干气的 80% 以上，其中催化裂化干气则占 60% 以上。焦化干气与催化裂化干气虽然较为廉价，但是其中含有较多的烯烃和有机硫化物，需要进行脱硫、脱烯烃。

炼厂干气制氢过程分为原料净化反应、烃类水蒸气转化反应、CO 变换反应和变压吸附四部分。其技术进展如下：

（1）提高氢气收率并减少二氧化碳排放　目前炼油厂普遍采用干气（或天然气、轻烃）蒸气转化+变压吸附工艺生产氢气，该工艺生产的氢气纯度高，可以达到 99.9% 以上，但也存在气回收低、能耗高、制氢成本高的缺点，氢气成本一般在 15000 元/t 以上，远高于加氢精制后的车用汽油、柴油的价格。提高制氢装置氢气回收率，降低氢气质量升级成本对炼油厂十分必要。同时，干气制氢副产的大量二氧化碳直接排放，既不利于环境保护，也没有得到充分利用。为解决干气制氢气回收率低的问题，同时为充分利用二氧化碳、减少碳排放，中国石油化工股份有限公司济南分公司提出了在干气制氢装置中增设二氧化碳脱除设施的方案，并取得了良好的效果。

（2）富含氢气的炼厂气的回收利用　炼油厂各装置排放出来的炼厂副产气中有些均含有不同浓度的氢气，这些副产气以往都作为燃料烧掉。随着炼油厂加工工艺的进步，特别是加氢工艺的发展，以及催化重整装置苛刻度的降低，回收利用这些含氢气体对降低炼厂加工成本、降低新建制氢装置的规模及投资均有重要意义。低浓度氢气主要来源为催化重整装置、加氢裂化装置、催化裂化及延迟焦化装置副产的气体，而低浓度氢气回收工艺主要有变压吸附、膜分离和深冷分离三种。由于这些工艺的投资远比新建制氢装置低（可低至 1/10）且操作简单，因此对炼厂具有越来越大的吸引力，以一个 1200 万 t/a 的炼油厂为例，由催化重整装置所得氢气占总产氢量的 20%。由加氢排放气提浓所得氢占总产氢量的 7%，其余 73% 由新建制氢装置提供氢源。

（3）制氢装置不断改进的转化炉　当前，转化炉的方式主要有顶烧炉和侧烧炉，由于制氢装置逐渐大型化，转化炉尺寸的大小变得比较重要。顶烧炉因结构紧凑、火嘴少，更适于大型转化炉使用。在转化炉不断发展的过程中，转化炉管也有了长足的进展，使转化炉出口温度可以达到 920℃。同时，转化炉管的形式也逐渐发展，将猪尾管淘汰，变为集气管。转化炉的参数优化也得到了较好的发展，目前国外设计的大型转化炉的操作参数与国内技术相比表现为"三高一低"。

1）大型制氢装置采用了预转化反应，使转化炉的入口温度提高。这不但优化了转化催化剂的效率，还提高了高温烟气余热的利用率，降低了装置能耗。

2）高空速。与国内制氢转化技术相比，空速大大提高，转化炉空速最高可达 1400 h^{-1} 左右，这样使得催化剂装填量减少，炉管根数减少，减少了装置的投资。

3）高热流通量。热流通量的提高使得转化炉管热强度升高，为转化炉管高碳空速提供了保证。

4）低水碳比。根据经验，转化炉出口温度每升高 10℃，转化气出口残余甲烷含量降低约 0.8%，因此高的炉出口温度能为降低装置水碳比提供可能。由于转化反应总体表现为强吸热反应，温度高有利于烃类原料的转化，因此提高转化炉出口温度可以降低水碳比，稳定转化炉出口处甲烷含量，减少转化炉的热负荷，进而降低转化炉的燃料消耗。

（4）装置余热的利用　制氢专利供应商在流程的设计上更注重能源的利用、流程的优化、产品的要求等。尤其是在余热利用上有长足的发展。

（5）环境保护　烃类蒸气转化制氢装置中三废排放最多的就是废气。每年装置将产生大量的烟气，烟气中 CO_2、NO_x 和 NH_3 含量较高。为了降低其中的氮氧化物和氨气的量，在转化炉设计中采用降低 NO_x 的燃烧器。Topsoe 在转化炉的对流段增设了一个单元，采用一种以 TiO_2 作载体的立方形纤维物催化剂，使氮氧化物含量降至 mL/m^3 水平。此外，转化反应生成的 CO_2 可以制备成高附加值干冰，从而降低了温室气体的排放量。

3. C_4 烷基化生产高辛烷值汽油

随着人们环保意识的增强及相关环保法规的日益严格，汽车尾气造成的空气污染成为人们关注的焦点，因此人们对汽油的质量提出了更高要求。烷基化汽油的研究法辛烷值（RON）可达 93～95，马达法辛烷值可达 91～93，二者差距小；汽油组分中的烯烃、芳烃及硫含量很低，此外烷基化汽油组分的蒸气压低、敏感度好。作为清洁汽油调和组分，基化汽油具有多种优势。

C_4 烷基化是指在酸性催化剂的作用下，以异丁烷为烷基化剂，对各种烯烃（主要是丙烯和丁烯）进行烷基化反应，该反应以生产高辛烷值汽油调和组分为目的。烷基化反应遵循正碳离子链式反应机理。由于异构烷烃中叔碳原子上的氢原子比正构烷烃中伯碳原子上的氢活泼，在反应过程中容易失去一个氢负离子而生成叔丁基正碳离子，该正碳离子起到链传递的功能使烷基化反应顺利进行，因而参与烷基化反应的烷烃必须为异构烃。

最初的烷基化工艺在高温高压（温度为 400～500℃，压强为 17～30MPa）条件下进行，称为热烷基化。该工艺过程裂化反应剧烈、产品质量较差，逐渐被酸催化的催化烷基化过程所取代。早在 1932 年，人们就发现异构烷烃在酸性条件下（$AlCl_3$ +HCl）能与烯烃发生烷基化反应。1938 年，美国亨伯石油炼制公司建成世界上第一套烷基化工业装置，采用硫酸作为催化剂。1942 年，由菲利普石油公司（Phillips Petroleum Co. ）建成世界上第一套氢氟酸法烷基化装置。

我国烷基化的工业化生产起步于 20 世纪 60 年代中期—70 年代初期，随着汽油向低铅和无铅方向发展，以及对高辛烷值汽油的需求量的迅速上升，20 世纪 80 年代以来国内烷基化技术发展较快，生产技术水平有了新的提高。1987 年 9 月，国内第一套氢氟酸烷基化装置（60 kt/a）在天津石化开车成功。近年来，世界烷基化技术又得到了快速发展，除硫酸和氢氟酸烷基化外，固体酸烷基化等新技术也相继成熟，并相继实现工业化生产。

截至目前，绝大部分烷基化油的生产仍然采用传统的硫酸和氢氟酸工艺。液体酸工艺普遍存在设备腐蚀、环境污染严重等问题。氢氟酸是剧毒性物质，且容易挥发，一旦泄漏将给生产环境和周围的生态环境造成严重危害。同时，液体酸化反应在均相条件下进行，工艺上难以实现连续生产且催化剂与原料和产物分离较为困难。反应原料需要增加回收工序，设备投资及运行成本较高。随着环境保护的要求越来越高，开发对环境友好的固体酸烷基化工艺以代替硫酸和氢氟酸已成为烷基化工艺亟待解决的问题。发展固体酸烷基化工艺的关键在于性能优良的固体酸催化剂的开发。在大量科学研究的基础上，固体酸催化剂及其烷基化工艺均取得了较大进展。但目前固体酸催化剂所面临的主要问题是催化剂的寿命较短，选择性低或再生困难。要解决这些问题，需要研发性能优良的新型催化材料，并在设计催化剂时与工程技术开发相结合，开发一种安全、清洁、产品质量优良的固体酸烷基化技术。

4. 混合 C_4 醚化生产甲基叔丁基醚

炼厂混合 C_4 烃主要来源于催化裂化、减黏裂化、焦化及热裂化等装置，其中催化裂化装置是混合 C_4 烃的主要来源，占炼厂 C_4 烃的 60% 以上。催化裂化装置副产 C_4 烃的量一般为装置进料量的 6%～8%（摩尔分数），其产量因催化裂化工艺的裂化深度、催化剂性质而异。表 5-10 列出了典型催化裂化 C_4 烃的相对组成。

表 5-10　典型催化裂化 C_4 烃的相对组成

名称	正丁烷	异丁烷	1-丁烯	2-丁烯	异丁烯	丁二烯
催化裂化 C_4 烃（质量分数）（%）	10	34	13	28	15	<0.1

催化裂化 C_4 烃馏分与裂解 C_4 烃馏分的丁烯含量相近，但丁烷含量较高，且几乎不含丁二烯故可不经分离丁二烯而直接使用。焦化 C_4 烃组成与催化裂化差别较大，其中烷烃的含量高达 65%～75%（摩尔分数），烯烃含量在 30%～36%（摩尔分数）。在丁烯中，1-丁烯、2-丁烯、异丁烯分别约占 C_4 烃的 17%、8% 和 8%（质量分数）。

甲基叔丁基醚（MTBE）是一种优良的高辛烷值汽油添加剂和抗爆剂。它的沸点为 55.2℃，MTBE 在水中溶解度为 1.3%，20℃时在水中的溶解度为 4.3%。MTBE 的需求近来日益增加，其逐渐成为新兴的大吨位石化产品。MTBE 的快速发展主要是由于：

1）具有较高的净辛烷值及调和辛烷值，是生产无铅、高辛烷值、含氧汽油的理想调和组分，MTBE 的马达法辛烷值为 101，研究法辛烷值为 117。

2）可实现混合 C_4 烃类的高效合理利用。

3）MTBE 还是生产多种精细化工产品的重要原料，如可通过裂解生产出高纯度的异丁烯，从而用来进一步生产丁基橡胶或聚异丁烯。

4）MTBE 生产工艺简单、操作条件温和，工程投资少、建设周期短且对设备材质无特殊要求，生产过程对环境污染小。

因 MTBE 具有良好的调和性能及氧含量，故其最大用途还是用作汽油添加剂。从 MTBE 的生产原理来看，其主要是通过甲醇与异丁烯经醚化反应制备得到，因而混合 C_4 烃类可用作生产 MTBE 的原料。

我国有丰富的 C_4 烃资源，而 MTBE 用途广泛，生产工艺简单，且投资少、见效快，因此以 C_4 烃生产 MTBE 的技术还将长足发展。尽管该工艺过程简单，但为降低能耗、提高异丁烯的转化率和减少投资，围绕该工艺过程的技术进步层出不穷。近年来，先后涌现出了生产 MTBE 的组合工艺、混相反应催化蒸馏技术、MTBE 转产异辛烷技术等。

尽管我国经济的发展促进了汽油需求量的持续增加，使得 MTBE 作为汽油添加剂的用量加大，但 MTBE 毕竟是给环境及人类健康带来威胁的物质，例如，可与 NO_x 在阳光下形成臭氧而产生光化学烟雾，对人体呼吸黏膜及呼吸道有刺激作用等。鉴于此，MTBE 作为汽油添加剂受到质疑，美国部分城市已禁止添加 MTBE。我国虽未禁用 MTBE，但在新建或改建 MTBE 生产装置时，应尽量采用 MTBE 联合装置或改造装置的方案，一方面解决能源利用问题，另一方面为 MTBE 在汽油中的禁用提前做好应对措施。未来应大力开发 MTBE 的其他用途，如裂解制取高纯度的异丁烯以用作丁基橡胶的原料，以 MTBE 作为溶剂进行异戊烯、甲酯、苯酚的烷基化。同时应考虑将 MTBE 生产装置改造生产异辛烷或乙基叔丁基醚，制备叔丁醇、叔丁胺、叔丁氧基乙酸等，为其他精细化工提供原料。

5.4　石油低碳化利用的新技术

随着全球能源需求的增长和对碳排放的限制日益严格，石油低碳化利用技术成为能源行业的关键转折点。在这样的背景下，新兴的石油低碳化利用技术的涌现，不仅降低了碳排放，还为石油资源的可持续利用开辟了新的前景。石油的低碳化利用新技术不仅是简单地减少碳足迹，更是推动整个能源行业向更加清洁、高效的方向发展的重要引擎。

5.4.1　CO_2 驱油技术

全球气候变化已对人类社会构成巨大威胁。作为主要温室气体，CO_2 的减排呼声响彻全球。全球 CO_2 排放量逐年攀升，2020 年的 CO_2 排放量高达 315×10^{10} t，且仍在不断增长。随着现代工业的快速发展，温室气体大量排放，导致全球气候逐渐变暖。CO_2 驱油技术能够在提高油田经济效益的同时实现碳封存，促进能源发展与环境保护的有机统一，对推进全球经济社会的可持续发展具有重要意义。CO_2 的捕集和封存能够降低大气中温室气体的含量，其中 CO_2 驱油技术是实现 CO_2 捕集和封存的有效手段之一。对致密油/页岩油开展 CO_2 驱油能够提高原油采收率，实现经济效益和环境保护双赢。随着全球对温室气体排放等生态环境问题的高度重视，CO_2 驱油及封存一体化技术逐渐形成。CO_2 驱油及封存技术是指通过向油藏中注入 CO_2 来提高地层压力、补充地层能量，以提高油田采收率、降低国家在原油方面的对外依存度。与此同时，气驱油后大部分 CO_2 永久封存于地下，达到了碳中和的目的。

1. CO_2 驱油技术原理

CO_2 驱油可根据驱油过程中地层内注入气与原油的状态大致分为两类，即混相驱油与非混相驱油。其中，可根据压力温度影响下两相接触的方式不同，将混相驱油细分为一次接触混相驱油和多次接触混相驱油。

（1） CO_2 混相驱油　CO_2 注入地层后作为动力对地下流体进行驱替时，两种流体充分接触后产生互溶现象，界面张力逐渐减小，气液分界面逐渐模糊，形成相过渡带。随着两相混合程度的加深，混合两相状态的过渡带面积越来越大，当地层条件和原油组分满足混相驱油条件时，最终从两相状态变为混相状态。微观角度分析，理论上可以完全驱替。此范围内注入气与原油反复接触，此时储层岩石的毛细管力小到忽略不计，毛细管力对混相后原油的流动基本不产生影响。生产经验表明，混相过程中，注入气会溶入原油中，而另一部分则会对地层原油产生轻质烃的抽提作用。

在 CO_2 混相驱油技术中，一次接触混相驱油是将指定的 CO_2 气体注入地层，使注入气与地层内原油发生物理反应，一段时间后地层内流体将达到气液平衡的混相状态，经组分交换后的 CO_2 与原油基本相溶，发生反应后的储层表现为一种稳定的气液混合物。在这种混相方式中，CO_2 不会与地层中的原油发生化学反应，对原油内的组分组成影响不大，混相带内的化合物组成成分基本不发生改变。多次接触混相驱油是指在合适的混相条件下，CO_2 在注入后与地层中的原油充分混合，发生多次物理化学反应，通过这种方式也能形成混相，即 CO_2 对原油的抽提作用程度与油层温度、注入压力有关。在一定程度内增大注入压力，会使两相间的反应更加剧烈，混相状态更好，孔隙中的残余油含量变小，驱替效果与原油采收率都有所提高。

（2） CO_2 非混相驱油　当 CO_2 在地层条件下驱替原油时，在保持地层的压力值基本不变的前提下不断向地层中注入 CO_2。这种驱替方法无法产生混相状态，界面张力始终存在，原油与注入气呈现明显的两相状态。相比于注水法驱油（简称水驱），注气法驱油的优势在于起始条件更低、注入效果更好、适用油藏范围更广。CO_2 非混相驱油适用于水驱开发中后期的油藏、低渗透及特低渗透油藏、天然能量不足以维持油田开采的油藏和含重质烃的稠油、重油油藏等，常规开发方法难以开采，甚至不能开采的油藏。生产经验表明，CO_2 非混相驱油是一种适用于多种类型油藏且驱替效果良好的三次采油方法，它的驱替机理主要是 CO_2 可与地层水相溶，达到了降低原油黏度、增加流度比，减少残余油饱和度的效果。另外，CO_2 溶于水后形成的酸性混合物和碳酸氢盐可以稳定储层岩石中的黏土矿物及碳酸盐地层，减少储层的水敏伤害，改善渗透率，从而提高驱油效率。CO_2 非混相驱油与 CO_2 混相驱油的最大不同是前者基本保持两相状态，两相界面明显，整个驱替部分分为上下两层，相比于混相驱相，突破时间早，提高采收率效果也不及混相驱油效果好。CO_2 混相驱油适用于油田区块内的小范围内的部分井区应用，比较有针对性，而 CO_2 非混相驱油可以作为一种整体的强化采油工艺技术运用于整个油田。经一些先导试验证明，运用混相驱油方法，注入地层的 CO_2 气体体积与 CO_2 驱出油体积的比例为 600：1，非混相驱油中的 CO_2 由于具备循环使用的功能，此比例仅为 140:1。理论分析可知，CO_2 混相驱油的驱替效率远高于非混相驱油，但在油田实际生产中，适用非混相驱油开采的储层数量比混相驱油更多，非混相驱油的现场操作难度更小、应用面更广，并且在后期 CO_2 废气的就地封存处理方面的技术也比混相驱油的更加成熟。同时，在驱替过程中，两相接触面积较大，窜流现象更少发生。因此，在实际的油田开发中，相比于 CO_2 混相驱油，CO_2 非混相驱油具有更大的实践意义。

2. 国内外 CO_2 驱油技术应用发展历程

（1）国外 CO_2 驱油技术发展历程　1920 年，国外专家提出了向储层中注入 CO_2 能够提高原油采收率的设想，并开始从理论层面进行论证，经过多年的研究试验，经历了理论假设、试验论证、矿场试验和生产应用等多个关键步骤，截至目前，相关技术和配套设施都已经十分成熟。

20 世纪 30 年代，美国开始了关于 CO_2 驱油技术的理论研究，并由美国大西洋炼油公司（TAT）于 1952 年获得了首个 CO_2 驱油专利。美国 Chevron 公司在理论研究与计算的基础上将其运用于指定油田区块，成为世界上第一个将 CO_2 驱油技术运用于规模性商业开采的石油公司。这一时期，美国各石油公司大量开展注 CO_2 提高采收率的理论与试验工作，并在 Texas 州西部的二叠纪盆地和 New Mexico 州东部开展了相关现场试验，为日后 CO_2 驱油技术在美国甚至全世界的广泛开展提供了可靠的理论依据、积累了丰富的生产经验。20 世纪中叶，苏联开始对注 CO_2 提高采收率技术方面的室内试验，通过多年的理论研究和工业试验，创新性地提出了 CO_2 段塞驱油技术，并利用数学模拟法计算出 CO_2 与水的最佳注入段塞比例为 1:1~1:3。在综合考虑施工技术、经济效益，并参考目标油田的具体情况进行优化设计，最终确定注入 CO_2 段塞体积为 12%~30%（体积分数）。在大量理论研究的基础上于 1967 年在图依马津和科兹洛夫油田进行矿场试验，现场驱油效果显著，试验区块的累计采收率增加了 0.4%~13%。20 世纪 80 年代，CO_2 驱油开始在美国国内受到重视，美国各大油田开始了针对 CO_2 的大规模开发，如 Mk Elmo Domo、Sheep Mountain 等多个 CO_2 气田，同时注重 CO_2 气体与采油区块的生产联系，CO_2 驱油技术相关的设备设施也得到了发展，在这一时段建设了连接 CO_2 气田和各个油田区块的输气管线。经过这一时期的蓬勃发展，CO_2 驱油技术逐渐走向成熟，并因其驱替效率高、适用油藏种类多、对储层损伤小等优点开始受到各国油田的青睐，使用该项技术的国家从美国逐渐扩大至北美、欧亚等地区。1998 年，加拿大 Weyburn 油田在进行充分的试验研究后，开始在油区内实施 CO_2 混相驱油采油技术，规模巨大，投资高达 11 亿美元，项目计划共注入 $23×10^6$t CO_2。该区块的生产资料表明，相比注 CO_2 驱油前的水驱技术，采用 CO_2 驱油技术后的采收率增幅显著，增加了 35%。此外，CO_2 驱油也更适于长期开采，在保证采收率的前提下，预计生产年限将延长 10~20 年。

21 世纪初，俄罗斯《石油业》杂志指出，低渗透油藏应用 CO_2 驱油具有广阔前景。在该时期，加拿大 Encana 公司开展了针对加拿大国内油藏特征的 CO_2 驱油采收试验研究与配套技术创新研究。在保证 CO_2 驱油提高采收率的同时，突破性地加入了地质封存技术。该技术能够将 CO_2 的注入与气体处理一体化，大大提高了工作效率、减小了后期工程的工作量。加拿大 Encana 公司对于 CO_2 驱油技术的应用已扩大至全加拿大 62% 的油田区块，产量也呈逐年增加的趋势，原油产量相比使用传统增产技术前增加了 6 成。21 世纪以来，全世界对石油能源的需求逐年增长，温室效应、气候变暖等问题也日益严重。2008 年，阿联酋宣布投资 20 亿~30 亿美元，用于建设和发展 CO_2 驱油的油田配套工艺与设备，在利用 CO_2 驱油提高原油产量的同时做好 CO_2 气体的收集工作，合理处理 CO_2 废气，对开采天然气过程中产生的 CO_2 进行处理与再利用，净化达标后作为 CO_2 注入气应用于指定油藏的驱油过程中，在保证原油产量的基础上减少 CO_2 排放量，减缓温室效应。

在应用 CO_2 驱油的国家里，美国进行理论研究的时间最长，相应的技术与生产经验最多，是目前进行的 CO_2 驱油项目中占比最多的国家。截至 2014 年年底，美国开展的 CO_2 驱油技术的项目总数高达 136 个，而全球使用该技术的项目共 148 个，美国的占比 9 成以上，无疑是 CO_2 驱油技术使用率最高的国家。研究美国各油田近 5 年的开发项目与产油量数据发现，采用化学驱油和热力采油等方式的项目逐年减少，越来越多的项目选择 CO_2 驱油提高采收率，美国使用率最高的强化采油技术（Enhanced Oil Recovery，EOR）技术已经从过去的蒸汽驱油改变为 CO_2 驱油。从地理位置上分析，CO_2 驱油的主要应用范围是二叠纪盆地，位于二叠纪盆地的 CO_2 驱油项目占全美地区 CO_2 驱油项目的 56%；除此之外，部分墨西哥湾地区及落基山东部地区也应了 CO_2 驱油技术。

CO_2 驱油已成为国外提高驱油效率的主要技术，根据美国《油气杂志》的相关内容，2016 年，在全球因进行二次采油、三次采油而达到提高采收率目的的项目里，共获得的原油总产量为 $8.089 \times 10^7 t/a$，其中实施 CO_2 驱油技术产出的原油约为 1537 万 t。分析对比美国近 5 年的 CO_2 驱替项目，无论是项目数量还是 EOR 效果，混相驱油均高于非混相驱油，前者采收率约提高 10%，后者约提高 8%。另外，数量众多的 CO_2 驱油项目也使得采油现场及各油区之间的配套设施得到了建设与完善，全美共敷设 CO_2 输送管线 5800 km。油田 CO_2 气体供应量日均达 $1.87 \times 10^6 t$，经 CO_2 驱油技术进行驱替的油田日产油量为 $4.10116 \times 10^4 t$，CO_2 驱油累积生产原油高达 $2.73 \times 10^9 t$。从项目数量的角度，在世界范围内的 329 个 EOR 项目中，应用 CO_2 驱油的项目数量为 128 项，所占比例高达 38.9%。

（2）国内 CO_2 驱油技术发展历程　1960 年，国内进行小范围 CO_2 驱油试验，开启我国采用气体作为驱油动力增产的时代。至今，国内多个油田都已经进行过 CO_2 驱油试验，在积累了很多现场施工经验的同时取得了显著的增产效果。对于 CO_2 驱油的不断深入研究，我国注 CO_2 驱油技术逐渐从实验室的理论研究与小范围试验走向油田的工业性应用。1989 年，大庆油田的两个区块（北二区、北一区东部）利用 CO_2 非混相驱油技术进行采油，在 1994 年通过生产数据分析发现采取注气驱后原油采收率增加近 10%。由于大庆油田采用注气驱取得的良好经济性收益，1998—2010 年，中国石化在江苏油田、中原油田、胜利油田陆续开展了注气驱的矿场试验，根据各油区特性选择气体种类包括天然气、CO_2 等，以及气体与其他驱替方法混合的复合型驱替技术，采收率均有所提升。1998 年，长庆油田将靖安地区作为试验区块进行注气驱油试验，这也是国内首次利用注气对特低渗油田进行开采，试验在保持地层压力稳定不变的前提下实施注干气驱油，开采见效周期在 10 个月以内。几乎在同时，我国第一次利用注伴生气（水气交替混相驱油）采油技术在吐哈葡北挥发性油田取得巨大成就——累计增产 $1.536 \times 10^5 m^3$，此外江苏油田根据其复杂的地质条件，针对断块油

藏采用 CO_2 驱油进行开采，注入方式为水气交替的方法，矿场试验两年后，通过现场生产数据分析发现采收率提高了 4%，原油增产 5218t，同时综合含水下降 30.1%。21 世纪初，牙哈 2—3 凝析气藏部分生产井受到严重气窜影响，几乎废弃，后经改造后转变为注气井，为该块油藏日后注气驱油做好准备。2006 年，中原油田在异常高压油藏、断块油藏分别进行了注天然气驱油试验和空气泡沫驱油先导试验，并取得了显著的增产效果，在异常高压油藏原油产量增加 2.5×10^4t，另一个断块油藏日平均产量增加 6.9t，采收率提高 3.94%。

2005—2010 年中石油集团公司组建专家小组与科研团队，在 20 世纪我国 CO_2 驱油技术的基础上，重点针对 CO_2 驱油在陆相油藏中的增产效果进行研究，随后在大庆油田、吉林油田选取了两个典型的陆相油藏区块进行 CO_2 驱油（交替注入 CO_2、水）现场试验。结果证明 CO_2 驱油增产效果显著，无论是采油速度还是原油的采收率均有不同幅度的增加。此外，2011 年，延长油矿唐 80 区块进行注空气泡沫驱油调驱试验，该区油藏物性较差，孔隙度、渗透率等都比较小，在经过现场试验后，日产油量平均增加 50%，综合含水率下降 20.50%，增产效果极为显著。2013 年，胜利油田在 CO_2 驱油技术上取得巨大突破——自主研发了 CCUS 技术。目前该技术已经在现场进行大规模应用，原油产量增加约 1.92×10^9t。2014 年，塔里木东河塘高倾角油田利用注天然气顶部重力混相驱油技术，开发效果较注气前提高 23.25%。

3. CO_2 驱油技术存在的问题

（1）井筒腐蚀问题　向井下注入 CO_2 会对管柱造成不可逆转的腐蚀伤害（如管柱穿孔、变形、断落等），导致生产中断。

（2）重质组分沉积　在 CO_2 驱替过程中，由于轻质组分的抽提，且轻质组分更易于流动，导致固相沉积，进而影响储层的渗流能力和流体的可动用性。

（3）气窜　气体在储层中的流动能力远远大于油、水，相较于注水开发，注气开发的井间干扰程度非常大，一旦出现气窜，很难继续提高采收率。

（4）油藏饱和度计算问题　驱油作业过程中，基于西格玛的 CO_2 饱和度测算方法具有较高的不确定性，传统的碳氧测井含油饱和度也会受到油相中混相 CO_2 的影响，难以获取油气饱和度分布。此外，孔隙度是饱和度和体积计算的关键部分，为准确计算饱和度，必须测量酸处理所增加的孔隙度。

（5）经济有效性问题　CO_2 驱油技术受气源和 CO_2 气体自身属性的限制，成本太高，难以通过经济评价。油田大多远离城市，而大部分 CO_2 排放源靠近城市，高额的集输成本限制了 CO_2 驱油及封存技术的发展。

（6）安全性问题　CO_2 注入地层后会使储层物性发生变化，从而产生一系列的连锁反应，导致不稳定因素增加。除此之外，CO_2 的腐蚀作用可能会带来地震灾害。

5.4.2　石油的低碳化利用技术

1. 炼化一体化

当前我国炼油企业结构性过剩现象严重，成品油价格常态倒挂，乙烯产能大规模增加，芳烃单装置规模化，炼油化工市场竞争激烈，市场严峻局面凸显。为灵活应对外部市场环境和内部经营的各种变化和挑战，炼化企业追求规模化发展，以摊薄成本。规模化炼厂积极优化生产线路及产品结构，力求原料加工整体效益最大化、产品结构流程最优化，从而实现企业整体效益最大化。一体化是指集上游炼油厂到下游化工厂的产品生产、出厂于一体化，其核心是实现工厂流程和总体布局的整体化与最优化。规模化炼厂形成一体化的同时，加强节能减排投入，提升整体盈利能力，为适应气候变化和保护生态环境，推动绿色转型成为必需。

炼化一体化通过常减压蒸馏、加氢裂化、轻烃回收、芳烃联合等多套装置的整体化布局和"分子炼油"理念的落地，最大限度地提高石油资源的利用效率。炼化一体化不仅能够降低投资和生产成本、提高石油资源的利用效率，而且生产灵活性大，能够适应市场油品和石化产品变化的需求，并获取更多利润。相比于传统的燃料型炼厂，具备产品多样性的炼化一体化工厂盈利能力随着化工，甚至精细化工的叠加而相应增加，投资回收期最多可缩短 2 年左右。更重要的是，炼化一体化赋予了炼厂极大的加工灵活性和高端产品延展性。为推动产业结构优化升级，国家积极鼓励民营和外资企业参与重组改造，新兴民营炼化登上历史舞台。与传统地方性炼油厂以生产汽柴油为主不同，类似于浙石化这类长期扎根于下游聚酯化纤行业的新兴民营炼化为了自下而上打通产业链全流程，实现原料自给，投产项目选择了最大化生产化工原料，进一步发展出了炼油芳烃、炼油乙烯芳烃、炼油发电蒸汽等多种一体化模式。这样的一体化无疑已成为炼油的发展方向，炼化一体化程度高，更符合产业升级的发展方向。

石油炼化是典型的加工制造业，处于国民经济中游制造环节，主要产品为标准化大宗商品，年产量均在千万吨以上。在工艺流程相同的情况下，1000 万 t/a 炼厂的单吨完全操作成本比 500 万 t/a 炼厂要低 10% 左右。在产能面临全面过剩、收入端溢价空间有限的情况下，装置规模大型化在成本端的摊薄作用对炼厂的市场竞争力至关重要，甚至是炼厂生存发展的首要条件，规模化成为生存的首要条件，千万吨级加工能力已成为进入石化行业的"入场券"。现阶段炼化行业将面临全面过剩的局面，叠加国家推动碳达峰的政策背景，石油炼化行业的竞争主体愈发多元，炼厂面临更为激烈的竞争，石油炼化已经走到调整升级、格局重塑的关键节点。小型（500 万 t/a 以下）炼厂在降低成本、向下游发展、整合资源等方面无法与规模化炼厂比较，已成为淘汰的主体。中型炼厂初步具备整合资源、组织出百万吨级乙烯或芳烃装置原料的条件，优先考虑炼油+烯烃一体化发展。大型炼厂则具有较好的一体化优化条件，应发挥资源规模化利用优势，向炼油+烯烃+芳烃一体化发展。

2. 构建新型高效炼化工业能源系统

国内炼化工业尚处于发展中期，依靠劳动力成本优势、代加工模式和资源驱动型方式所形成的产业链，存在排放多、能耗高和供给侧结构性矛盾显著等问题，高端产品产能不足与核心技术不够领先的短板明显。"双碳"目标下，炼化工业的绿色低碳转型升级刻不容缓。在新能源产业快速发展和电化工/电供能技术的引领下，中国炼化工业绿色低碳转型的本质是传统工艺过程改进革新中的再电气化，辅以减碳负碳技术，其中的"电"主要是光伏风电或核电，即"绿电"；"气"主要是绿电电解水制氢气，即"绿氢"。炼化工业绿色低碳转型思路的概念化框架如图 5-18 所示。

（1）零碳能源耦合　新能源产业飞速发展的同时，已衍生出光伏风电富余而导致的负

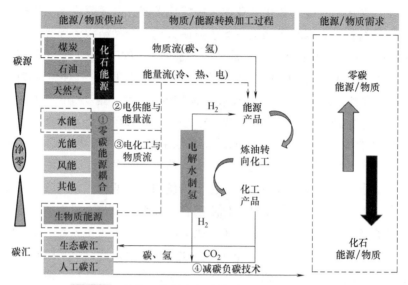

图 5-18　炼化工业绿色低碳转型思路的概念化框架

电价现象，众多企业也已开始布局可再生能源氢能供应链和产业体系，实现电氢耦合协调推进优化源-网-荷-储体系。政策引导和地理区域优势使得绿电成本快速下降，为零碳能源耦合炼化工业实现绿色低碳转型创造了有利条件。国内光伏风电组件成本的下降和负电价现状表明，经济性层面零碳能源与炼化工业耦合的时机已来临，而技术可行性上取决于电化工/电供能技术的成熟度。此外，生物质是天然的零碳排放能源，在炼化工业绿色低碳转型中是不容忽视的能源类型。生物质能源的开发利用由来已久，区域发展与生物能源产业协调发展的思路不断更新。美国埃克森美孚公司聚焦于藻类、玉米秸秆、柳枝稷以及垃圾填埋场微生物等材料，从生物质中得到甲烷并生产先进生物燃料。壳牌（Shell）也在全球布局生物燃料生产与研发，如生物柴油、生物乙醇、可再生压缩天然气等。中国石油大学（北京）徐春明院士团队已完成村镇固体废弃物干发酵技术研发，主要用于生产生物天然气、绿氢和生物航油供发电和供热，固体沼渣则用来作肥料，实现了固废的高值化利用。

（2）电供能与能量流　传统的炼化工业以常减压→催化裂化→蒸汽裂解为主线，采用加热炉+冷热电联供（Combined Cold, Heat and Power, CCHP）的能源系统供能，实现原油至产品的加工转换，能量则遵循化学能→热能/电能→化学能/废热的基本规律。炼化工业中各装置物料加工的目的虽有不同，但能量的利用存在共性，即高品位的能量逐级利用，除部分以化学能的形式进入产品外，其余则最终以废热形式排弃耗散。无论采用何种类型的能源供能，能效提升始终是一项不可或缺的手段。20世纪70年代能源危机爆发以来，相关能效提升技术的研究热度居高不下，相关研究成果大量涌现，总体可归纳概括为：

1）大范围内集成功/热交换网络，集成应用实施热泵、制冷和发电等多类型技术，采用热电联产、园区及区域供热等集成策略，实现热量的高效回收利用。

2）针对炼化工业热能需求的特点，利用蒸汽再压缩及热泵循环技术供能，可节约15%～20%的能量。

3）设备和过程强化，如采用微型反应器、整体反应器和旋转圆盘反应器等。

碳减排目标新形势下，炼化工业绿色低碳转型秉持"节流"理念的同时，更应注重"开源"策略。以分离提纯为例，化学混合物分离提纯所涉及的过程（如蒸馏）的能源消耗约占世界能源消耗的 10%～15%。若分离提纯过程使用零碳能源供能，每年可减少 40 亿美元运行费用及 1 亿 t 碳排放。"开源"策略主要体现为绿电直接供能和电子燃料（eSAF，如绿氢、绿甲醇等）替代煤、石油和天然气。电磁感应、等离子体、介电加热及机械热泵等电供能技术，属于绿电直接供能。电供能技术以能级最高的电能为驱动，提供物料转化过程所需的各类型能量，该类技术应用的前提是绿电供应。从能级角度分析，绿电直接替代CCHP 系统供电，驱动压缩机、空分和泵设备，具有最直观的节能降碳效益。绿电转化为热能过程本身就有能量的损耗，但绿电热转换过程中的㶲损耗并非无谓的浪费，而是具有以下两方面的价值：

1）绿电供能直接减少化石燃料产生的碳排放。

2）损耗相较于燃料的燃烧（800～1200℃）供能过程并不明显，但能加速动力学层面的传热速率，利于生产设备的集中化、小型化和离散化。

国内外相关政府、企业及科研院所正积极部署实践。例如，日本和欧洲等国大力开发绿电驱动热泵取代工业锅炉、强化废热利用和能源高效转换等技术。eSAF 替代燃料方面，DOW 化学公司和美国西南研究院（SwRI）就"氢气燃烧与节能乙烯生产集成"开展合作，将所开发的集成流化床氢气燃烧技术用于取代传统的蒸汽裂解技术，可实现高达 75%～80%的碳减排。

（3）电化工与物质流　依据原料性质和产品需求，优化设计适应性强的加工路线，研发高活性和稳定性的催化剂，强化物料加工过程的时空效率是降低生产过程能耗和碳排的普遍且有效的举措。例如，林德（Linde）公司研发的 EDHOX 乙烷氧化脱氢生产乙烯技术，有效减少能耗和碳排放。DOW 化学公司和 Linde 公司于 2023 年建设净零碳排放乙烯裂解装置和衍生品工厂开展合作，建设世界级规模的空分和自热重整综合体，预计将为全球乙烯产能实现 20% 脱碳。

创新性地耦合电化工电解水制氢技术，将绿电能量流赋予 H_2、CO_2 及 N_2 等物质流，生产绿色化学品或替代化石燃料供应，是更具颠覆性的节能降碳思路。炼化工业约 60% 的氢来自化石燃料制灰氢，利用电解水制氢取代传统化石燃料制氢，可大幅减少化石能源利用和 CO_2 排放。Shell 在莱茵能源化工园区炼油厂，集成绿氢技术生产低碳燃料，预计到 2030年可将传统燃料减少 55%，在荷兰鹿特丹也建设相关设施，用于取代灰氢生产低碳汽油、柴油和航空燃料。英国石油公司（BP）于 2023 年在西班牙瓦伦西亚利用绿氢支持炼油厂转型脱碳，可将生物燃料产量提高两倍。中国石油大学（北京）徐春明院士团队与合成氨尿素头部企业泸天化集团签署战略合作协议，在宁夏宁东开展绿氢合成绿氨、绿甲醇和绿尿素装置的重构和技术开发及示范；更进一步地，提出电供能重构传统蒸汽裂解的电烯氢技术，通过传统蒸汽裂解技术的再电气化，开发出利用感应加热供能的炼化一体化电烯氢技术。将乙烷、LPG、芳烃、石脑油和石油等原料蒸汽裂解生产三烯三苯等化学品的同时，利用置换出的干气通过干重整生产合成气，为炼化企业减排降耗提供有力支撑，该技术目前已进入工业示范化阶段。DOW 化学公司和 Shell 在 2020 年才签署联合开发协议，布局电加热蒸汽裂解炉加速乙烯蒸汽裂解流程低碳化技术，BASF、沙特基础工业公司（SABIC）和 Linde 公司也于 2021 年签署同的合作协议，项目于 2023 年启动。

（4）减碳负碳技术　炼化工业、电化工电供能技术及零碳能源的耦合集成，初步实现物质流与能量流的关联，客观规律表明，物质世界主要由碳、氢和氧 3 种元素组成，引入以 CO_2 为碳基的减碳负碳技术（CCUS），通过 CO_2 捕集，将其与绿氢生产合成气（CO 和 H_2）、甲醇、尿素或其他高附加值低碳化学品，是炼化工业乃至全部行业低碳转型发展的最终保障。

炼化工业与 CCUS 技术耦合，实现低碳化应用，有以下几个方面：

1）CO_2 与含氢资源重整，利用捕集的 CO_2 与电解水制氢、甲烷和水耦合，用以制合成气生产低碳燃料、甲醇、尿素、生物航油、乙烯、丙烯、聚乙烯和聚丙烯等低碳化学品，实现 CO_2 的高值化利用。

2）生物质转化，利用藻类捕集生产过程中的 CO_2 转化为高工业价值的脂类，再利用脂类生产绿色产品，如生物燃料、燃料添加剂、润滑剂、表面活性剂和生物复合材料等。

3）燃料电池耦合，该技术易整合进现有生产工艺，在电力产生和热能供应的同时，实现 CO_2 的高效捕集与浓缩，大幅提高能源利用效率，减少碳排放。

4）除以上方式外，捕集的 CO_2 经处理后，还可用于碳酸饮料、酸中和剂和杀虫剂等其他用途。

炼化工业与 CCUS 技术耦合，还存在其他方面的应用：

1）提高采收率（EOR），与油气田结合，利用 CO_2 注入枯竭的油气藏用以驱油驱气，延长油气田的开采周期，是目前经济且广泛的 CO_2 利用途径。

2）油气及盐水储层封存，利用盐水储层和枯竭的油气储层是理想的 CO_2 储存方式，还可转换为永久的 CO_2 储存地点。

3）矿物碳酸化，将捕集的 CO_2 注入富含碱性矿物的地下，就地与含钙或含镁矿物发生化学反应，生成稳定的碳酸盐。

4）生物存储，通过在化工厂周围大量种植树木或培养藻类，也是一种生态友好型碳捕集与封存策略，但目前工业中大规模实施还需要更多资源消耗和环境影响评估。

第6章
天然气资源及开采与利用

尽管新能源（如风能、太阳能等）在利用过程中几乎不排放温室气体，对环境影响较小，并且在未来有望逐步替代化石能源，但随着全球经济的发展和人口的增长，能源需求持续上升，当前的新能源产能还不足以完全满足全球庞大的能源需求，仍需要依赖化石能源，来确保能源供应的稳定和充足。当前化石能源在全球能源结构中占比83%。

天然气作为一种高碳资源，尽管在燃烧过程中会产生温室气体，但其组成简单，相比煤和石油具有更高的氢碳比，大气污染物排放量和温室气体排放量相对煤和石油都少得多。例如，天然气相对煤炭发电可减排二氧化碳45%～55%；同时，作为气体能源，天然气含有的硫很容易被洗脱。

此外，天然气作为过渡能源，有助于平滑从高碳能源向低碳或无碳能源过渡。因此，各国都在大力发展天然气，以促进其在能源体系中的广泛应用，减少对单一能源的依赖，实现经济增长与环境保护。在此背景下，天然气资源的开发利用极为重要，本章将对天然气的形成与分布、开采与净化及能源和化工利用等内容进行介绍。

6.1 天然气的形成与分布

6.1.1 天然气的形成

天然气主要由深埋在地下的有机质经过厌氧菌分解、热分解、聚合加氢等过程而形成。在缺氧的条件下，随沉积物一同沉积的有机质被保存下来。随着后续沉积物的不断积累，有机质的埋藏深度不断增加。与此同时，有机质所承受的温度、压力也不断增加。当温度、压力达到一定限度时，有机质在细菌的催化作用下逐渐转化成天然气和石油。整个变化过程分为生物催化、热降解、热裂解几个阶段。

（1）生物催化阶段　开始，有机质在厌氧菌作用下发生分解，部分有机质被完全分解成二氧化碳、甲烷、氨、硫化氢、水等简单分子；部分有机质被选择分解为较小的生物化学单体，如苯酚、氨基酸、单糖、脂肪酸。上述分解产物之间又相互作用，形成较复杂的高分子固态化合物。

（2）热降解阶段　随着埋藏深度的进一步增加，温度和压力也不断升高，生物催化阶段形成的高分子固态化合物进一步发生热降解和聚合加氢等作用，转化生成气态烃类（天然气）和液态烃类（石油）。

（3）热裂解阶段　随着埋藏深度的进一步增加，温度和压力进一步升高，催化分解和热降解的生成物发生较强烈的热分解反应，即高分子烃分解成低分子烃，液态烃裂解为气态烃，最终形成以甲烷为主的天然气。

天然气在地层中形成后，会向相邻的空隙丰富和渗透性好的岩层转移。在地层应力、水动力和自身浮力的作用下由底层向高层移动，遇到有遮挡条件的地方停止转移，聚集形成天然气藏。天然气的成因不仅与石油生成相关联，在地壳形成煤田的过程中，沉积的有机质也会发生类似的过程，在煤层中也会形成甲烷含量较低的天然气，又称为"瓦斯"。

6.1.2　天然气的储存状态

天然气依其成因和储存状态可分为常规天然气和非常规天然气，常规天然气是指有机成因气；它按所处热演化阶段不同可分为生物化学气和热解化学气；按成烃母质不同，分为石油水演化系列的油成气和煤演化系列的煤成气，包括单一相态气藏气、油藏溶解气。非常规天然气为当前科学技术、经济不具备开发条件的资源，包括致密岩石气、煤层气、水溶性天然气、天然气水合物和深层气等。

（1）致密岩石气　在产气层段内，其平均渗透率小于 0.1mD（毫达西，$1D = 0.987\mu m^2$）的储集层，或者产量低于美国联邦能源监管委员会（FERC）规定的各深度层段的产量。

（2）煤层气　煤层气又称煤层甲烷气，俗称"瓦斯"，是一种储存在煤层的微空隙中，基本上未移出生气母岩的天然气，属于典型的自生自储式非常规天然气藏。由于煤层一般致密、透气性差、吸附性强，不易解析出气体，在适当的地质条件下也可形成工业性气藏。

（3）水溶性天然气　水溶性天然气是指溶于地下卤水的天然气，储集层为海相或潟湖相。伴生的卤水可含有较多的碘化物。水溶性天然气藏在日本开采最多，历史最长。

（4）天然气水合物　天然气水合物又称笼形包合物，它是在一定的条件（合适的温度、压力、气体饱和度、水的盐度、pH值等）下由水和天然气组成的类似冰状的非化学计量的笼形结晶化合物，遇火可燃烧。形成天然气水合物的主要气体为甲烷，甲烷分子含量超过99%的天然气水合物称为甲烷水合物（Methane Hydrate）。天然气水合物多呈白色或淡灰色晶体，外貌似冰雪，也称"可燃冰"。天然气水合物在自然界广泛分布，在大陆和岛屿的斜坡地带大陆边缘的隆起处、大陆架及海洋和一些内陆湖的深水环境中都可存在。在我国标准（20℃，0.101325MPa）下，一单位体积的天然气水合物分解最多可产生164单位体积的甲烷气体，因而它是一种重要的潜在资源。

（5）深层气　深层气又称"深源无机成因气"，是指4500m或者更深的地层（地壳深部和上地幔）的非生物成因天然气。

6.1.3　天然气资源和分布

随着经济和科技的发展，化石能源发展由低效走向高效，由高碳走向低碳。能源替代将是长期以化石能源为主体和新能源快速发展的过渡。作为最清洁的化石能源，天然气以其常规和非常规巨大资源和高储采比成为化石能源发展的重要阶段，使化石能源向新能源过渡，将在未来全球能源发展中发挥支柱作用。

世界天然气资源储量极为丰富。全球天然气产量主要集中在北美、中亚、中东及亚太地区。按地区看，北美地区产量主要集中在美国，2021 年天然气产量为 9.342 千亿 m^3，占比为 82.3%；中亚地区产量主要集中在俄罗斯，2021 年天然气产量为 7.017 千亿 m^3，占比为 78.3%；中东地区产量主要集中在伊朗、卡塔尔及沙特等国家，2021 年天然气产量分别为 2.567 千亿 m^3、1.770 千亿 m^3 及 1.173 千亿 m^3，占比分别为 35.9%、24.8% 及 16.4%；亚太地区产量主要分布在中国、澳大利亚和马来西亚，2021 年天然气产量分别为 2.092 千亿 m^3、1.472 千亿 m^3 及 0.742 千亿 m^3，占比分别为 31.3%、22.0% 及 11.1%。

2022 年，世界天然气产量为 4.04 万亿 m^3，全球新发现气田 92 个，新增储量为 1.23 万亿 m^3，均高于 2021 年水平，世界天然气剩余探明可采储量为 193 万亿 m^3。

应对气候变化，客观上要求大幅减少煤炭消费直至退出。但考虑到可再生资源出力具有随机性、间歇性和波动性的特点，在较长时间内全球能源转型都将需要天然气提供支撑。而且许多国家和地区都拥有丰富的天然气储量，这种资源的广泛分布确保了其供应的稳定性，为低碳化利用提供了坚实的基础。

6.1.4　我国天然气资源概况

我国天然气资源丰富，勘探开发程度低，发展潜力大。由于我国沉积岩分布面积广，陆相盆地多，形成了优越的多种天然气储藏的地质条件。我国拥有 373 个沉积盆地，总面积达 670 万 km^2，其中陆上 354 个盆地，面积 480 万 km^2；海域内有 19 个盆地，面积为 190 万 km^2。其中 10 万 km^2 以上的盆地有 10 个，总面积达到 230 万 km^2。天然气探明储量集中在 10 个大型盆地，依次为：渤海湾盆地、四川盆地、松辽盆地、准噶尔盆地、莺歌海—琼东南盆地、柴达木盆地、吐鲁藩—哈密盆地、塔里木盆地、渤海—华北盆地、鄂尔多斯盆地。其中，四川盆地是中国天然气生产的主力地区；而鄂尔多斯盆地的天然气勘探范围也越扩越大，探明储量年年剧增。同时，我国还具有主要富集于华北地区非常规的煤层气远景资源。在我国 960 万 km^2 的土地和 300 多万 km^2 的领海及专属经济区海域下，蕴藏着十分丰富的天然气资源。

截至 2020 年年底，我国天然气探明可采储量为 8.4 万亿 m^3，主要分布于塔里木、四川、鄂尔多斯、东海陆架及南海北部海域。根据《中国天然气发展报告（2022）》，2021 年我国天然气新增探明地质储量为 1.628 千亿 m^3，其中常规气（含致密气）、页岩气、煤层气新增探明地质储量分别达到 8.051 千亿 m^3、7.454 千亿 m^3 和 0.779 千亿 m^3。2022 年，天然气勘探开发在陆上超深层、深水、页岩气、煤层气等领域取得重大突破。其中，在琼东南盆地发现南海首个深水深层大型天然气田；页岩气在四川盆地寒武系新地层的勘探取得重大突破，开辟了规模增储新阵地，威荣等深层页岩气田开发全面铺开；鄂尔多斯盆地东缘大宁—吉县区块深层煤层气开发先导试验成功实施。

目前，我国已建成鄂尔多斯、塔里木、四川、海域四大天然气生产基地。中国石油天然气产量由 2000 年的 183 亿 m³ 上升到 2022 年的 1453 亿 m³，占全国天然气产量的 66.05%。目前，中国石油天然气集团有限公司已建成 1 个 500 亿 m³ 的超级气区——长庆气区和 2 个 300 亿 m³ 以上的大气区—西南、塔里木气区。2022 年，长庆苏里格气田产量达到 305.6 亿 m³，成为我国仅有的单个气田年产量超过 300 亿 m³ 的超级气田，并迈入世界十大超大型气田行列。

我国天然气资源主要集中在西部地区，经济发达的中东部地区天然气资源相对匮乏，因此天然气管道建设成为我国天然气应用与发展的重要推动力。20 世纪 60 年代，我国建立了第一条输气管道巴渝线；2010 年 10 月，我国首条跨国天然气管道——中亚天然气管道实现双线投产；2013 年 6 月，中缅天然气管道全面竣工，中东、非洲、缅甸的油气资源可以直接通过该管道输送到我国境内。经过 60 余年的建设，我国天然气管道建设取得长足发展，截至 2022 年年底，全国主干天然气管道总里程达到 11.8 万 km，形成了由西气东输系统、陕京系统、川气东送系统、西南管道系统为骨架的横跨东西、纵贯南北、联通海外的全国性供气网络。

尽管我国天然气的储量和可采性逐步增加，但我国能源消费仍然以煤炭、石油等能源为主，煤炭能源消费占比达 57.7%，石油能源消费占比达 18.9%；天然气位居第三位，占比远低于煤炭，仅为 8.1%。

虽然我国天然气能源消费占比远低于煤炭等能源，但是近年来随着我国天然气产量增长迅速，国家出于环境保护、节约能源等方面考虑，天然气在我国能源结构中的比例也在逐步上升，用于发电、工业、交通和居民生活等多个领域。天然气使用比例的增加可以有效减少煤炭和石油的使用，从而降低碳排放。

6.1.5 我国天然气资源发展建议

天然气作为相对清洁的化石能源，是我国新型能源体系建设中不可或缺的重要组成部分，当前及未来较长时间内仍将保持稳步增长；天然气灵活高效的特性还可支撑与多种能源协同发展，在碳达峰乃至碳中和阶段持续发挥积极作用。

为深入推进能源革命，加大油气资源勘探开发和增储上产力度，加快规划建设新型能源体系，应推进能源绿色低碳转型和高质量发展。天然气行业将持续加快产供储销体系建设，提升供应保障能力，完善市场体系建设，激发科技创新活力，推进国际交流合作，增强产业链供应链韧性，实现行业高质量发展，推动天然气在新型能源体系建设中发挥更大作用。具体包括：

1）坚定不移大力增储上产，立足国内保障供应安全，全面提升天然气供应安全保障水平，加大勘探开发和增储上产力度，确保天然气自给率长期不低于 50%。

2）加快天然气基础设施建设，完善"全国一张网"，统筹规划，适度超前，加强天然气基础设施建设。

3）深化油气体制改革，完善天然气市场体系，进一步提升上游勘探开发活力，探索企业间合作新模式，创新合作机制及组织形式。

4）推动天然气产业降碳提效，实现绿色发展，推进天然气生产和利用过程清洁化、低能耗、低排放。

5）加强与多种能源协同发展，构建多能互补新格局，发挥天然气灵活调节作用，发展天然气分布式能源，推广集供电、供气、供热、供冷于一体的综合能源服务模式；推进天然气、分布式风光发电、生物质、地热、氢能、储能等多能互补的综合能源发展。

6）持续深化国际交流与合作，参与全球能源治理。充分发挥我国在稳定全球天然气市场、提振消费信心、促进国际贸易、吸引商业投资等方面的积极作用。

我国丰富的天然气资源、迅速增长的生产和消费水平、完善的基础设施建设及政府的政策支持，为天然气的低碳化利用提供了良好的基础。我国通过增加天然气在能源结构中的比例，减少对高碳燃料的依赖，在实现低碳化发展目标的道路上迈出了坚实的步伐。

6.2　天然气的开采与净化

6.2.1　天然气的开采

同原油一样，天然气蕴藏在地下封闭的地质构造之中。对于不同的存在情况，应采用不同的开采方式。开采过程涉及地质研究、储量估测、开发试采、工程建设、钻井工程、储运化工、经营管理等方面。

天然气开采有其自身特点。首先，同原油一样，天然气与底水或边水常常是一个储藏体系。伴随天然气的开采进程，水体的弹性能量会驱使水沿高渗透带窜入气藏。在这种情况下，由于岩石本身的亲水性和毛细管压力的作用，水的侵入不是有效地驱替气体，而是封闭缝洞或空隙中未排出的气体，形成死气区。这部分被圈闭在水侵带的高压气，数量可以高达岩石孔隙体积的 $30\% \sim 50\%$，从而大大地降低了气藏的最终采收率。其次，气井产水后，气流入井底的渗流阻力会增加，气液两相沿油井向上的管流总能量消耗将显著增大。随着水侵影响的日益加剧，气藏的采气速度下降，气井的自喷能力减弱，单井产量迅速递减，直至井底严重积水而停产。目前治理气藏水患主要从两方面入手，一是排水，二是堵水。目前排水办法较多，主要原理是排除井筒积水，专业术语为排水采气法。堵水就是采用机械卡堵、化学封堵等方法将产气层和产水层分隔开或是在油藏内建立阻水屏障。

具体的天然气开采方式包括以下几种：

（1）自喷方式　有些天然气和原油储藏在同一层位，有些则单独存在。对于和原油储藏在同一层位的天然气，会伴随原油一起开采出来。只有单相气存在的，称为气藏，其开采方法与原油的开采方法十分相似，一般采用自喷方式。这和自喷采油方式基本一样。不过因为气井压力一般较高，加上天然气属于易燃易爆气体，对采气井口装置的承压能力和密封性能比对采油井口装置的要求要高得多。

（2）排水采气法　排水采气法的主要原理是排除井筒积水，即在一定的产气量下，油管直径越小则气流速度越大，携液能力越强。如果油管直径选择合理，就不会形成井底积水。这种方法适应于产水初期，地层压力高，产水量较少的气井。

（3）泡沫排水采气法　泡沫排水采气法是将发泡剂通过油管或套管加入井中，发泡剂溶入井底积水，与水作用形成气泡，不但可以降低积液相对密度，还能将地层中产出的水随气流带出地面。这种方法适应于地层压力高，产水量相对较少的气井。

（4）柱塞气举排水采气法　柱塞气举排水采气法是在油管内下入一个柱塞。下入时柱塞中的流道处于打开状态，柱塞在其自重的作用下向下运动。当到达油管底部时，柱塞中的流道自动关闭，由于作用在柱塞底部的压力大于作用在其顶部的压力，柱塞开始向上运动并将柱塞以上的积水排到地面。当其到达油管顶部时，柱塞中的流道又被自动打开，转为向下运动。通过柱塞的往复运动，就可不断将积液排出。这种方法适用于地层压力比较充足，产水量又较大的气井。

（5）深井泵排水采气法　深井泵排水采气法是利用下入井中的深井泵、抽油杆和地面抽油机，通过油管抽水，套管采气的方式控制井底压力。这种方法适用于地层压力较低的气井，特别是产水气井的中后期开采，但是运行费用相对较高。

需要注意的是，在天然气的开采、运输和储存过程中，甲烷泄漏是一个重要的环境问题。甲烷是一种强效的温室气体，其温室效应比二氧化碳强很多倍。可以通过改进设备和管道的密封性、采用一些先进的检测技术（如使用激光检测仪等先进设备），实时监测天然气设施的甲烷泄漏情况，减少天然气开采过程中的甲烷泄漏，推动天然气产业的低碳化发展。这不仅有助于降低温室气体排放，减缓气候变化，还可以提高资源利用效率，降低运营成本，实现经济和环境的双重收益。

6.2.2　天然气的净化

天然气在开采后通常含有多种杂质，如 CO_2、H_2S 等。通过净化过程，这些杂质能被有效去除，使燃烧过程中的污染物排放减少，提高了天然气的燃烧效率和环保性。而且净化后的天然气纯度更高，燃烧时能更完全地转化为热能，减少了不完全燃烧产生的碳排放。此外，净化后的天然气更适用于高效的联合循环发电等技术，能进一步提升能源利用效率，降低碳排放。

不同地区的天然气组成有显著的差别。天然气作为商品，在输送至用户或深加工之前，需要净化以达到一定的质量指标要求。国际标准化组织（International Organization for Standardization，ISO）于 1998 年通过一项关于天然气质量的导则性标准《天然气质量指标》（ISO 13686—1998），将管输天然气的质量指标分为以下三个类别：

1）气体组成，包括大量组分、少量组分及微量组分。

2）物理性质，包括热值、华白指数、相对密度、压缩系数及露点。

3）其他性质，无水、液态烃及固体颗粒等。我国曾于 1988 年发布了一项规定商品天然气质量指标的石油行业标准 SY 7514—1988，后来又颁布了天然气国家质量要求《天然气》（GB 17820—1999），现行版本为 2018 年版，见表 6-1。工业发达国家的质量标准更为严格，特别是硫化氢含量多为 5 mg/m^3。为达到所要求的质量指标，井口来的天然气通常需经过脱硫、脱碳、脱水、脱除凝液（含凝液回收）等净化环节。处理脱硫过程中所产生的含酸性气体，通常还需硫黄回收及尾气处理装置。

表 6-1　天然气质量要求

项目	一类	二类
高位发热量/(MJ/m³)	≥34.0	≥31.4
总硫(以硫计)/(mg/m³)	≤20	≤100
硫化氢/(mg/m³)	≤6	≤20
二氧化碳摩尔分数(%)	≤3.0	≤4.0

注：1. 本标准中使用的标准参比条件是 101.325kPa，20℃。

2. 高位发热量以干基计。

1. 天然气脱硫脱碳

从酸性天然气中脱除酸性组分的工艺过程统称为脱硫脱碳或脱酸性气体。如果此过程主要是脱除 H_2S 和有机硫化物，则称之为脱硫；如果此过程主要是脱除 CO_2，则称之为脱碳。天然气脱硫脱碳方法很多，这些方法一般可分为化学溶剂法、物理溶剂法、化学-物理溶剂法、直接转化法和其他方法等。

（1）化学溶剂法　化学溶剂法是采用碱性溶液与天然气中的酸性组分（主要是 H_2S、CO_2）反应生成某种化合物，故也称为化学吸收法。吸收了酸性组分的碱性溶液（通常称为富液）在再生时又可将酸性组分分解与释放出来。这类方法中最具代表性的是醇胺（烷醇胺）法和无机碱法，如活化热碳酸钾法。

1）醇胺法。醇胺法是目前国内外最常用的天然气脱硫脱碳方法，主要采用的是 MEA、DEA、DIPA、DGA 和 MDEA 等溶剂。其中，MEA、DGA 是伯醇胺，DEA、DIPA 是仲醇胺，MDEA 则是叔醇胺。

醇胺法适用于天然气中酸性组分分压低和要求净化气中酸性组分含量低的场合。由于醇胺法使用的是醇胺水溶液，溶液中含水可使被吸收的重烃降低至最小限度，故非常适用于重烃含量高的天然气脱硫脱碳。MDEA 等醇胺溶液还具有在 CO_2 存在下选择性脱除 H_2S 的能力。

工艺流程：醇胺法脱硫脱碳的典型工艺流程如图 6-1 所示。由图可知，该流程由吸收、

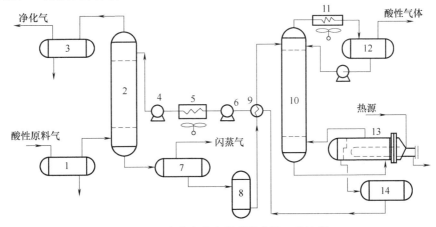

图 6-1　醇胺法脱硫脱碳的典型工艺流程

1—进口分离器　2—吸收塔　3—出口分离器　4—醇胺溶液泵　5—溶液冷却器　6—升压泵
7—闪蒸罐　8—过滤器　9—换热器　10—再生塔　11—塔顶冷凝器
12—回流罐　13—再沸器　14—缓冲罐

闪蒸、换热和再生（汽提）四部分组成。其中，吸收部分是将原料气中的酸性组分脱除至规定指标或要求，闪蒸部分是将富液（即吸收了酸性组分后的溶液）在吸收酸性组分的同时将吸收的一部分烃类通过降压闪蒸除去，换热是回收离开再生塔的热贫液热量，再生是将富液中吸收的酸性组分解吸出来成为贫液循环使用。

在图 6-1 的典型流程基础上，还可根据需要衍生出一些其他流程，如分流法脱硫脱碳工艺流程。此流程虽然增加了一些设备与投资，但对酸性组分含量高的天然气脱硫脱碳装置却可显著降低能耗。

2）无机碱法。无机碱法的典型工艺是 Benfild 工艺。Benfild 工艺中的溶剂是碳酸钾与催化剂、防腐剂的多组分混合物。基本的 Benfild 工艺流程如图 6-2 所示。

（2）物理溶剂法　此法是利用某些溶剂对气体中 H_2S、CO_2 等与烃类溶解度的差别而将酸性组分脱除的，故也称为物理吸收法（见图 6-3）。物理溶剂法一般在高压和较低温度下进行，适用于酸性组分分压高（大于 345kPa）的天然气脱硫脱碳。此外，此法还具有可大量脱除酸性组分，溶剂不易变质，比热容小，腐蚀性小及可脱除有机硫（COS、CS_2 和 RSH）等优点。由于物理溶剂对天然气中的重烃有较大的溶解度，故不宜用于重烃含量高的天然气，且多数方法因受再生程度的限制，净化度（即原料气中酸性组分的脱除程度）不如化学溶剂法。当净化度要求很高时，需采用汽提法等再生措施。

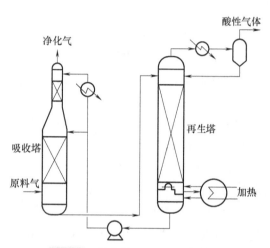

图 6-2　基本的 Benfild 工艺流程

典型的物理吸收法有壳牌（Shell）公司的环丁砜法、Norton 公司的聚乙二醇二甲醚法、Lurgi 公司的甲醇法，另外还有 N-甲基吡咯烷酮法、粉末溶剂法（所用溶剂为碳酸丙烯脂）等。

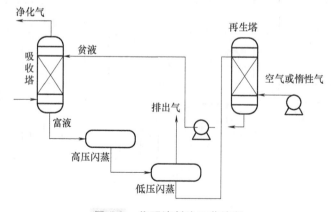

图 6-3　物理溶剂法工艺流程

（3）化学-物理溶剂法　这类方法采用的溶液是醇胺、物理溶剂和水的混合物，兼有化学溶剂法和物理溶剂法的特点，故又称为混合溶液法或联合吸收法。目前，典型的化学-物理吸收法为砜胺法（Sulfinol 法），包括 DIPA-环丁砜法（Sulfinol-D 法，砜胺Ⅱ法）、MDEA-环丁砜法（Sulfinol-M 法，砜胺Ⅲ法）。此外，还有 Amisol、Selefining、Optisol 和 Flexsorb 混合 SE 法等。

砜胺法（Sulfinol 法）的脱硫脱碳溶液由环丁砜（物理溶剂）、醇胺（DIPA 或 MDEA 等化学溶剂）和水复配而成，兼有物理溶剂法和化学溶剂法二者的特点。其操作条件和脱硫脱碳效果大致上与相应的醇胺法相当，但物理溶剂的存在使溶液的酸气负荷大大提高，尤其是当原料气中酸性组分分压高时此法更为适用。此外，此法还可脱除有机硫化物。

Sulfinol 法自问世以来，由于能耗低、可脱除有机硫、装置处理能力大、腐蚀性小、不易发泡和溶剂变质少的优点，广为应用，现已成为天然气脱硫脱碳的主要方法之一。

（4）直接转化法　直接转化法以氧化还原反应为基础，故又称为氧化还原法或湿式氧化法。它借助于溶液中的氧载体将碱性溶液吸收的 H_2S 氧化为元素硫，然后采用空气使溶液再生，从而使脱硫和硫回收合为一体。此法目前虽在天然气工业中应用不多，但在焦炉气、水煤气、合成气等气体脱硫及尾气处理方面却广为应用。由于溶剂的硫容量（即单位质量或体积溶剂能够吸收的硫的质量）较低，故适用于原料气压较低及处理量不大的场合。属于此法的主要有钒法（ADA-$NaVO_3$ 法、栲胶-$NaVO_3$ 法等）、铁法（Lo-Cat 法、Sulferox 法、EDTA 络合铁法、FD 及铁碱法等），以及 PDS 等方法，以下主要介绍 Lo-Cat 法。

Lo-Cat 法属于直接转化法中的铁法。与醇胺法相比，其特点如下：

1）醇胺法和砜胺法酸气需采用克劳斯装置回收硫黄，甚至需要尾气处理装置，而直接转化法本身即可将 H_2S 转化为单质硫，故流程简单，投资低。

2）主要脱除 H_2S，仅吸收少量的 CO_2。

3）醇胺法再生时蒸汽耗量大，而直接转化法则因溶液硫容量低、循环量大，故其电耗高。

4）基本无气体污染问题，运行中产生的少量盐类等夹杂在硫黄浆液中，其中一部分经过滤脱水后随废液排出。

Lo-Cat 法有两种基本流程用于不同性质的原料气。双塔流程用于处理含硫天然气或其他可燃气脱硫，一塔用于吸收，另一塔用于再生；单塔流程用于处理低压废气（如醇胺法酸气、克劳斯装置加氢尾气等不易燃气体），其吸收与再生在一个塔内同时进行，称为"自动循环"的 Lo-Cat 法。目前，第二代工艺 Lo-Cat Ⅱ 法主要用于单塔流程。图 6-4 所示为 Lo-Cat Ⅱ 法的单塔流程。

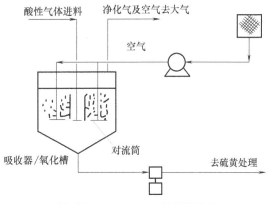

图 6-4　Lo-Cat Ⅱ 法的单塔流程

图 6-4 所示反应器内溶液的自动循环系靠吸收液与再生液的密度差而实现的。对流筒吸

收区中溶液因 H_2S 氧化为元素硫，密度增加而下沉，筒外溶液则因空气（其量远多于酸性气体的量）鼓泡而密度降低，不断上升，进入对流筒。

（5）其他方法 除了上述物理溶剂法脱硫脱碳外，还有吸附法、低温分离法、膜分离法、改性活性炭催化氧化法及超重力氧化还原法脱硫等方法，这里不再一一介绍。

2. 硫黄回收与尾气处理

硫黄回收是指将脱硫装置再生解吸出的酸性气体中的 H_2S 等转化为硫黄的过程。先用计量空气将 H_2S 燃烧，再经催化转化为硫黄，这种工艺即为克劳斯法。

受热力学及动力学的限制，常规克劳斯法的硫回收率一般只能达到 92% ~ 95%。即使将催化转化段由两级增至三级，甚至四级，硫回收率也难以超过 97%，残余的硫通常在尾气灼烧后以 SO_2 形态排入大气。当排放的 SO_2 量不能达到当地的排放指标要求时，则需要配备尾气处理装置，使排放的 SO_2 量达标。

克劳斯法先用空气将 H_2S 在燃烧炉中燃烧，再在催化转化器中催化为硫黄，硫收率已逼近平衡转化率。

（1）化学反应 在燃烧炉和催化转化器中，克劳斯法中的主要反应是：

$$2H_2S+3O_2 = 2SO_2+2H_2O+103.8kJ/mol \tag{6-1}$$

$$2H_2S+SO_2 = \frac{3}{2}S_2+2H_2O-42.1kJ/mol \tag{6-2}$$

$$2H_2S+SO_2 = \frac{3}{6}S_6+2H_2O+69.2kJ/mol \tag{6-3}$$

$$2H_2S+SO_2 = \frac{3}{8}S_8+2H_2O+81.9kJ/mol \tag{6-4}$$

在直流法的燃烧炉中，上述反应同时进行，反应式(6-1) 基本上可达到完全的程度，所有的氧气被消耗掉；其他反应只进行到 60% ~ 70%，且以反应式(6-2) 为吸热反应而进行的程度最大，故生成的硫蒸气以 S_2 为主。反应气出燃烧炉后，经过冷凝并分出液硫，再进入催化转化器，在较低温度下继续进行反应式(6-2) ~ 反应式(6-4)，达到回收硫黄的目的。

在酸性气体中，除 H_2S 外还含有 CO_2、H_2O、CH_4，及其他烃类，因此在燃烧炉中还有以下副反应：

$$CH_4+\frac{3}{2}O_2 = CO+2H_2O+518.3kJ/mol \tag{6-5}$$

$$CO+H_2O = CO_2+H_2+32.9kJ/mol \tag{6-6}$$

$$CO+S = COS+304.4kJ/mol \tag{6-7}$$

$$CH_4+2H_2S = CS_2+4H_2-259.8kJ/mol \tag{6-8}$$

$$H_2S = H_2+\frac{1}{n}S_n-89.7kJ/mol \tag{6-9}$$

由于有大量副反应，特别是 H_2S 的裂解反应式(6-9)，因此克劳斯法所需的实际空气量通常略低于化学计量。此外，在燃烧炉中产生的有机硫也是影响装置硫回收率的重要问题。酸性气体中的烃不仅消耗空气、影响炉温，还有助于有机硫的形成，严重时甚至导致产生"黑硫黄"，因此必须加以控制。

（2）工艺流程 因天然气与脱硫方法的不同，脱硫装置所产生的酸性气体 H_2S 体积分数也有显著区别。为此出现了如表 6-2 所示适应不同 H_2S 浓度的各种工艺流程，其中直流法及分流法是主要的工艺流程。克劳斯法的主要工艺流程如图 6-5 所示。

表 6-2　克劳斯法的主要工艺流程

H_2S 体积分数(%)	工艺流程
50~100	直流法
30~50	预热酸性气体及空气的支流法或非常规分流法
15~30	分流法
10~15	预热酸性气体及空气的分流法
5~10	掺入燃料气的分流法或硫循环法
<5	直接氧化法

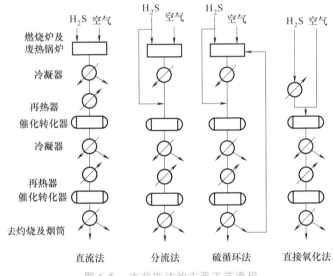

图 6-5　克劳斯法的主要工艺流程

1）直流法。直流法也称直通法、单流法或部分燃烧法，是克劳斯系列工艺中被优先选择的工艺流程。此流程的主要特点是全部酸性气体进入燃烧炉燃烧，严格按照要求配给适量的空气，使酸性气体中全部烃类完全燃烧，而 H_2S 只有 1/3 氧化生成 SO_2，以便与剩下 2/3 的 H_2S 反应生成单体硫。在燃烧炉中，温度通常可达到 1100~1600℃，约有 65% 的 H_2S 转化为单体硫。由于温度高，副反应十分复杂，会生成少量 COS、CS_2 等。

从燃烧炉出来的含有硫蒸气的高温气体，经废热锅炉回收热量后进入一级冷凝器，分离回收液态硫。出一级冷凝器的反应气温度约为 150℃，经再热器再热至适当温度进入一级催化转化器。由于反应放热，气体的温度明显升高。一级催化转化器出来的气体，经二级冷凝器回收热量及单质硫后经再热器再热至适当温度，进入二级催化转化器及配套的冷凝器，二级催化转化器中装有活性更好的催化剂，并且温度保持尽量低，以彻底回收硫黄。

设置几级催化转化及冷凝冷却造成过程气温度的反复变化是基于以下两个原因，一是硫露点的限制，如果有硫凝结于催化剂上，将影响过程气的转化活性；二是温度越低可得到越

157

高的平衡转化率，如图 6-5 所示。因此，二级催化转化器的温度（240℃）较一级催化转化器的温度（320℃）低。

2）分流法。常规分流法的主要特点是将酸性气体分为两股，其中 1/3 的酸性气体与空气进入燃烧炉，将 H_2S 氧化为 SO_2，然后与旁通的 2/3 的酸性气体混合，进入催化转化段。可见，常规分流法中硫黄是完全在催化转化段生成的。

由于酸性气体中带有大量的 CO_2 等组分，因此分流法的硫收率低于直流法。当酸性气体浓度在 30%～50%、按直流运行燃烧炉时，火焰难以稳定，如将 1/3 的 H_2S 燃烧为 SO_2，炉温又过高而使炉壁的耐火材料难以适应。此时可以采用非常规分流法，即将酸性气体入炉率提高至 1/3 以上。

3）硫循环法。此法将适量循环液硫喷入燃烧炉内转化为 SO_2，以其所产生的热量辅助维持炉温。

4）直接氧化法。此法以空气在催化剂床层上将 H_2S 氧化为硫黄，由克劳斯法改进，为目前通行的直流法及分流法。目前，此法仍应用在处理贫 H_2S 酸性气体及尾气中。

（3）催化转化流程及催化剂　催化转化段是保证达到应有硫收率的重要阶段。克劳斯装置通常安排两级催化转化，也有装置安排了多级。一级转化应在较高的温度（如 320℃）进行，既是为了获得较高的反速率，也使有机酸（COS 及 CS_2）更好地转化为 H_2S；二级转化的温度则较低（如 240℃）以获得更高的平衡转化率。

迄今为止，几乎所有的克劳斯转化器均采用固定床绝热反应器，转化器内无冷却系统，反应热由过程气带出。反应温度则靠过程气的再热控制；温度的设置要使转化器出口过程气的温度高于此处的硫露点，以免硫凝结于催化剂上而丧失活性。

催化剂早期使用活性铝矾土，目前均使用合成催化剂。获得广泛应用的是氧化铝基催化剂；另有一类是氧化钛基催化剂，它对有机硫有更好的转化能力，但由于价格昂贵，仅用于个别工厂的一级转化器。

随着人们对催化转化认识的深化，催化剂的研发也进一步精细化。除解决对有机硫的转化能力外，催化剂硫酸盐化是其活性下降的首要原因，目前开发的不少催化剂均是抗硫酸盐化的催化剂。表 6-3 列举了几种重要的克劳斯脱硫的催化剂。

表 6-3　几种重要的克劳斯脱硫的催化剂

项目	法国 Rhode-Poulenc	法国 Rhode-Poulenc	美国 Lorache	中国 天然气研究院	中国齐鲁 石化公司研究院
牌号	CR	CRS-31	S-201	CT6-7	LS-821
形状	球	柱	球	球	球
粒径/mm	4～6	4	5～6	3～6	4～6
堆积密度/(kg/L)	0.67	0.95	0.69～0.75	0.69～0.75	0.72～0.75
主要组分	Al_2O_3	TiO_2	Al_2O_3	Al_2O_3	Al_2O_3
助催化剂	—	—	—	有	TiO_2
比表面积/(m²/g)	260	120	280～360	>200	>220
孔体积/(cm³/g)	—	—	0.329	≥0.30	≥0.40

（续）

项目	法国 Rhode-Poulenc	法国 Rhode-Poulenc	美国 Lorache	中国 天然气研究院	中国齐鲁 石化公司研究院
压碎强度/（N/粒）	120	9	140~180	>200	>130
特点	高孔体积	有机硫转化率高，抗硫酸盐化	标准高孔度	高有机硫水解率	高有机硫水解率

（4）克劳斯尾气处理工艺　按照尾气处理工艺的技术途径，可大体将尾气处理工艺分为低温克劳斯类、还原类及氧化类三类。低温克劳斯类尾气处理工艺是在低于硫露点的温度下继续进行克劳斯反应，从而使总硫收率接近 99%。还原类尾气处理工艺是将尾气中各种形态的硫均还原为 H_2S，然后通过适当途径将此部分 H_2S 转化为单质硫。氧化类尾气处理工艺是将尾气中各种形态的硫均氧化为 SO_2。还原类及氧化类尾气处理工艺可使总硫收率达 99.5% 以上。特别是还原类工艺应用颇广，通常它可以满足迄今为止最严格的尾气排放标准要求。20 世纪 90 年代以来，随着环保要求的日趋严格，新开发的低温克劳斯工艺也采取"还原"或"氧化"措施，以求得到更高的总硫收率。

H_2S 的毒气很大且不允许排放，因此克劳斯装置的尾气即使已经过尾气处理也必须灼烧后排放，将其中的 H_2S 等转化为 SO_2。尾气有热灼烧及催化灼烧两类。热灼烧是将尾气在 400~500℃下灼烧，催化灼烧是在催化剂作用下在 300~400℃下灼烧，以热灼烧应用比较广泛。

3. 天然气及天然气凝液脱水

脱水是指从天然气中脱除饱和水蒸气或从天然气凝液（NGL）中脱除溶解水的过程。脱水的目的是：

1）防止在处理和储运过程中出现固体水合物和液态水。

2）符合天然气产品的水含量（或水露点）质量指标。

3）防止腐蚀。因此，在天然气水露点控制（或脱油脱水）、天然气凝液回收、液化天然气及压缩天然气生产等过程中均需进行脱水。此外，采用湿法脱硫脱碳后的净化气也需要脱水。

天然气及其凝液的脱水方法有低温法、吸收法、吸附法、膜分离法、气体汽提法和蒸馏法等。以下着重介绍天然气脱水常用的低温法、吸收法和吸附法。

（1）低温法　低温法是将天然气冷却至烃露点以下某一低温，得到一部分富含较重烃类的液烃（即天然气凝液或凝析油），并在此低温下使其与气体分离，故也称为冷凝分离法。按提供冷量的制冷系统不同，低温法可分为膨胀制冷（包括节流制冷和透平膨胀机制冷）、冷剂制冷和联合制冷法。

低温法除用于回收天然气凝液时采用外，目前也多用于含有重烃的天然气同时脱油（即脱液烃或脱凝液）脱水，使其水、烃露点符合商品天然气质量指标或管道输送要求，即天然气露点控制或低温法脱油脱水。

（2）吸收法　吸收法是根据吸收原理，采用一种亲水液体与天然气逆流接触，从而吸收气体中的水蒸气以达到脱水目的。用来脱水的亲水液体称为脱水吸收剂或液体干燥剂，简称干燥剂。脱水前天然气的水露点（以下简称露点）与脱水后干气的露点之差称为露点降。人们常用露点降表示天然气的脱水深度。常用的脱水吸收剂是甘醇类化合物，尤其是三甘醇因其露点降大、成本低和运行可靠，在甘醇类化合物中经济性最好，因而广为采用。

当要求天然气露点降在 30~70℃时，通常应采用甘醇脱水。甘醇法脱水主要用于使天然气露点符合管道输送要求的场合，一般建在集中处理厂（湿气来自周围气井和集气站）、输气首站或天然气脱硫脱碳装置的下游。

此外，当天然气水含量较高但又要求深度脱水时，还可先采用三甘醇脱除大部分水，再采用分子筛深度脱除其残余水的方法。

（3）吸附法　吸附是指气体或液体与多孔的固体颗粒表面接触时，气体或液体分子与固体表面分子之间相互作用而停留在固体表面上，使气体或液体分子在固体表面上浓度增大的现象。根据气体或液体与固体表面之间的作用不同，可将吸附分为物理吸附和化学吸附两类。吸附法脱水就是利用物理吸附的特点，采用吸附剂脱除气体混合物中水蒸气或液体中溶解水的工艺过程。

在天然气凝液回收、天然气液化装置和汽车用压缩天然气（CNG）加气站中，为保证低温或高压系统的气体有较低的水露点，大多采用吸附法脱水。此外，在天然气脱硫过程中有时也采用吸附法脱硫。吸附法脱水装置的投资和操作费用比甘醇脱水装置要高，故其仅用于以下场合：

1）脱水目的是符合管输运要求，但不宜采用甘醇脱水的场合。例如，酸性天然气脱水。

2）高压（超临界状态）CO_2 脱水，因为此时 CO_2 在三甘醇溶液中溶解度很大。

3）冷却温度低于 -34℃的气体脱水，如天然气凝液回收和天然气液化等过程。

4）同时脱油脱水以符合水、烃露点要求。

6.3　天然气的能源和化工利用

天然气作为人类生产生活的关键支柱，具有多重作用。首先，天然气是发电的重要燃料之一，在居民生活中，天然气还被用作家庭供暖、热水供应和烹饪的主要燃料，提升了生活的便利性和舒适度。其次，天然气还用于生产化肥、塑料和其他化工产品，进一步拓展了其在经济和社会中的应用。总体而言，天然气不仅是重要的能源，还是一种用途广泛的化工原料，更是推动绿色发展的关键因素，促进了经济、环境与社会的协调发展。

6.3.1　天然气的能源利用

由于资源丰富，天然气在许多国家的能源结构中占据重要地位。它不仅能用于居民生活，还广泛应用于发电、交通等领域。通过增加天然气的利用比例，可以减少对高碳排放燃料的依赖，从而降低整体碳排放。

1. 城市居民利用

天然气利用有清洁、高效和方便的优点，发达国家首先用它来满足住宅用气，把这种利用称作最有价值的"贵重用途"。

随着城市家庭生活水平提高，各种生活燃具迅速进入家庭，住宅天然气用户成为我国天然气一个广阔的、稳定的消费市场。天然气是 21 世纪我国城市民用燃气的首选燃料。

现代城市住宅中，电是不可缺少的，电的一些用途是其他能源难以代替的。然而，对于住宅用能中一些高能耗的用具，天然气与电是可以相互替代的，如冷暖空调、热水器、织物烘干器、烹调灶等，不过终端用户觉得电器比燃具效率更高、更清洁。两种能源从生产、供应和利用的全过程效率迥然不同（见表 6-4）。

表 6-4 美国能源生产、供应和终端利用全过程效率

项目	电	天然气
冷暖空调	45.2%	71.7%
热水器	21.9%	46.0%
织物烘干器	25.6%	76.5%
烹调灶	20.9%	40.5%

燃气空调是直接用燃气驱动的空调。燃气包括天然气、液化天然气、煤气、液化石油气等。它包括自燃型吸收式机组、燃气热泵及燃气去湿空调机。装置制冷能力较强，多用于工业、商业等大中型建筑物空调，日本东京地区建筑面积在 12000 m² 以上的商务楼有 61% 使用燃气空调。燃气空调使用的燃气主要是天然气，它燃烧后的排放物较少。燃气空调有利于电力和燃气供给平衡，一般夏季用电高峰时，正好是燃气用气的低谷。如果推广使用燃气空调，在夏季供冷时使用燃气而不使用电力，这既可让夏天多余的燃气资源得到充分利用，又能有效削减由于空调引起的用电峰谷差。

随着西气东输工程的实施，给我国燃气空调的发展带来了契机。发展燃气空调可有效缓解天然气的储气调峰问题；可平衡电力和燃气使用的季节性峰谷差问题；对减少污染物的排放和保护环境均起到好的作用。

2. 天然气发电

天然气发电与其他火电相比，具有明显的特点。

（1）环境污染小 天然气由于经过净化处理，硫含量低，每亿千瓦时电排放二氧化硫 2t，仅为普通燃煤电厂的千分之一；另外，耗水量小，只有煤电厂的 1/3，废水排放量减少到最低限度。至于灰渣，天然气发电的排放量为零，远远低于煤电。

（2）热效率高 普通燃煤蒸汽电厂热效率的高限为 40%，而天然气燃气-蒸汽联合循环电厂的热效率目前已达 56%，而且在继续提高。这主要是联合循环将燃气透平与蒸汽透平进行了有机结合，从而提高了燃料储存的化学能与机械功之间的转换效率。

（3）占地小，定员少 燃气-蒸汽联合循环电厂占地小，以 2500MW 电厂为例，其占地面积为 $12×10^4 m^2$，而燃煤电厂却高达 $52×10^4 m^2$。同时燃气-蒸汽联合循环电厂布置紧凑，自动化程度高。

（4）投资省 由于单机容量大型化、辅助设备少，联合循环电厂的投资不断下降。联合循环电厂每千瓦投资已降到 400 美元左右，而燃煤带脱硫装置的电厂每千瓦投资为 800～

850美元。联合循环电厂建设周期短，约为2~3年，燃煤电厂约为4~5年。

（5）调峰性能好　燃气-蒸汽联合循环电厂开停车方便、调峰性能好，从启动到满负荷仅需1 h左右。

（6）发电成本低　天然气发电机组与燃煤机组在发电装机能力及运行时间相同时，其热耗量比燃煤机组低1/3、循环效率高40%，主要污染物如NO_x、SO_x、CO_x及颗粒物排放、粉尘排放等远低于燃煤机组，建设周期比燃煤机组少一半，而平均建厂投资约占燃煤机组的1/2，运行维修费用也比燃煤机组低1/3。

由此可见，天然气发电与燃煤发电相比，有更好的社会效益、环境效益和经济效益，更适合作城市调峰电厂燃料。

3. 天然气汽车

世界每年生产的石油有60%消耗在交通运输中，而其中近一半又消耗在汽车上。交通运输业的迅猛发展，对石油过分依赖，严重污染了环境。天然气作为汽车燃料，具有辛烷值高、与空气混合均匀、燃烧完全、发动机不结炭、磨损小、环境污染小、运行成本低等优点，近几年得到了很大的发展。目前已成功开发出压缩天然气（Compressed Natural Gas，CNG）汽车、吸附天然气（Absorbed Natural Gas，ANG）汽车和液化天然气（Liquefied Natural Gas，LNG）汽车等新汽车。

（1）CNG汽车　目前，天然气作汽车燃料最成熟的就是CNG汽车，其燃料供气系统有两种气源为20MPa的高压CNG气瓶。一种经过三级减压阀门将压力下降到绝压50~70kPa，经气量调节阀、混合器，与空气混合后进入发动机汽缸。减压后的天然气处于负压，在发动机转动后依靠吸力进入发动机。另一种经过两级减压阀门将压力下降到微正压。发动机启动前，天然气和混合器是关闭的。当发动机转动，造成气管负压，才将天然气通道打开，使天然气与空气混合进入发动机汽缸。根据CNG汽车的特点，适用于运程短，经常开停处于怠速下的城市公交汽车、短途运输车。

（2）ANG汽车　利用高比表面积的吸附剂在3.5~5MPa压力下吸附天然气，达到高密度储存天然气的目的。但关键技术在于吸附剂，理想的吸附剂应具备以下特点：比表面积为2000~3000m^2/g；微孔大小为1.0~2.0 nm；在3.5MPa压力下有100~150体积比的吸附储存能力；制作工艺简单、能再生使用，有较长的使用寿命。ANG随车储存作燃料是一项很有发展前途的工作，美国已成功开发了ANG示范车，国内也开展了ANG行车试验。

（3）LNG汽车　LNG是比CNG更优质的燃料。甲烷的临界温度为190.6K（-82.55℃），正常沸点为111.7K（-161.45℃）。因此，天然气液化至少温度要在190.6 K以下，常压下的天然气发生液化则需要到111.7K以下。LNG中将不再含有水、二氧化碳、硫化氢及乙烷以上的碳氢化合物，用作汽车燃料具有着火点低，燃烧调节方便、无黑烟、尾气污染小等优点，可以成为绿色燃料。

此外，天然气车辆相对于传统汽油和柴油车辆，能排放更少的CO_2、CO和颗粒物，推广使用压缩天然气（CNG）和液化天然气（LNG）等车辆，可以显著减少交通领域的碳排放和空气污染，有助于改善城市空气质量。

4. 燃料电池

燃料电池是一种通过电化学反应将H_2和O_2的化学能直接转化为电能的装置。它属于化学电池，但与常规干电池、蓄电池不同。常规电池是能量储存器，燃料电池是发电装置。电极只对燃料起催化离解作用，电极本身不变化。只要连续送入燃料，就持续发出电能，消耗掉的物质是外部燃料。

燃料电池类似火力发电，但是因为燃料的化学能只经化学反应产生电能，不必经燃烧热能→机械能→电能这样多级转化，所以发电效率高、污染小。目前，燃料电池的燃料基本上是 H_2，廉价取得 H_2 的方法是天然气转化制氢，而且相比传统的化石燃料燃烧，天然气转化制氢在燃料电池中的应用显著减少了二氧化碳和其他污染物的排放，有助于实现低碳经济和环境保护目标。所以地面型燃料电池发电系统多以天然气为燃料。

当前研究和开发的燃料电池主要有以下几种：

（1）质子交换膜燃料电池　它采用全氟磺酸质子交换膜为电解质，氢气或重整氢为燃料，空气为氧化剂，工作温度为常温至 100℃。发电效率为 50% 左右，热电联供时综合效率更高。由于它具有工作温度低、冷启动快、抗振性能好等优点，适用于电动汽车的动力源。

（2）磷酸燃料电池　它以浸有浓磷酸的二氧化硅（SiO_2）微孔膜作电解质，Pt/C 为电催化剂，天然气重整气为燃料，空气为氧化剂，工作温度为 100~200℃。发电效率为 35%~41%，热电联供时总效率为 71%~85%。50~200kW 级磷酸燃料电池可作为区域性热电站。实际应用表明，磷酸燃料电池是高度可靠的电源，可作为医院、计算机站等场所的不间断电源。

（3）熔融碳酸盐燃料电池　它以浸有碳酸锂钾（$KLiCO_3$）的铝酸锂（$LiAlO_2$）隔膜为电解质，净化煤气或天然气的重整气为燃料，工作温度为 650~700℃，不需贵重金属铂作催化剂，而以镍系催化剂为主。发电效率可达 55%~58%，高温排气可与燃气轮机、蒸汽轮机联合循环，热电总效率可达 70% 或更高。

（4）固体氧化物燃料电池　它采用氧化钇稳定的氧化锆为固体电解质，净化煤气或天然气为燃料，空气为氧化剂，工作温度为 900~1000℃。可在高温下工作，使用贵金属催化剂，燃料可直接在电池内重整，且可采用 CO 为燃料。发电效率为 55%~65%。热电联用时，效率可达 80% 以上。

燃料电池具有效率高、污染小、无运动设备、无噪声、质能比高、清洁、易启动、低辐射、隐蔽性强、模块化结构、灵活方便，操作费用低等优点。根据各型燃料电池特点，可在工作、交通、家庭、通信、野外作业、宇航等方面作电源和供应热能。

6.3.2　天然气的化工利用

天然气化工是以天然气为原料生产化工产品的工艺。经处理后的天然气通过裂解、蒸汽转化、氧化、氯化、硫化、硝化、脱氢等反应，制成一次化工产品，如氢气、甲醇、乙炔、氨、炭黑、合成气、氯甲烷、二氯甲烷、三氯甲烷、四氯甲烷、氢氰酸、二硫化碳、硝基甲烷等。其中，氨、甲醇、乙炔是天然气化工的三大基础产品，由这三大产品和其他产品又可以生产出大量的二次、三次化工产品。以天然气为原料生成的产品如图 6-6 所示。

天然气既是能源，又是化工原料。在现代化时代，化工技术成为人类生产和发展的重要技术，直接影响人类生活的方方面面。通过利用化工技术进行天然气开发利用，可以有效去

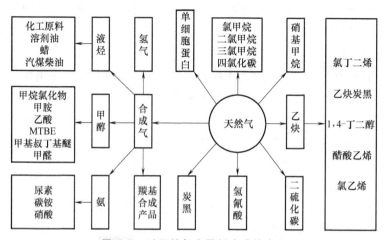

图 6-6　以天然气为原料生成的产品

除杂质和最大化利用天然气，提高天然气利用效率，达到低碳、高效应用目标。天然气主要成分是甲烷，通过进行化工处理得到的产品具有较高的热值，可以提升天然气的开发利用效率，促进天然气低碳化发展。

　　此外，天然气与同为高碳资源的煤和石油相比，是一种相对高经济、绿色清洁的化石能源，其碳排放量较低，是碳约束条件下需要着重开发利用的能源之一。随着全球经济的发展和人口的增长，能源需求将持续增加，天然气作为一种重要的能源，其需求量也将不断增加。同时，随着天然气开采技术的不断进步和新型天然气的开发利用，天然气的供应能力也将得到提升。这将为天然气化工行业提供更加充足的原料和更加广阔的市场空间。此外，随着人们的节能环保意识不断提升，绿色、清洁的天然气受到世界范围的广泛认可，越来越多的国家借助天然气改善生态环境，以此来兼顾经济发展及环境改善的双重需求。在这样的背景下，天然气化工技术将起到关键性作用，但要想在碳约束条件下减轻碳排量，就必须不断优化和创新天然气化工技术，加快能源行业绿色化、低碳化方向转型，这样就能更好地实现"双碳"发展目标。

低碳是指较低（更低）的温室气体（以二氧化碳为主）排放。低碳化利用是指在生产和消费过程中尽量减少碳排放的一种方法和策略。其核心目标是通过优化资源利用、提高能源效率、推广清洁能源等手段，减少二氧化碳和其他温室气体的排放，从而降低对气候变化的负面影响。

在全球气候变化的背景下，低碳化利用日益受到世界各国的关注。低碳化利用涉及电力、交通、建筑、冶金、化工、石化等部门，以及在可再生资源及新能源、煤的清洁高效利用、油气资源和煤层气的勘探开发、二氧化碳捕集与封存等领域开发的有效控制温室气体排放的新技术利用。

在应对气候变化和能源可持续性挑战的背景下，天然气作为一种相对清洁的化石能源，在能源转型和低碳化发展中扮演着重要角色。此外，我国天然气大规模稳定供应的基础扎实，是替代煤炭、实现低碳化利用最现实的选择。利用天然气制备高附加值产品是实现低碳化利用的重要途径之一。本章将探讨多种天然气低碳化利用的方法和技术，并分析其原理及工艺，这些技术包括天然气制合成氨、制甲醇和制乙炔等；随后，简要介绍了一些天然气低碳化利用的新技术。

7.1 天然气制合成氨

氨是世界上产量最高的无机化合物之一，可以制作成氮肥、复合肥、炸药及其他化工原料，在国民经济及国家发展方面占据重要地位。相比传统的煤炭或石油制合成氨工艺，天然气制合成氨的二氧化碳排放量较低。此外，天然气制合成氨的工艺效率较高，能量转换效率比煤制合成氨更高。因此，单位合成氨产量的能耗较低，进一步降低了整体的碳排放。根据相关调查，2021 年利用天然气制作的合成氨占全球合成氨的 80% 以上，可见天然气在合成氨制作方面占主导地位。

7.1.1 概述

1. 氨的性质

氨化学式为 NH_3，在常温下为无色有刺激性气味的气体，会灼伤皮肤、眼睛，刺激呼吸道器官黏膜，空气中氨的质量分数占 $0.5\%\sim1.0\%$ 就会使人在 30min 内有生命危险。氨的主要性质见表 7-1。氨在常温加压易液化，称为液氨。氨易溶于水，与水反应形成水合氨（$NH_3+H_2O\Longrightarrow NH_3\cdot H_2O$），简称氨水，呈弱碱性，氨水极不稳定，受热分解为氨气和水，氨含量为 1% 的水溶液 pH 为 11.7。浓氨水氨含量为 $28\%\sim29\%$。氨的化学性质比较活泼，能与酸反应生成盐，如与盐酸反应生成氯化铵，与磷酸反应生成磷酸铵，与硝酸反应生成硝酸铵，与二氧化碳在高温高压下反应，脱水后生成尿素等。

表 7-1　氨的主要性质

项目		数值	项目		数值
相对分子量		17.0312	熔点（三相点）/0℃		-77.71
			蒸汽压（三相点）/kPa		6.077
气体密度 /（g/L）	0℃	0.7714	蒸发热（101.325kPa）/（kJ/kg）		1370
	（101.325kPa）-33.40℃	0.888	熔化热（-770℃）/（kJ/kg）		332.3
液体密度 /（g/L）	0℃	0.6386	标准生成焓（25℃，气相）/（kJ/mol）		-45.72
	（101.325kPa）-33.40℃	0.682	标准熵（25℃，101.325kPa）/（J/mol·K）		192.731
沸点（102.3kPa）/℃		-33.43	自由能/（kJ/mol）		-16.391
摩尔体积（0℃，101.325kPa）/（L/mol）		22.08	低发热量/（kJ/g）		18.577
气体常数/[kPa·m³/（kg·K）]		0.48818	高发热量/（kJ/g）		22.543
临界温度/℃		132.4	电导率 /（S/cm）	纯品	2×10^{-11}
临界压力/MPa		11.28		（-35℃）工业品	3×10^{-5}
临界密度/（kg/L）		0.235	着火点/℃		651
临界体积/（L/kg）		4.225	爆炸范围 NH₃ （体积，下同） （%）	氨与氧混合	15~79
临界压缩系数		0.242		氨与空气混合 0℃	16~27
临界热导率/[W/m·K]		0.145		（101.325kPa）100℃	15.5~28
临界黏度/（mPa·s）		23.9×10^{-3}			

2. 氨的主要用途

氨主要用于制造化学肥料，如农业上使用的所有氮肥、含氮混合肥和复合肥等，也作为生产其他化工产品的原料，如基本化学工业中的硝酸、纯碱、含氮无机盐，有机化学工业的含氮中间体，制药工业中磺胺类药物、维生素，化纤和塑料工业中的己酰胺、己二胺、甲苯二异氰酸酯、人造丝、丙烯腈、酚醛树脂等都需要直接或间接地以氨为原料。另外，也可作为制造三硝基甲苯、三硝基苯酚、硝化甘油、硝化纤维等多种炸药的原料。氨还可以做冷冻、冷藏系统的制冷剂。氨的下游产品示意图如图 7-1 所示。

7.1.2　天然气制合成氨的原理

以天然气为原料合成氨需经过若干步工序，其中所涉及的主要化学反应有：经过脱硫的天然气转化制合成气、合成气中 CO 的变换、CO_2 的脱除、微量碳氧化物的除去及核心反应氨的合成。

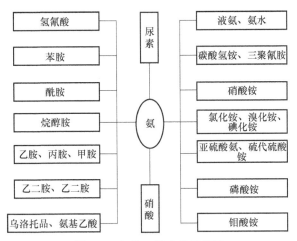

图 7-1　氨的下游产品示意图

1. 天然气蒸汽转化制合成气

天然气蒸汽转化：

$$CH_4 + H_2O \Longrightarrow CO + 3H_2 \quad \Delta H = +205.99 kJ/mol \tag{7-1}$$

$$CH_4 + 2H_2O \Longrightarrow CO_2 + 4H_2 \quad \Delta H = +205.99 kJ/mol \tag{7-2}$$

天然气部分氧化：

$$CH_4 + \frac{1}{2}O_2 \Longrightarrow CO + 2H_2 \quad \Delta H = -35.39 kJ/mol \tag{7-3}$$

$$CH_4 + O_2 \Longrightarrow CO_2 + 2H_2 \quad \Delta H = -318.6 kJ/mol \tag{7-4}$$

在一定条件下，天然气蒸汽转化制合成过程还伴有生成炭黑的副反应：

$$2CO \longrightarrow CO_2 + C \tag{7-5}$$

$$CH_4 \longrightarrow 2H_2 + C \tag{7-6}$$

$$CO + H_2 \longrightarrow H_2O + C \tag{7-7}$$

（1）天然气蒸汽转化的反应热力学　天然气蒸汽转化制合成气是整个合成氨装置的关键工序，烃类的蒸汽转化是复合吸热的可逆反应，故天然气的转化率受热力学平衡的限制。影响天然气蒸汽转化反应平衡组成的因素如下：

1）水碳比。水碳比是指天然气蒸汽转化制合成气原料气中水蒸气与含烃原料中碳分子总数之比。水碳比大小表示天然气蒸汽转化工艺中所用的工艺蒸汽量的多少。在一定条件下，水碳比越高，天然气平衡含量越低，即转化率越高。

2）温度。烃类蒸汽转化是吸热的可逆反应，温度增加，天然气平衡含量下降（反应炉管不能承受太高温度时，可通过提高水碳比来提高反应速度）。

3）压力。烃类蒸汽转化为体积增大的可逆反应，增加压力，天然气平衡含量也增大。

（2）天然气蒸汽转化的反应动力学　从热力学方面衡量，天然气蒸汽转化反应尽可能在高温、高水碳比及低压的条件下进行。但是，在相当高的温度下反应的速度仍然很慢，需要催化剂来加快反应。在催化转化过程中，催化剂是决定操作条件、合成气组成、设备结构及尺寸等的关键因素之一。

高活性、强度好、抗析炭、良好的几何尺寸、足够的使用寿命是烃类转化催化剂应具备的条件，镍是最有效的催化剂。

（3）天然气蒸汽转化过程防止炭黑生成的条件　天然气蒸汽转化时生成的炭黑会覆盖在催化剂表面，堵塞微孔，使催化剂活性降低，天然气蒸汽转化率下降，同时局部反应区过热而缩短反应炉管使用寿命，甚至会使催化剂粉碎而增大床层阻力。

烃类转化过程中，为防止生成炭应，应使反应过程在热力学不生成炭的条件下进行：

1）保证足够水蒸气用量大于热力学的最小水碳比。

2）选择合适的温度、压力等工艺参数。

3）选择高活性及高稳定性的催化剂。

4）原料应严格脱除有害毒物，保证催化剂活性不下降。

（4）天然气蒸汽转化操作条件的选择

1）压力。天然气蒸汽转化是一个体积增大的反应，压力高对反应不利，但随着转化压力水平的提高，总的气体压缩功将逐渐下降，给全系统带来好处，将降低氨合成工艺的压缩功。对合成氨工艺而言，压力是一个全局性的参数，提高压力对天然气平衡转化率不利，而从整个装置考虑，是最优的，可降低装置能耗，减少装置尺寸。目前工业生产上大都在转化压力 3.0~4.5 MPa 下操作。可用提高温度来弥补压力的提高对转化率的影响。

2）温度。天然气蒸汽转化工序中的任务是提高甲烷的转化率，降低天然气含量，要求该工序的产物中天然气量限值为 0.3%。提高反应温度可增加天然气平衡参数，但同时增加了析炭副反应，而抑制副反应的手段是提高水碳比。在适合的水碳比范围内，要求系统温度维持在 1000℃左右。

3）水碳比。水碳比与原料气组成有关，是诸操作变量中最易改变的。天然气蒸汽转化工序的水碳比高，不仅有利于天然气含量降低，也有利于反应速度的提高，更重要的是有利于防止析炭，但水碳比提高，能耗也随之提高。一般选择水碳比的判据是在不析碳的条件下，尽量降低水碳比。

2. CO 的变换

CO 变换单元是使来自蒸汽转化单元混合气中的 CO 进一步与水蒸气反应，生成 CO_2 和氢气。将一氧化碳在催化剂作用下和水蒸气发生放热反应，生成氢气和二氧化碳，这样可以提高氢气产量。

$$CO + H_2O \Longrightarrow CO_2 + H_2 \quad \Delta H = -41.19 \text{kJ/mol} \tag{7-8}$$

CO 变换按照变换温度可分为高温变换和中温变换。高温变换操作温度一般在 350~400℃，中温变换操作温度则在 300~350℃。工艺冷凝液的处理变化很多，一般采用低压法或中压法。近年来，由于注重对资源的节约，因此在变换单元的工艺设置上，一些公司开始采用 CO 高温变换加低温变换的两段变换工艺设置，以进一步降低原料的消耗。

3. CO_2 的脱除

变换工序来的粗原料气加工成纯净的氢气和氮气，必须将二氧化碳从气体中除去，一般要求气体中 CO_2 小于 0.1%。同时，回收的二氧化碳也是制造尿素、纯碱、碳酸氢铵及干冰等产品的原料。脱除 CO_2（以热碱法为例）反应如下：

$$CO_2 + K_2CO_3 + H_2O \Longrightarrow 2KHCO_3 \quad \Delta H = -26.58kJ/mol \quad (7\text{-}9)$$

4. 甲烷化

在甲烷化催化剂的作用下，使原料气中的 CO_2、CO、H_2 反应生成甲烷和水。甲烷化脱除微量碳氧化物：

$$CO + 3H_2 \Longrightarrow CH_4 + H_2O \quad \Delta H = -206kJ/mol \quad (7\text{-}10)$$

$$CO_2 + 4H_2 \Longrightarrow CH_4 + 2H_2O \quad \Delta H = -165kJ/mol \quad (7\text{-}11)$$

由于是放热反应，甲烷转化炉的气体必须经换热回收热量。

5. 氨的合成

氨的合成反应如下：

$$0.5N_2 + 1.5H_2 \Longrightarrow CH_4 + 2H_2O \quad \Delta H = -105kJ/mol \quad (7\text{-}12)$$

（1）氨合成反应的特点

1）氨合成反应是可逆反应。即在氢气和氮气反应生成氨的同时，氨也分解成氢气和氮气。

2）氨合成反应是放热反应。在生成氨的同时放出热量，反应热与温度、压力有关。

3）氨合成反应是体积缩小的反应。

4）氨合成反应需要催化剂才能较快地进行。

（2）氨合成反应的化学平衡

1）平衡常数：$K_p = \dfrac{p(NH_3)}{p_{H_2}^{1.5} p_{N_2}^{0.5}}$

降温和提高压力有利于平衡向生成氨的方向移动。

2）平衡氨含量：达到平衡时，氨在混合气体中的百分含量称为平衡氨含量，或氨的平衡产率。提高平衡氨含量的措施为降低温度，提高压力，保持氢氮比等于 3：1。

（3）影响氨合成反应速率的因素

1）压力。氨合成正向反应速率与压力的 1.5 次方成正比，逆向反应速率与压力的 0.5 次方成反比，所以提高压力就可以加快反应速率。

2）温度。一般的化学反应速率随温度的升高而加快，对于可逆的放热反应过程，随着温度的升高，正、逆反应速率均增加，但温度较低时，正反应速率起决定作用。

3）氢氮比、催化剂活性、颗粒对反应速率也有影响。

7.1.3　天然气制合成氨的工艺

1. 天然气蒸汽转化法

目前普遍采用的天然气蒸汽转化法有 Kellogg 法、英国的 ICI 法、丹麦的 Topsoe 法、美国的 Selas 法和 Foster Wheller 法、法国的 ONIA-GEGI 法和日本的 TEC 法。这些方法除了一段转化炉及烧嘴结构、有原料预热和预热回收的对流段布置各具特点外，工艺流程大同小异。

天然气蒸汽转化工艺流程框图如图 7-2 所示。

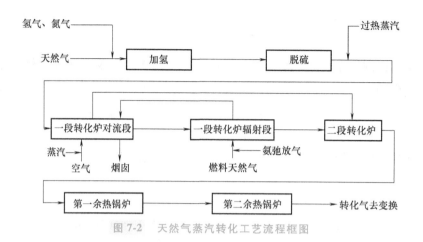

图 7-2　天然气蒸汽转化工艺流程框图

2. 部分氧化法

天然气部分氧化制合成气是一个温和的放热反应。在 750~800℃下甲烷的平衡转化率可达 90% 以上，CO 和 H_2 的选择性高达 95%，合成气的 H_2 和 CO 物质的量比接近 2。

（1）常压催化部分氧化法　经脱硫后其硫含量小于 3×10^{-6}（体积分数）的常压天然气与蒸汽一起加热到 300~400℃，进入混合器。在混合器内天然气、蒸汽与氧（或富氧空气）混合后去转化炉反应。转化炉气体出口温度为 850~1000℃，经喷水降温至 425℃ 以下后，去变换工序。此法采用热水饱和塔和余热锅炉回收热量。

（2）加压催化部分氧化法　硫含量小于 10×10^{-6}（体积分数）和烯烃含量小于 20% 的原料烃加压到 2.94 MPa，与蒸汽混合并预热至 550℃；氧（或富氧空气）加压后也预热至 500℃。此两种气流进入自热转化炉顶部喷嘴充分混合后，在炉内进行部分氧化反应，并升温到 1100℃，再经镍基催化剂床层进行转化反应。从转化炉底部出来的转化气温度为 900~1000℃，甲烷含量小于 0.2%。为防止气体离开催化剂床层后在转化炉下部发生 CO 歧化反应而析炭，采用急冷水将其迅速冷却，产生的蒸汽供变换工序用。急冷后约 650℃ 的转化气作为热源，再经余热锅炉产生高压蒸汽，而转化气则降温至约 360℃ 后，去变换工序。

3. 天然气制氨后续工艺

（1）变换　根据反应温度不同，变换有高温和低温之分。从二段转化炉出来的转化气中含有大约 13% 的 CO，需要采用高温和低温两段变换将其转化为 H_2 和易于除去的 CO_2，以使气体中的 CO 含量（干基）小于 0.5%。

高温变换采用铁铬基催化剂，温度为 370~485℃，水气比为 0.6~0.7（H_2O/CO 为 4.5~5.5），压力约为 3MPa，空速为 2000~3000h^{-1}，出口气体中 CO 含量（干基）为 2%~4%。

低温变换采用铜锌铬基和铜锌铝基催化剂，以后者居多。温度范围在 230~250℃，水气比为 0.45~0.6，压力约为 3MPa，空速为 2000~3000h^{-1}，出口气体中 CO 含量（干基）为 0.2%~0.5%。

（2）脱碳　为了将变换气处理成纯净的氢气和氮气，必须将 CO_2 从气体中除去。脱碳的方法很多，有化学溶剂法、物理溶剂法、化学-物理溶剂法、直接转化法和其他类型方法等。天然气制合成氨的蒸汽转化法系在中压（2.5～3MPa）下操作。故通常采用 Benfield 法（改良的热钾碱法或活化热钾碱法）。

Benfield 法的特点是在 K_2CO_3 溶液中加有促进 CO_2 吸收和反应的活化剂，而且吸收在比较高的温度（如110℃）下进行。该法有多种流程安排，如一段吸收和一段再生、两段吸收和一段再生、两段吸收和两段再生等。

大型合成氨厂多采用两段吸收和两段再生的热钾碱法工艺流程，其特点是：从变换工序来的气体由 CO_2 吸收塔底部进入，离开塔顶的为脱碳后的净化气，其 CO_2 含量小于 0.1%，经分液罐除去夹带的液滴后去甲烷化工序。

从吸收塔底部流出的热碳酸钾富液经液力透平回收能量后进入再生塔的顶部，一部分未完全再生的半贫液由再生塔中部引出，经增压后去吸收塔中部，以吸收变换气中的大部分 CO_2，其余的 CO_2 则由从吸收塔顶部进入被温度较低的贫液吸收。解吸出来的 CO_2 去冷凝器和回流罐冷凝分离，液体返回再生塔，CO_2 去所需装置（如去尿素装置）作为原料。因此，这种流程安排显著降低了脱碳的能耗。两段吸收和两段再生的热钾碱法工艺流程如图7-3所示。

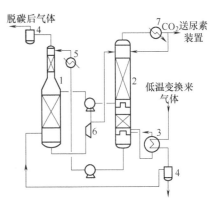

图 7-3　两段吸收和两段再生的热钾碱法工艺流程
1—吸收塔　2—再生塔　3—再沸器
4—分离器　5—换热器
6—液力透平　7—冷凝器

（3）甲烷化　经变换和脱碳后的气体（新鲜气）中尚含有少量残余的 CO 和 CO_2。为了防止对氨合成催化剂的毒害，要求进入合成工序的气体中 CO 和 CO_2 的总量要小于 10×10^{-6}（体积分数）。但是，一般的脱碳方法达不到这样高的净化度，故来自脱碳工序的气体还必须进一步净化。气体中的 CH_4、Ar 对合成催化剂虽无毒害，但会影响合成反应速度，增加操作费用和气体的耗量，故也需将其脱除或降低其含量。

甲烷化的基本原理是在 280～420℃ 的温度范围内，在催化剂的存在下使原料气中的 CO、CO_2 与 H_2 反应生成甲烷和易于除去的水。

虽然甲烷化反应使惰性气体甲烷含量有所增加，且消耗了部分氢气，却可使出口气体中 CO 和 CO_2 的总量小于 10×10^{-6}（体积分数）。

（4）合成　合成工序是合成氨工艺中最后一道工序，也是比较复杂和关键的工序。为了获得更多的氨，只有将未反应的合成原料气（氢氮气）循环使用。但是，由于原料气中含有少量的 CH_4、Ar 等惰性气体，在循环中会有积累，必须将它们（弛放气）排除系统，而排除系统的弛放气中总会带有少量有用气体。因此，如何将它们回收，如何使部分产品与氢气和氮气分开，如何选择合适的压力和温度，使化学平衡向有利于氨合成的转化，这些就涉及催化剂性能和分氨、合成、压缩、氢氮气回收等工艺技术，故在流程设置上必须包括：氢气和氮气的压缩并补入循环气（未反应气体）系统；循环气预热和氨的合成；氨的分离；热量回收利用；未反应气体增压并循环使用；排放一部分循环气（弛放气）以保持循环气中惰性气体含量等。

7.2 天然气制甲醇

甲醇是极为重要的有机化工原料和清洁液体燃料,是碳一化工的基础产品。我国2022年的甲醇产量约为8022.5万t,是名副其实的甲醇生产大国。应用煤炭等传统化石能源制造甲醇的碳排放量占甲醇总生产过程碳排放量的30%~70%,利用天然气等绿色甲醇工艺的碳排放量仅占甲醇总生产过程碳排放量的10%,远远低于传统生产工艺。强化绿色甲醇工艺开发利用,减少煤制甲醇的比重,提高天然气制甲醇产量,这样就可以在甲醇制造过程中降低碳排放。因此,在碳约束条件下,可以通过促进天然气规模化甲醇生产来达到绿色甲醇制造目标,通过提升合成气转化率来降低碳排放,将更多合成气转化成甲醇,降低投资和提高经济收益。

7.2.1 概述

1. 甲醇的性质

甲醇是最简单的饱和醇,分子式为 CH_3OH,相对分子量为32.04,正常沸点为64.7℃,常温常压下是无色透明、有刺激性气味的挥发性液体。甲醇与水互溶,在汽油中有较大溶解度。甲醇有毒,易燃烧,其蒸气与空气混合物在一定范围内会发生爆炸,爆炸极限(体积分数)为6.0%~36.5%。

甲醇的分子结构式中含有一个甲基与一个羟基,因为它含羟基,所以具有醇类的典型反应;又因它含有甲基,所以又能进行甲基化反应。甲醇可以与一系列物质反应,所以甲醇在工业上有着十分广泛的应用。

1)甲醇可被氧化为甲醛,然后被氧化为甲酸。

$$CH_3OH + \frac{1}{2}O_2 \Longrightarrow HCHO + H_2O \tag{7-13}$$

$$HCHO + \frac{1}{2}O_2 \Longrightarrow HCOOH \tag{7-14}$$

甲醇在600~700℃通过浮石银催化剂或其他固体催化剂,如铜(Cu)、五氧化二钒(V_2O_5)等,可直接氧化为甲醛(HCHO)。

2)甲醇氨化,生产甲胺(CH_3NH_2)。甲醇与氨按一定比例混合,在温度为370~420℃、压力为5.0~20.0MPa条件下,以活性氧化铝为催化剂进行反应,可得到一甲胺、二甲胺及三甲胺的混合物,再经精馏,可得一甲胺(CH_3NH_2)、二甲胺 $[(CH_3)_2NH]$ 及三甲胺 $[(CH_3)_3N]$ 产品。

$$CH_3OH + NH_3 \Longrightarrow CH_3NH_2 + H_2O \tag{7-15}$$

$$2CH_3OH + NH_3 \Longrightarrow (CH_3)_2NH + 2H_2O \tag{7-16}$$

$$3CH_3OH + NH_3 \Longrightarrow (CH_3)_3N + 3H_2O \tag{7-17}$$

3)甲醇羰基化,生成醋酸。甲醇与一氧化碳在温度为250℃、压力为50~70MPa条件下,通过碘化钴(Co)催化剂,或者在温度180℃、压力为3~4MPa条件下,通过铑

（Rh）的羰基化合物催化剂，并以碘甲烷为助催化剂，合成醋酸（CH$_3$COOH）。

$$CH_3OH+CO \mathop{=\!=\!=} CH_3COOH \qquad (7-18)$$

4）甲醇酯化，生成各种酯类化合物。

甲醇与甲酸反应生成甲酸甲酯（HCOOCH$_3$）：

$$CH_3OH+HCOOH \mathop{=\!=\!=} HCOOCH_3+H_2O \qquad (7-19)$$

甲醇与硫酸（H$_2$SO$_4$）作用生成硫酸氢甲酯（CH$_3$HSO$_4$）、硫酸二甲酯 [（CH$_3$）$_2$SO$_4$]：

$$CH_3OH+H_2SO_4 \mathop{=\!=\!=} CH_3HSO_4+H_2O \qquad (7-20)$$

$$2CH_3OH+H_2SO_4 \mathop{=\!=\!=} (CH_3)_2SO_4+2H_2O \qquad (7-21)$$

甲醇与硝酸作用生成硝酸甲酯：

$$CH_3OH+HNO_3 \mathop{=\!=\!=} CH_3NO_3+H_2O \qquad (7-22)$$

5）甲醇氯化，生成氯甲烷。甲醇与氯气（Cl$_2$）、氢气混合，以氯化锌（ZnCl$_2$）为催化剂可生成一氯甲烷（CH$_3$Cl）、二氯甲烷（CH$_2$Cl$_2$）、三氯甲烷（CHCl$_3$），直至四氯化碳（CCl$_4$）。

$$CH_3OH+Cl_2+H_2 \mathop{=\!=\!=} CH_3Cl+HCl+H_2O \qquad (7-23)$$

$$CH_3Cl+Cl_2 \mathop{=\!=\!=} CH_2Cl_2+HCl \qquad (7-24)$$

$$CH_2Cl_2+Cl_2 \mathop{=\!=\!=} CHCl_3+HCl \qquad (7-25)$$

$$CHCl_3+Cl_2 \mathop{=\!=\!=} CCl_4+HCl \qquad (7-26)$$

6）甲醇与氢氧化钠（NaOH）反应，生成甲醇钠（CH$_3$ONa），甲醇与氢氯化钠在85~100℃温度下反应脱水可生成甲醇钠。

$$CH_3OH+NaOH \mathop{=\!=\!=} CH_3ONa+H_2O \qquad (7-27)$$

7）甲醇的脱水。在高温下，在 ZSM-5 型分子筛或 0.5~1.5 nm 的金属硅铝催化剂下，甲醇可脱水成二甲醚 [（CH$_3$）$_2$O]。

$$2CH_3OH \mathop{=\!=\!=} (CH_3)_2O+H_2O \qquad (7-28)$$

8）甲醇与苯（C$_6$H$_6$）反应生成甲苯（C$_6$H$_5$CH$_3$）。在 3.5MPa、340~380℃条件下，甲醇与苯在催化剂存在下生成甲苯。

$$CH_3OH+C_6H_6 \mathop{=\!=\!=} C_6H_5CH_3+H_2O \qquad (7-29)$$

9）甲醇与光气（COCl$_2$）反应，生成碳酸二甲酯（CH$_3$OCOOCH$_3$）。光气先与甲醇反应生成氯甲酸甲酯（CH$_3$OCOCl），氯甲酸甲酯进一步与甲醇反应生成碳酸二甲酯。

$$CH_3OH+COCl_2 \mathop{=\!=\!=} CH_3OCOCl+HCl \qquad (7-30)$$

$$CH_3OH+CH_3OCOCl \mathop{=\!=\!=} CH_3OCOOCH_3+HCl \qquad (7-31)$$

10）甲醇与二硫化碳（CS$_2$）反应，生成二甲基亚砜 [（CH$_3$）$_2$SO]。甲醇与二硫化碳以 γ-Al$_2$O$_3$ 作催化剂合成二甲基硫醚 [（CH$_3$）$_2$S]，再与硝酸（HNO$_3$）氧化生成二甲基亚砜。

$$4CH_3OH+CS_2 \mathop{=\!=\!=} 2(CH_3)_2S+CO_2+2H_2O \qquad (7-32)$$

$$(CH_3)_2S+2HNO_3 \mathop{=\!=\!=} (CH_3)_2SO+2NO+H_2O \qquad (7-33)$$

11）甲醇的裂解。甲醇在一定温度、压力下，可在催化剂作用下分解为 CO 和 H$_2$。

$$CH_3OH \mathop{=\!=\!=} CO+2H_2 \qquad (7-34)$$

2. 甲醇的用途

甲醇是重要的化工原料，可用于生产甲醛、甲胺、甲烷氯化物、丙烯酸甲酯、甲基丙烯酸甲酯、对苯二甲酸二甲酯、醋酸、醋酐、甲酸甲酯、碳酸二甲酯等。其中，用于生产甲醛的消耗量约占甲醇总量的 30%～40%。近年来，随着碳一化工的发展，由甲醇合成乙二醇、乙醛、乙醇等工艺日益受到重视。总之，甲醇作为重要原料，在医药、燃料、塑料、合成纤维等工业中有着重要的地位。

（1）碳一化工的支柱　在 20 世纪 70 年代，随着天然气制甲醇生产技术的成熟，英国 ICI 公司与德国 Lurgi 公司低压甲醇技术得到推广，大量甲醇进入市场。同时，美国孟山都公司甲醇低压羰基化生产醋酸的技术取得突破，获得工业应用；美国埃克森美孚（Exxon Mobil）公司用 ZSM-5 催化剂成功地将甲醇转化为汽油。这样，一系列原来以乙烯为原料的有机化工产品可能转变为由甲醇获得，甲醇成了碳一化工的支柱。

（2）新一代燃料　甲醇是一种易燃液体，燃烧性能良好，辛烷值高，抗爆性能好，被称为新一代燃料。甲醇作为燃料有以下几种形式：

1）甲醇掺烧汽油，国外已使用掺烧 5%～15% 甲醇的汽油，我国也已对 M15（汽油中掺烧 15% 甲醇）和 M25 混合燃料进行了技术鉴定。

2）纯甲醇用于汽车燃料。

3）甲醇制汽油。

4）甲醇制甲基叔丁基醚、二甲醚等高辛烷值汽油掺合剂。

（3）有机化工的主要原料　甲醇进一步加工，可制得甲胺、甲醛、甲酸及其他多种有机化工产品。国内已有用甲醇作为原料一次加工产品的成熟生产工艺，即将投入生产的甲醇系列有机产品有几十种。

（4）精细化工与高分子化工的重要原料　甲醇作为重要的化工原料，在农药、染料、医药、合成树脂与塑料、合成橡胶、合成纤维等工业中得到广泛的应用。

（5）生物化工制单细胞蛋白　甲醇蛋白是一种由单细胞组成的蛋白，它以甲醇为原料，通过微生物发酵制得。由于工业微生物技术的发展，以稀甲醇为基质生产甲醇蛋白的工艺在国外已实现工业化，大型化装置已投产，在国内也正在研究开发。我国饲养业对蛋白质需求量很大，发展甲醇蛋白有非常好的前途。

7.2.2　天然气制甲醇的原理

1. 甲醇合成反应原理

在一定温度、压力下，CO、CO_2 和 H_2 在固相铜催化剂作用下进行反应，可合成甲醇，化学反应如下：

$$CO+2H_2 \Longrightarrow CH_3OH+90.8kJ/mol \qquad (7-35)$$

$$CO_2+3H_2 \Longrightarrow CH_3OH+H_2O+49.5kJ/mol \qquad (7-36)$$

因反应体系中存在 CO_2 和 H_2，它们之间还发生 CO 的逆变换反应：

$$CO_2+H_2 \Longrightarrow CO+H_2O-41.2kJ/mol \qquad (7-37)$$

可见，CO 和 CO_2 加 H_2 合成甲醇属于体积减小的放热反应，从反应平衡角度，低温和高压均有利于生产甲醇。反应过程中，除生成甲醇外，还伴随一些副反应，生成一定量的烃、醇、醛、醚、酸和酯等化合物：

$$CO+3H_2 \Longrightarrow CH_4+H_2O \tag{7-38}$$

$$2CO+4H_2 \Longrightarrow C_2H_5OH+H_2O \tag{7-39}$$

$$CO+H_2 \Longrightarrow HCHO \tag{7-40}$$

$$2CO+4H_2 \Longrightarrow CH_3OCH_3+H_2O \tag{7-41}$$

$$CH_3OH+2CO+2H_2 \Longrightarrow C_2H_5COOH+H_2O \tag{7-42}$$

$$2CH_3OH \Longrightarrow HCOOCH_3+2H_2 \tag{7-43}$$

$$CH_3OH+CO \Longrightarrow HCOOCH_3 \tag{7-44}$$

因此，合成甲醇是一个复杂的气固相催化反应体系，其产物的分离精制也需要较为复杂的精馏分离过程。

2. 甲醇合成反应的动力学

甲醇合成反应属于气固相催化反应，其特点是反应主要在催化剂内表面上进行的。多孔催化剂上的催化过程，一般可以认为经过以下几个步骤：

1）外扩散：反应物从流体主体扩散到催化剂表面。

2）内扩散：反应物从催化剂颗粒外表面向微孔内扩散。

3）反应物在催化剂内表面上吸附。

4）被吸附的反应物在内表面上起化学反应。

5）反应生成物从内表面上解吸。

6）生成物由微孔向外表面扩散。

7）生成物从颗粒外表面扩散到流体主体。

其中，步骤1）、7）称为外扩散过程，2）、6）称为内扩散过程，3）~5）称为本征反应过程。反应总速率决定于上述 7 步中阻滞作用最大的一步。

3. 甲醇合成反应机理

有研究通过同位素跟踪表明，甲醇合成反应中的碳原子来自 CO_2，因此提出了 CO_2 加 H_2 生成甲醇，而 CO 与 H_2O 转化为 CO_2 的反应机理。也有研究分别对仅含 CO_2、仅含 CO 及同时含有 CO_2、CO 的三种原料气进行了甲醇合成动力学试验测定，反应压力为 5MPa，温度为 218~260℃。试验表明，原料气中仅含 CO_2 可生成甲醇；原料气中仅含 CO 也可生成甲醇；原料气中含 CO_2 及 CO 均可生成甲醇。因此，这里分别列出 CO_2 和 CO 合成甲醇的可能的反应历程。其中，CO_2 合成甲醇的可能的反应历程如下：

1）$CO_2 + * \longrightarrow CO_2 *$

2）$H_2 + * \longrightarrow H_2 *$

3）$CO_2 * + H_2 \longrightarrow CO_2 H_2 *$

4）$H_2 * + CO_2 \longrightarrow CO_2 H_2 *$

5）$CO_2 H_2 * + * \longrightarrow CO H_2 * + O$

6）$CO H_2 * + H_2 \longrightarrow CH_3OH + *$

7）$CH_3OH + 2O * \longrightarrow H_2 + H_2O + CO_2 + 2 *$

CO 合成甲醇的可能的反应历程如下：

1）$H_2 + 2 * \longrightarrow 2H *$

2）$CO+H*\longrightarrow HCO*$

3）$HCO*+H*\longrightarrow H_2CO*$

4）$H_2CO*+2H*\longrightarrow CH_3OH*+2*$

5）$CH_3OH*\longrightarrow CH_3OH+*$

"*"是催化剂的活性位,上标"*"表示该物质被活性位吸附。上述机理为:CO_2合成甲醇的反应中3）和4）为两个控制过程,其余为平衡过程;CO 合成甲醇的反应中,步骤1）和2）是甲醇合成总反应速率的控制步骤。

研究表明,铜基催化剂上的竞争吸附以 CO_2 为最强,H_2、CO、CO_2 的吸附强度依次为:$CO_2>CO>H_2$,过量的 CO_2 将过分占据活性中心,反而对甲醇合成反应不利。

7.2.3　天然气制甲醇的工艺

1. 操作条件

甲醇合成生产中,选择合适的工艺操作条件,对获得高产低耗具有重要意义。

（1）温度　从化学平衡考虑,温度提高,对平衡不利;从动力学考虑,温度提高,反应速率加快。因而,存在最佳温度。甲醇合成铜基催化剂的使用温度范围为 210~270℃。温度过高,催化剂易衰老,使用寿命短;温度过低,催化剂活性差,且易生成羰基化合物。为保证催化剂使用寿命长,应在确保质量的前提下,尽可能将温度控制得较低些。

（2）压力　从化学平衡考虑,压力提高,对平衡有利;从动力学考虑,压力提高,反应速率加快。因而,提高压力对反应有利。低压甲醇合成,合成压力一般为 4~6MPa。操作压力受催化剂活性、负荷高低、空速大小、冷凝分离好坏、惰性气含量等影响。通常,催化剂使用前期,操作压力一般可适当低一些,大致可控制在 4MPa 左右;后期,压力适当提高。

（3）空速　空速或循环气量是调节合成塔温度及产量的重要手段。循环量增加,转化率下降,但空速大了,甲醇产量有所增加。当空速为 5000~10000h^{-1} 时,空时产率随空速增加而增加,超过 10^4h^{-1},空速影响不大。

（4）气体组成

1）新鲜气中（H_2-CO_2)/(CO+CO_2）物质的量的比应控制在 2.0~2.2,一般来说,新鲜气中该物质的量的比过小,易发生副反应极易结炭,且催化剂易衰老。该物质的量的比过大,单耗增加。

2）入塔气中的 H_2 含量提高,对减少副反应、减少 H_2S 中毒、降低羰基镍和高级醇的生成都是有利的,又可延长催化剂寿命。

3）入塔气中的 CO 含量是一个重要的操作参数,入塔气的 CO 含量一般为 8%~11%。

4）入塔气中的 CO_2 含量适当提高,可保持催化剂的高活性,对甲醇合成有利,但当 CO_2 过高时,甲醇产率又会降低。

5）入塔气中的其他气体如 CH_4、N_2、Ar,也影响甲醇合成。若这些气体含量太高,降低反应速率,循环动力消耗也大;若这些气体含量太低,弛放损失加大,损失有效气体。一般来说,催化剂使用前期,活性高,可允许较高的其他气体含量,弛放气可少些;后期活性低，要求其他气体含量低，弛放气就大一些。

（5）循环气中甲醇含量 水冷温度越低，循环气与入塔气中甲醇含量越低，有利于甲醇反应进行。一般水冷温度应低于 30℃，使入塔气中 CH_3OH 的体积分数不大于 0.5%。

2. 甲醇合成催化剂

甲醇合成催化剂主要分为，锌-铬催化剂和铜基催化剂两类。锌-铬催化剂的活性温度高，为 350~420℃，由于受平衡的限制，低温和高压有利于反应正向进行，故需要在高压下操作；铜基催化剂的活性温度低，为 230~290℃，可以在较低的压力下操作，工业上普遍使用低压铜基催化剂。

锌-铬催化剂（Zn-Cr_2O_3）是一种高压固体催化剂，由德国 BASF 公司于 1923 年首先开发研制成功。锌铬催化剂的活性较低，为了获取较高的转化率，操作压力必须为 25~35MPa，因此被称为高压催化剂。锌-铬催化剂的特点是：耐热性能好，能忍受过热过程；对硫不敏感；机械强度高；使用寿命长，使用范围宽，操作控制容易；与铜基催化剂相比较，其活性低、选择性低、精馏困难（产品中杂质复杂）。由于在这类催化剂中 Cr_2O_3 的质量分数高达 10%，故成为重要污染源之一。铬对人体是有毒的，该类催化剂已被淘汰。

铜基催化剂是一种低温低压甲醇合成催化剂，其主要组分为 $Cu/ZnO/Al_2O_3$（Cu-Zn-Al）由英国 ICI 公司和德国 Lurgi 公司先后研制成功。低（中）压法铜基催化剂压力为 5~10MPa。其特点是：

1）活性好，单程转化率为 7%~8%。

2）选择性高，大于 99%，其杂质只有微量的甲烷、二甲酸、甲酸甲酯，易得到高纯度的精甲醇。

3）耐高温性差，对硫敏感。目前工业上甲醇的合成主要使用铜基催化剂。

3. 工艺流程

由于化学平衡的限制，通过甲醇合成反应器的气体中一氧化碳、二氧化碳与氧不可能全部合成甲醇，合成塔出口气体中甲醇摩尔分数仅为 3%~6%，未反应的气体必须循环。因此甲醇合成工艺的流程如图 7-4 所示。

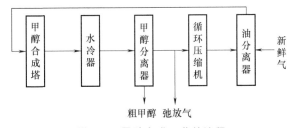

图 7-4 甲醇合成工艺的流程

甲醇的合成在甲醇合成塔中进行。甲醇合成是可逆放热反应，为使反应过程适应最佳温度曲线的要求，以达到较高的产量，要采取措施移走反应热。

甲醇的分离采用冷凝分离法，它是利用甲醇在高压下易被冷凝的原理进行分离的。高压下与液相甲醇呈平衡的气相甲醇含量随温度降低、压力增高而下降。

气体的循环靠循环压缩机来实现。气体在合成系统内循环，是凭借循环压缩机（或在原料气压缩机中设循环段）进行的，由于系统中气体的流速很大，通过设备管道时产生较大的压力降，由循环压缩机得到了补偿。为分离掉气体压缩过程中带入的油雾，在循环压缩机后设有油分离器。

新鲜气一般在粗甲醇分离后给以补充，往往在循环压缩机出口的油分离器处补充。在合成过程中，未反应的惰性气体积累在系统中，需进行排放。弛放气的位置设在甲醇分离器后，循环压缩机前。

甲醇合成分高压法（20MPa）、中压法（10~12MPa）和低压法（5MPa）三种。工业上常用低压法，以 ICI 法和 Lurgi 法应用最为广泛。

（1）ICI 低压法甲醇合成工艺流程　1966 年，英国 ICI 公司建立了世界上第一个低压法甲醇工厂。该法具有能耗低，生产成本低等优点。该公司同时开发了四段冷激型甲醇合成反应器。ICI 低压法甲醇合成工艺流程如图 7-5 所示。

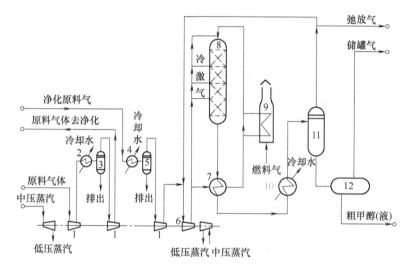

图 7-5　ICI 低压法甲醇合成工艺流程

1—原料气压缩机　2、4—冷却器　3、5—分离器
6—循环压缩机　7—热交换器　8—甲醇合成塔　9—开工加热器
10—甲醇冷凝器　11—甲醇分离器　12—中间储槽

合成气经原料气压缩机升压至 5MPa，与循环压缩后的循环气混合，大部分混合气经热交换器预热至 230~245℃，进合成塔，一小部分混合气作为甲醇合成塔冷激气，控制床层反应温度。在甲醇合成塔内，气体在低温高活性的铜基催化剂（ICI51-1 型）上合成甲醇，反应在 230~270℃及 5MPa 下进行，副反应少，粗甲醇中的杂质含量低。

甲醇合成塔出口气经热交换器换热，再经水冷分离，得到粗甲醇，未反应气返回循环机升压，完成一次循环。为了使合成回路中的其他气体含量维持在一定范围内，在进循环压缩机前弛放一股气体作为燃料。粗甲醇在闪蒸器降压至 0.35MPa，闪蒸出的溶解气体也作为燃料使用。

ICI 低压法甲醇合成工艺的特点如下：

1）由于采用低压法，原料气压缩机可选用离心式压缩机。若以天然气、石脑油为原料，蒸汽转化制气的流程中，可以用副产的蒸汽驱动透平，带动离心式压缩机，降低了能耗，改善了全厂技术经济指标。离心压缩机排气压力仅为 5MPa，设计制造容易。而且，驱动蒸汽透平所用蒸汽的压力为 4~6MPa，压力不高，因此蒸汽系统较简单。

2）ICI 工艺采用 ICI51-1 型铜基催化剂，这是一种低温催化剂，操作温度为 230~270℃，可在低压下（5MPa）操作，抑制强放热的甲烷化反应及其他副反应。粗甲醇中杂质含量低，使精馏负荷减轻。另外，由于采用低压法，使动力消耗减至高压法的一半，节省了能耗。

3）采用该公司专制的多段冷激式合成塔，结构简单，催化剂装卸方便，通过直接通入冷激气调节床层温度，效果良好，设计的菱形分布器补入冷激气，使冷热气体混合均匀。床层温度得到控制，延长了催化剂的寿命。

（2）Lurgi 低压法甲醇合成工艺流程　如图 7-6 所示为 Lurgi 低压法甲醇合成工艺流程。该流程采用管壳型反应器，催化剂装在管内，反应热由管间的沸腾水带走，并副产中压蒸汽。

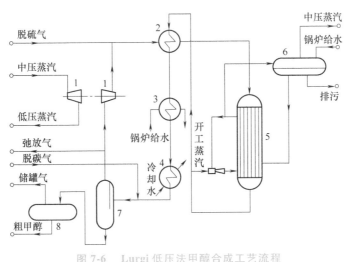

图 7-6　Lurgi 低压法甲醇合成工艺流程
1—透平循环压缩机　2—热交换器　3—锅炉水预热器　4—水冷却器
5—甲醇合成塔　6—汽包　7—甲醇分离器　8—粗甲醇储槽

在该流程中，甲醇合成原料气在透平循环压缩机内加压至 5.2MPa，与循环气以 1∶5 的比例混合。混合气在进反应器前先与反应器的出塔气体换热，升温至 220℃左右，然后进入甲醇合成塔（管壳型）。反应热传给壳程的水，产生蒸汽进入汽包，出塔气温度约为 250℃，含甲醇 7% 左右，经换热冷却至 85℃，然后用空气和水分别冷却，温度降至 40℃，冷凝的粗甲醇经分离器分离。分离粗甲醇后的气体适当放空，控制系统中惰性气体的含量。这部分放空气体用作燃料，大部分气体进入透平压缩机加压后返回甲醇合成塔。甲醇合成塔副产的蒸汽及外部补充的高压蒸汽一起进入过热器，过热至 500℃左右，带动透平机。透平后的低压蒸汽作为甲醇精制工段所需的热源。

（3）高压法甲醇合成工艺流程　图 7-7 所示为高压法甲醇合成工艺流程。高压法是指压力在 25~32MPa 下进行的甲醇合成反应。工业上最早的甲醇合成技术就是在 30~32MPa 压力下用锌铬催化剂合成甲醇的，出口气体中甲醇含量为 3% 左右，反应温度为 360~420℃。我国开发了 25~27MPa 压力下在铜基催化剂上合成甲醇的技术，出口气体中甲醇含量为 4% 左右，反应温度为 230~290℃。新鲜合成气与循环气在油分离器汇合，进入内冷管型甲醇合成塔下部换热器，再经催化床层中冷管加热，预热至床层入口温度，进入催化剂床层。先在绝热段中进行绝热反应，再在冷却段中边反应边换热。出床层气体在塔下部换热器中与进塔气换热降温。出合成塔的气体进入水冷器，甲醇冷凝，在分离器中分离出粗甲醇、未反应气体则进入循环压缩机，提高压力后与新鲜气汇合。

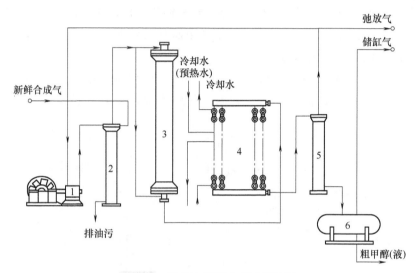

图 7-7　高压法甲醇合成工艺流程

1—循环压缩机　2—油分离器　3—甲醇合成塔　4—水冷却器　5—分离器　6—中间储槽

4. 甲醇的分离精制

甲醇合成反应产生的粗甲醇产品中含有许多杂质，采用色谱或色谱-质谱分析，其组分按沸点顺序排列为：二甲醚、乙醛、甲酸甲酯、二乙醚、正戊烷、丙醛、丙烯醛、乙酸甲酯、丙酮、异丁醛、甲醇、异丙烯醚、正乙烷、乙醇、甲乙酮、正戊醇、正庚烷、水、甲基异丙酮、乙酐、异丁醇、正丁醇、异丁醚、二异丙基酮、正辛烷、异戊醇、4-甲基戊醇、正壬烷、正癸烷等。高压法（锌基催化剂）粗甲醇中含二甲醚较多，低压法（铜基催化剂）粗甲醇中二甲醚含量较少。要制得甲醇产品就必须采用精馏法将杂质分离掉。

工业上，甲醇分离精制的精馏流程可分为单塔流程、双塔流程及三塔流程。若产品为燃料级甲醇，则可采用单塔流程；若要获得质量较高的甲醇，则常采用双塔流程；从节能出发，则采用三塔流程，目前普遍采用三塔流程。

（1）单塔流程　单塔流程如图 7-8 所示。粗甲

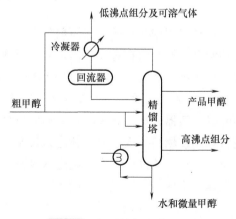

图 7-8　甲醇精馏单塔流程

醇从精馏塔中部进料口送入，可溶气体如 H_2、CO、CO_2 和沸点低于甲醇的物质由精馏塔顶排出，沸点高于甲醇的物质在进料塔板以下若干块塔板处引出，含有微量甲醇的水从精馏塔底除去，甲醇产品从精馏塔顶以下若干块塔板处引出。

（2）双塔流程　双塔流程如图 7-9 所示。第 1 塔为预蒸馏塔，第 2 塔为主精馏塔，预蒸馏塔用以分馏可溶气体和沸点低于甲醇的组分；主精馏塔主要除去高于甲醇沸点的组分和水，甲醇产品从顶部取出，高沸点组分从加料口以下若干塔板引出，水和微量甲醇从塔底排出。

（3）三塔流程　三塔流程如图 7-10 所示。此流程包括预蒸馏塔、加压精馏塔和常压精馏塔。预蒸馏塔的作用与双塔流程一样。经预蒸馏塔后的甲醇混合液进入加压精馏塔，塔内压力为 $0.7\sim0.8MPa$，塔顶气体作为常压精馏塔重沸器的热源，移走热量后返回加压精馏塔。加压精馏塔底甲醇混合液进入常压精馏塔，常压精馏塔塔顶得精甲醇，塔底排出水、高沸点组分及微量甲醇。三塔与双塔流程相比，热能消耗降低 $30\%\sim40\%$。

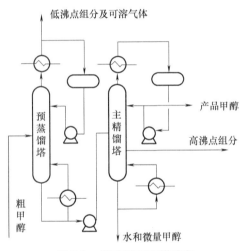

图 7-9　甲醇精馏双塔流程

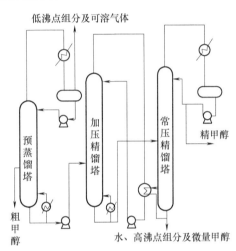

图 7-10　甲醇精馏三塔流程

7.3　天然气制乙炔

乙炔是重要的化工原料之一，被誉为"有机合成之母"。它不仅在金属加工、焊接和切割等领域发挥着重要作用，还可用于生产其他化学品，如氯乙烯、乙醛、醋酸乙烯、丙烯腈、丙烯酸等产品，它的应用广泛，下游产品丰富，这促使学术界和产业界对它的生产方法尤为关注。

相较于电石法，天然气制乙炔技术具有能源消耗低、对环境污染小、乙炔产量高、可以大幅降低碳排放等优势。此外，天然气制乙炔技术还能使七成的天然气燃烧，利用其产生的热量来加热剩余三成的天然气，并使其发生裂解反应以生产乙炔，这使热量能够充分得到利用。

7.3.1　概述

1. 乙炔的性质

乙炔在常温常压下为具有麻醉性的无色可燃气体；纯净的乙炔没有气味，但是在有杂质时有大蒜气味；比空气轻，能与空气形成爆炸性混合物，极易燃烧和爆炸；微溶于水，在 25℃、101.325kPa 时，在水中的溶解度为 $0.94cm^3/cm^3$；溶于酒精、丙酮、苯、乙醚等；能与汞、银、铜等化合生成爆炸性化合物，与氟、氯发生爆炸性反应。在高压下乙炔很不稳定，火花、热力、摩擦均能引起乙炔的爆炸性分解而产生氢和碳。因此，必须把乙炔溶解在丙酮中才能使它在高压下稳定。一般，在乙炔管道中，均应将表压保持在 1 个大气压以下。

乙炔本身无毒，但是在高浓度时会引起窒息。乙炔与氧的混合物有麻醉效应。吸入乙炔气后出现的症状有晕眩、头痛、恶心、面色青紫、中枢神经系统受刺激、昏迷、虚脱等，严重者可导致窒息死亡。乙炔通常是溶解在丙酮等溶剂及多孔物中，装入钢瓶内，钢瓶应存放在阴凉通风干燥处，库温不宜超过 30℃。要在室外单独隔离存放；远离火种、热源，避免阳光直射；与氧气、压缩空气、氧化剂、氟烷、铜银汞、铜盐、汞盐、银盐、过氧化有机物、炸药、毒物、放射性材料等隔离。设备管道应接地，要严格密封。

发生火灾时可用雾状水、二氧化碳灭火。漏气时，用强制通风使其浓度低于爆炸浓度。泄漏容器可转移至空旷处，让其在大气中缓慢漏出，或者用管子导入燃烧炉中，或在凹地处小心点火焚烧。

2. 乙炔的用途

乙炔燃烧时所形成的氧炔焰最高温度可达 3500℃，所以它的重要用途之一是用来焊接或切割金属。但乙炔最主要的用途是用作有机合成的原料。图 7-11 列举了乙炔的主要用途。

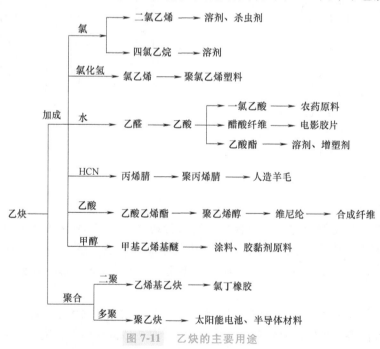

图 7-11 乙炔的主要用途

7.3.2 天然气制乙炔的原理

烃类裂解制乙烯时，如温度过高，乙烯（C_2H_4）就会进一步脱氢，转化为乙炔（C_2H_2），但乙炔在热力学上很不稳定，易分解为碳和氢。

$$烃类 \xrightarrow{裂解} C_2H_4 \longrightarrow C_2H_2 + H_2 \tag{7-45}$$

$$C_2H_2 \longrightarrow 2C + H_2 \tag{7-46}$$

甲烷裂解制乙炔时，也经过中间产物乙烯，但因很快进行脱氢，故其总反应式可写为

$$2CH_4 \longrightarrow C_2H_2 + 3H_2 \tag{7-47}$$

乙炔的收率主要取决于反应式（7-45）与式（7-46）或式（7-47）与式（7-46）在热力学或动力学上的竞争。烃类的生成自由能与温度的关系如图 7-12 所示，从图 7-12 可知，在一定的温度条件下，式（7-45）和式（7-47）的 ΔG^{θ} 都是很大的正值，只有在高温条件下才能有较大的平衡常数值，而式（7-46）的 ΔG^{θ} 却是很大的负值，在热力学上占绝对优势但随温度的升高，其优势越来越小。故从热力学分析，烃类裂解制乙炔，必须在高温条件下进行。但即使在接近 2000℃ 的温度下，式（7-47）在热力学上还是占有利地位，因此，是否能获得乙炔，取决于它们在动力学上的竞争。

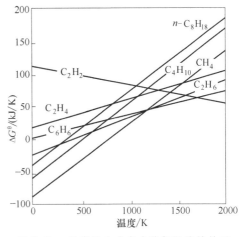

图 7-12　烃类的生成自由能与温度的关系

乙炔裂解的动力学基于 Kassel 简化动力学模型。Kassel 模型提出了如下连串反应机理：

$$2CH_4 \xrightarrow{k_1} C_2H_6 + H_2 \tag{7-48}$$

$$C_2H_6 \xrightarrow{k_2} C_2H_4 + H_2 \tag{7-49}$$

$$C_2H_4 \xrightarrow{k_3} C_2H_2 + H_2 \tag{7-50}$$

$$C_2H_2 \xrightarrow{k_4} 2C + H_2 \tag{7-51}$$

各项反应均为一级反应，同时，上述反应中 $k_2 \gg k_1$，则上述方程式可简化为

$$2CH_4 \xrightarrow{k_1} C_2H_4 + 2H_2 \tag{7-52}$$

$$C_2H_4 \xrightarrow{k_3} C_2H_2 + H_2 \tag{7-53}$$

$$C_2H_2 \xrightarrow{k_4} 2C + H_2 \tag{7-54}$$

其中，乙炔裂解为二级反应，但研究认为，乙炔的裂解反应不是简单的二级反应，而应包含体系中第三体的影响，其反应机理为

$$C_2H_2 + M \xrightarrow{k_4} 2C + H_2 + M \tag{7-55}$$

因此，甲烷热裂解系列反应的动力学关系可表示为

$$-\frac{dc_{CH_4}}{dt} = k_1 c_{CH_4} \tag{7-56}$$

$$\frac{dc_{C_2H_4}}{dt} = \frac{1}{2} k_1 c_{CH_4} - k_3 c_{C_2H_4} \tag{7-57}$$

$$\frac{\mathrm{d}c_{C_2H_4}}{\mathrm{d}t} = \frac{1}{2}k_1 c_{CH_4} - k_4 c_{C_2H_2} c_M \tag{7-58}$$

式中，c_{CH_4}、$c_{C_2H_4}$、$c_{C_2H_2}$、c_M 分别为各物质的量浓度（$\mathrm{kmol/m^3}$）；k_1、k_3 为反应速率常数（$\mathrm{s^{-1}}$）；k_4 为反应常数 $[\mathrm{m^3/(kmol \cdot s)}]$ 分别由式（7-59）～式（7-61）得出：

$$k_1 = 4.5 \times 10^{13} \exp(-4.575 \times 10^4 / T) \tag{7-59}$$

$$k_3 = 2.58 \times 10^8 \exp(-2.011 \times 10^4 / T) \tag{7-60}$$

$$k_4 = 4.57 \times 10^4 \exp(-2.069 \times 10^3 / T) \tag{7-61}$$

则对应的反应速率定义式分别为

$$R_1 = k_1 c_{CH_4}, \quad R_3 = k_3 c_{C_2H_4}, \quad R_4 = k_4 c_{C_2H_2} c_M \tag{7-62}$$

由式（7-52）和式（7-53）的反应速度常数与温度的关系可见，当温度很高时，$k_3 > k_4$，乙炔的生成大于乙炔的分解，可能获得较高产率的乙炔。

由以上讨论可知，烃类裂解制乙炔，无论在热力学或动力学方面都要求高温。但在高温时，虽然乙炔的相对稳定性增加了，与生成速度相比，分解速度相对地减慢了，但其绝对分解速度还是增快的，因此停留时间必须非常短，使生成的乙炔能尽快地离开反应区域。由此可知，烃类裂解生产乙炔必须满足下列三个重要条件：供给大量反应热；反应区温度要很高；反应时间特别短（0.01s 以下），而且反应物一离开反应区即要被急冷，才能终止二次反应，避免乙炔的损失。

7.3.3 天然气制乙炔的工艺

1. 甲烷部分氧化法

天然气部分氧化热解制乙炔的工艺流程包括两个部分，一个是稀乙炔制备，另一个则是乙炔提浓，如图 7-13 所示。

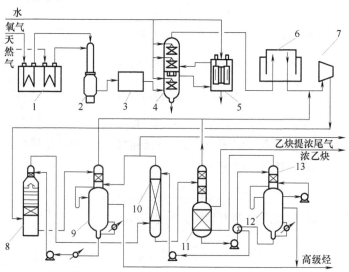

图 7-13 天然气部分氧化热解制乙炔的工艺流程

1—预热炉 2—反应器 3—炭黑沉降槽 4—淋洗冷却塔 5—电除尘器 6—稀乙炔气柜 7—压缩机
8—预吸收塔 9—预解吸塔 10—主吸收塔 11—逆流解吸塔 12—真空解吸塔 13—二解吸塔

（1）稀乙炔制备　将 0.35MPa 压力的天然气和氧气分别在预热炉内预热至 650℃，然后进入反应器上部的混合器内，按总氧比 $[n(O_2)/n(CH_4)]$ 为 0.5～0.6 的比例均匀混合。混合后的气体经多个旋焰烧嘴导流进入反应道，在 1400～1500℃的高温下进行部分氧化热解反应。

反应后的气体被反应道中心的喷头喷出的水幕淬冷至 90℃左右。出反应炉的裂化气中乙炔体积分数为 8% 左右。由于热解反应中有炭析出，裂化气中炭黑质量浓度为 1.5～2.0g/m³，这些炭黑依次经沉降槽、淋洗冷却塔、电除尘器等清除设备后，降至 3mg/m³ 以下，然后裂化气被送入稀乙炔气柜储存。

旋焰裂解反应炉结构如图 7-14 所示。

（2）乙炔提浓　现行的乙炔提浓工艺主要用 N-甲基吡咯烷酮为乙炔吸收剂进行吸收富集。如图 7-13 所示。由稀乙炔气柜 6 来的稀乙炔气与回收气、返回气混合后，由压缩机 7 两级压缩至 1.2MPa 后进入预吸收塔 8。在预吸收塔中，用少量吸收剂除去气体中的水、萘及高级炔烃（丁二炔、乙烯基炔、甲基乙炔等）等高沸点杂质，同时有少量乙炔被吸收剂吸收。

经预吸收后的气体进入主吸收塔 10 时压力仍为 1.2MPa 左右，温度为 20～35℃。在主吸收塔内，用 N-甲基吡咯烷酮将乙炔及其同系物全部吸收，同时会吸收部分二氧化碳和低溶解度气体。从顶部出来的尾气中 CO 和 H_2 体积分数高达 90%，乙炔体积分数很小（小于 0.1%），可用作合成氨或合成甲醇的合成气。

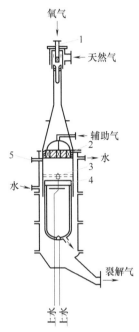

图 7-14　旋焰裂解反应炉结构
1—旋流混合器　2—旋焰烧嘴
3—淬火头　4—炭黑刮刀　5—点火孔

预吸收塔 8 底部流出的富液，用换热器加热至 70℃，节流减压至 0.12MPa 后，送入预解吸塔 9 上部，并用主吸收塔 10 尾气（分流一部分）对其进行反吹解吸吸收的乙炔和 CO_2 等，上段所得解吸气称为回收气，送循环压缩机。余下液体经 U 形管进入预解吸塔 9 下段，在 80% 真空度下解吸高级炔烃，解吸后的贫液循环使用。

主吸收塔塔底出来的吸收富液节流至 0.12MPa 后进入逆流解吸塔 11 的上部，在此解吸低溶解度气体（如 CO_2、H_2、CO、CH_4 等），为充分解吸这些气体，用二解吸塔 13 导出的部分乙炔气进行反吹，将低溶解度气体完全解吸，同时少量乙炔会被吹出。此段解吸气因含有大量乙炔，返回压缩机 7 压缩循环使用，因而称为返回气。经上段解吸后的液体在逆流解吸塔 11 的下段用二解吸塔 13 解吸气底吹，从中部出来的气体就为乙炔的提浓气，乙炔纯度在 99% 以上。

将逆流解吸塔 11 塔底出来的吸收液用真空解吸塔 12 解吸，再将解吸后的贫液预热至 105℃左右，之后送入二解吸塔 13 进行乙炔的二次解吸，解吸气用作逆流解吸塔 11 的反吹气，解吸后的吸收液进入真空解吸塔 12，在 80% 左右的真空度下，以 116℃左右温度加热吸收液（沸腾），将溶剂中的所有残留气体全部解吸出去。解吸后的贫液冷至20℃左右返回主吸收塔使用，真空解吸尾气通常用火炬烧掉。溶剂中的聚合物按种类不同质量分数不能超过0.45%～0.8%，因此需不断抽取贫液去再生，再生方法一般采用减压蒸馏和干馏。

乙炔提浓除N-甲基吡咯烷酮溶剂法外，还可用二甲基甲酰胺、液氨、甲醇、丙酮等作为吸收剂进行吸收提浓。除溶剂吸收法提浓乙炔外，近年研究开发成功的变压吸附分离方法正式投入稀乙炔提浓的工业应用中，使提浓工艺得到简化，且经济效果将更佳。

部分氧化法是天然气生产乙炔中应用最多的方法，但投资和运行成本较高。其主要原因为：

1）部分氧化法是通过甲烷部分燃烧作为热源来裂解甲烷，因此形成的高温环境温度受限，而且单吨产品消耗的天然气量过大。

2）部分氧化法必须建立空分装置以供给氧气，由于有氧气参加反应，使生产运行处于不安全范围内，因而必须增设复杂的防爆设备。氧的存在还使裂解气中有氧化物存在，增加了分离和提浓工艺段的设备投资。

3）裂化气组成比较复杂，C_2H_2 为8.54%、CO 为25.65%、CO_2 为3.32%、CH_4 为5.68%和 H_2 为55%。这给分离提浓工艺的消耗及人员配置等诸方面都带来了麻烦，并且增加了运行成本。

2. 电弧法

电弧法制乙炔是利用气体电弧放电产生的高温对天然气进行热裂解制得乙炔的。早在20世纪30年代，德国Hüels公司就开始了电弧法裂解甲烷制乙炔的研究，并随之开发了用于天然气转化的Hüels工艺。美国杜邦公司开发了杜邦电弧法。经过多年的持续发展，目前电弧法制乙炔的生产能力已达 $12 \times 10^4 t/a$。

图7-15所示为电弧法制乙炔的工艺流程。天然气进入电弧炉1的涡流室，气流在电弧炉1中进行裂解，其停留时间仅有0.002s，裂解气先经炭黑沉降器2、旋风分离器3和泡沫洗涤塔4除去产生的炭黑，然后经碱洗塔6、油洗塔7进行碱液洗、油洗以去掉其他杂质。净化后的裂解气暂存于气柜8，再送后续工段进行乙炔提浓。

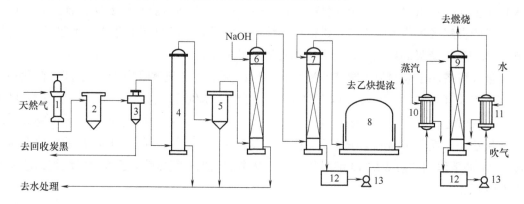

图7-15 电弧法制乙炔的工艺流程

1—电弧炉 2—炭黑沉降器 3—旋风分离器 4—泡沫洗涤塔 5—湿式电滤器 6—碱洗塔
7—油洗塔 8—气柜 9—解吸塔 10—加热器 11—冷却器 12—储槽 13—泵

图 7-16 所示,为电弧裂解炉示意。以天然气或 $C_1 \sim C_4$ 烃为原料,作为放电气体沿切线方向进入既是反应器又是电弧发生器的中空柱形区,形成旋涡运动,然后通过外加电能产生电弧。天然气在电弧高温区内被裂解形成含乙炔的裂解气,然后沿中心管出来急冷。裂解反应实现的最高温度为 1900 K,单程转化率约为 50%。

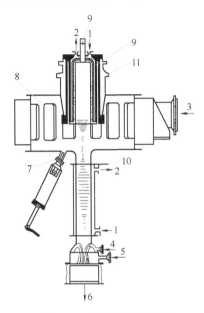

图 7-16　电弧裂解炉示意

1—冷却水进口　2—冷却水出口　3—供气　4—冷却水　5—供氢　6—反应气出口
7—值班电极　8—切向进气　9—阴极　10—接地阳极　11—瓷绝缘体

电弧法要求天然气中的甲烷含量较高。以甲烷含量为 92.3% 的天然气使用电弧法裂解所得裂解气。电弧法裂解气的烃类体积分数见表 7-2。

表 7-2　电弧法裂解气的烃类体积分数

CH_4	C_2H_2	C_2H_4	C_2H_6	C_3H_4	C_3H_6	C_3H_8	C_4H_6	丁二烯	乙烯基乙炔
16.3%	14.5%	0.90%	0.04%	0.40%	0.02%	0.03%	0.02%	0.01%	0.10%

电弧法是直接使甲烷在电场区产生电弧并裂解,然后偶联生成 C_2 烃。它没有成流气,也就没有更高温度的等离子射流,因此单程收率较低,裂化气中残余甲烷相对较多。甲烷既是工作气体也是反应物。

电弧法的优点是能量能迅速地作用在反应物上,该方法将烃转化为乙炔的比例比部分氧化法明显高很多,电弧法的突出优点是通过分离将单程转化后未反应的甲烷再次送到反应器,做到了原料的循环利用(每生产 1t 乙炔消耗甲烷 4200m³),提高了原料利用率,并提高了乙炔收率(可达 35%)。其不足是对操作变化很敏感,当操作不当时会导致大量的副产物形成(每生产 1t 乙炔副产氢气 3500m³),因此不能很好地控制甲烷的裂解程度,因而尽管已经工业化,但并未得到广泛使用。表 7-3 列出了上述电弧法、Hüels 电弧法、杜邦电弧法裂解天然气制乙炔的部分工作参数。

表 7-3　电弧法裂解天然气制乙炔的部分工作参数

工艺	反应器功率/kW	淬冷工艺	甲烷转化率(%)	乙炔产率(%)	乙炔选择性(%)	炭黑产率(%)	比能/(kW·h/kg)
电弧法	7000	喷水冷却	50	35	70	5	11
Hüels 电弧法	8000	夹套冷却	70.5	51.4	72.9	5.7	12.1
杜邦电弧法	9000	直接冷却	—	70	—	—	—

3. 等离子体转化法

热等离子体裂解天然气制乙炔的研究已经比较广泛和深入，所用的方法主要有电弧放电、射频放电、微波放电。20 世纪 20~30 年代，德国 Hüels 公司就着手研究甲烷热等离子体裂解制乙炔的新方法，并随之开发了用于天然气转化的 Hüels 工艺。其基本原理是将等离子体作为热源引发热反应，使反应物分解成自由基后，骤冷至最终产物乙炔的稳定温度。该法的关键在于乙炔在极短的时间内形成并骤冷到乙炔的稳定温度。

等离子体法裂解天然气制乙炔的工艺流程如图 7-17 所示。将工作气体 H_2、N_2 或 Ar 加入等离子体发生器，在阴极和阳极间发生电弧放电，使其电离。离解得到的电磁流体作为能量媒介，经气体、器壁压缩后形成一股温度很高的等离子射流，利用这股高温射流裂解经过脱硫预处理后的天然气。等离子体裂解天然气的反应是快速反应，反应时间 $t < 0.14$ ms。操作温度为 1300~2000℃（由热电偶监测）。裂化气进入由上、下两段组成的反应器急冷，形成 C_2H_2、C_2H_4、H_2 和炭黑等产物。急冷后的裂化气体温度约为 300℃。经过布袋过滤器脱除炭黑后，进入冷凝器冷却到 30℃以下，由乙炔压缩机加压到 110MPa 后送往提浓装置。

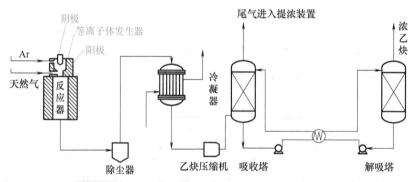

图 7-17　等离子体法裂解天然气制乙炔的工艺流程

影响工艺过程的主要因素如下：

（1）工作气体　一般以 H_2、Ar 作为工作气体。在高温下，H_2 将电能转换到气体热焓中的能力比后者大 30%以上，且从 5000 K 冷却到 1200K 会释放 550kJ/mol 的能量，对乙炔生成有利，因此，H_2 是较理想的工作气体。采用 H_2 和 CH_4 的混合气作为工作气体，可降低生产成本。

（2）CH_4/H_2　乙炔产物的浓度、转化率和收率因 CH_4/H_2 不同而有较大差异，有文献表明，CH_4/H_2 为 1.72 时效果最好。

（3）淬冷　氢气能起到保护乙炔的作用，还能与未反应的碳和 C_2H_2 等基团反应形成乙炔，用氢气急冷比用 Ar、N_2 效果好，但要增大裂解气体积，对分离不利。有研究采用高效间冷器消除了这一点并获得了优质炭黑。

（4）进料方式　旋转进料方式优于直线进料方式。

（5）进料速度和压力　研究表明，进料速度和压力较高时，电能消耗较低，但低压有利于乙炔的生成。

7.4　天然气低碳化利用的新技术

天然气的主要成分是甲烷，其燃烧产物主要是二氧化碳和水，单位热值的二氧化碳排放量低于煤炭和石油。随着人们对全球气候变化问题的日益关注，天然气作为一种相对清洁的能源备受瞩目。然而，传统的天然气开发和利用方式存在着碳排放问题，迫切需要创新技术的介入来实现其低碳化利用。本章将探讨几种前沿的技术创新，包括天然气同时制氢和炭黑、天然气制炭材料和气态碳捕集等。这些新技术的应用不仅可以提高天然气的利用效率，还能大幅度减少碳排放，为实现能源可持续发展目标提供了重要支持。

7.4.1　天然气炭黑生产和制氢新工艺

炭黑是各种用途的炭黑产品的总称。它是用多烃类的固态、液态或气态的物质经不完全燃烧而产生的微细粉末，不溶于水、酸、碱，能在空气中燃烧变成二氧化碳。炭黑为工业中不可或缺的化工原料，是仅次于钛白粉的重要颜料。炭黑还是最好的黑色颜料，着色力及遮盖力最强，视觉感官上呈中性，具有稳定、耐热、耐蚀性好、耐光等特点。同时，炭黑又是塑料、橡胶制品的改质添加剂。

氢是主要的工业原料，也是最重要的工业气体和特种气体，在石油化工、电子工业、冶金工业、食品加工、浮法玻璃、精细有机合成、航空航天等方面有着广泛的应用。水电解制氢是通过电解水产生氢气，其产氢效率为 75%～85%。工艺过程简单、无污染、绿色环保，可直接将水转换为 H_2 和 O_2。但反应过程能耗较大、生产成本高，造成一定的资源浪费，因此水电解制氢的应用受到一定限制。

天然气的主要成分是甲烷，是含碳量最小、含氢量最大的烃。在进行天然气转化过程中，会产生大量氢气，是理想的制氢原料。此外，相比于传统的煤炭或石油，天然气燃烧产生的二氧化碳排放量较低。氢气是一种清洁能源，具有无色无味、难溶于水的特点，通过与氧气燃烧可以转化成水，不会产生其他污染物质。因此，通过将天然气转化成氢可有效降低碳排放量。

就传统生产工艺而言，无论是炭黑还是氢气，在生产过程中要么保留碳元素损失氢气，要么产生氢气消耗碳元素，还会产生 CO_2 和 CO 等有害气体。根据天然气裂解产生 C 和 H_2 的原理，发展可以同时保留炭黑和氢气的生产工艺，提升天然气二次、三次增值能力，确保生产过程中减少或不产生有害气体，实现"天然气+氢能""天然气+化工新材料"融合发展，做到"清洁替代、战略接替、绿色转型"，达到碳中和的目的。

1. 天然气热裂解

20 世纪中叶，人们开发出了天然气高温裂解制炭制氢技术，称为热裂解法。热裂解法是一种不连续的炭黑制造方法。运转时，先将天然气和空气通入炉内进行燃烧加热格子砖，然后停止通空气和天然气，用格子砖蓄存的热量裂解通入的天然气，生成炭黑和氢气。反应工艺需要有两台内衬耐火材料的裂解炉，炉内用耐火砖砌成花格，构成方形通道。当一台炉内进行燃烧处于蓄热周期时，另一台炉内进行裂解处于生产周期，直到温度降低到一定温度后再进行燃烧加热，两台炉子如此轮流进行蓄热—裂解，循环操作。

产生的炭黑和烟气经一道冷却后进行气固分离，分离出的炭黑直接成为炭黑产品，气体需要进一步对氢气进行提纯，提纯后的气体甲烷含量高，再将甲烷分离出来，送入反应炉循环使用。天然气热裂解工艺流程如图 7-18 所示。

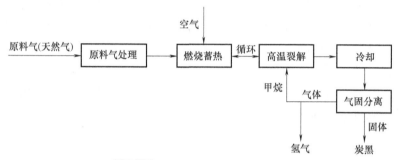

图 7-18 天然气热裂解工艺流程

该工艺产生的炭黑具有粒子直径大、结构低、碳含量高、不纯物少的特点，但品种适应较差，可在硬质合金、碳素制品中做碳质原料。可通过改变燃料气、原料气的进气速率、进气点位置，或改变反应炉格子砖的空间排列（格子砖间隙越小，生产的炭黑粒子越细）来生产不同品种。

就制氢而言，由于中间气体的氢含量高达 85% 以上，因此提纯后的氢气产品具有纯度高的特点。

就尾气排放而言，天然气热裂解工艺的整个生产过程中只产生了极少量的 CO 和 CO_2，与传统制炭和制氢工艺相比，该工艺大大减少了温室气体的排放，有利于碳中和目标的实现。

2. 天然气催化热裂解法

天然气催化热裂解（TCD）法是一种以天然气为原料，让燃烧和裂解分别进行的间歇式方法。CH_4 在催化剂的作用下发生裂解反应：

$$CH_4 \xrightarrow{\text{催化剂}} C + 2H_2 \tag{7-63}$$

催化剂在反应中有降低反应活化能、加快反应速率的作用。催化剂 Co（60%）/Al_2O_3 可使 CH_4 随着温度的升高增大转化率，但催化剂的碳容量和寿命下降。催化剂 Ni（88%）/ZrO_2 有利于 CH_4 在高温中裂解。典型天然气 TCD 工艺流程如图 7-19 所示。

不管是传统的天然气热裂解还是催化热裂解，均存在炭堵塞和转化率偏低的问题。德国有研究团队创新了天然气热裂解的方法，可有效避免堵塞并提高转化率。该新方法是从甲烷提取氢气和碳，且在这个过程中不产生任何二氧化碳。这个反应不是燃烧甲烷，而是在甲烷裂解过程中把 CH_4 分裂成 C 和 H_2，这个反应在 750℃ 以上的高温下发生，且不释放任何有

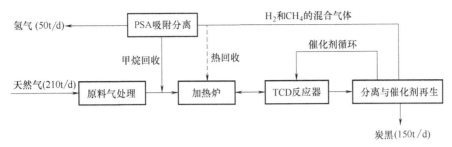

图 7-19 典型天然气 TCD 工艺流程

害排放物。

德国科学家 Carlo Rubbia 提出了基于液态金属技术的一种新型反应器的设计。在新反应器中，将细小的甲烷气泡从充满熔融锡的塔底部注入。当这些气泡上升到液态金属表面时，就发生裂解反应。在裂解反应中，在泡沫的表面分离出炭，并在反应器顶端作为粉末被沉积。反应器能连续运行两周，1200℃时的产氢转化率为78%，且产生的微晶粒状的炭粉很容易分离，可避免炭堵塞，再加上新型反应器耐蚀性好，从而满足工业规模反应器连续操作所需的技术条件。

该技术产生单位氢气的 CO_2 排放可与水电解制氢相媲美，并比甲烷水蒸气重整制氢清洁 50% 以上，基本实现了碳的零排放。

3. 等离子体法

等离子体是由阳离子、中性粒子、自由电子等多种不同性质的粒子所组成的电中性物质，是继固态、液态、气态之后物质的第四种形态。热等离子体具有温度高、能量集中等特点，很适合创造裂解甲烷生成炭黑和氢气的环境。因此，可利用等离子体产生极高温度来实现天然气的裂解，进行炭黑生产和制氢。

有研究者在等离子体制炭和制氢的工艺流程设计方面做了很多的工作，给出了比较完整的工艺过程。其工艺流程大概有以下三步：

1）将天然气以一定的流速通过一个已预先产生等离子体的等离子体炬中，其温度高达 3000℃以上，停留时间一般为 $1\sim10\mu s$。

2）进入次高温环境（600~1000℃），停留 0.1s 左右。

3）冷却、分离。

后经过改进，具体工艺流程为：将天然气从预热器预热后，进入一个已预先产生等离子体的等离子体反应器中，与注入等离子反应器的炭黑原料充分混合，进入反应段生成炭黑，在反应段末端喷入急冷水，终止炭黑生成反应，后经由过滤器分离获得炭黑和氢气。最终产生的氢气大部分作为产品，小部分送回等离子体反应器作等离子体，经由等离子体炬将电能转化为热能为反应供热。等离子体法制炭制氢工艺流程如图 7-20 所示。

挪威的 Kvaerner Oil&Gas 公司开发了"CB&H"等离子体法分解天然气制炭制氢的工艺，过程如下：在反应器中装有等离子体炬，以提供能量，使天然气发生热分解。等离子气是氢气在生产过程中循环使用。该工艺于 1992 年进行了中试，现在已经建成无 CO_2 排放的工业制氢装置。Kvaerner Oil&Gas 公司称，利用该技术建成的装置生产规模可大可小，规模范围

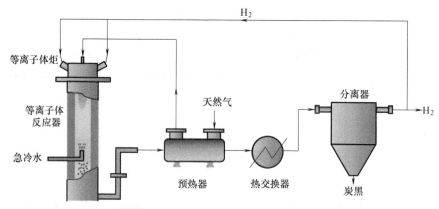

图 7-20　等离子体法制炭制氢工艺流程

为 1 亿~3.6 亿 m^3/a（标准氢气）。

该工艺除了原料和等离子体炬所需的电源外，过程的能量可以自给，且多余的热量可以用来生产蒸汽，若规模较大，多余热量可用于发电。因此，等离子体法制氢（包括炭黑的价值）与风能制氢、水电制氢、地热制氢、生物法制氢、天然气蒸汽重整制氢在内的几种制氢方法相比，是制氢成本最低的制氢方法。

等离子体法制炭制氢除成本低以外，还具有以下优点：

1）原料利用效率高，几乎所有的原料都转化为氢气和炭黑，没有其他副反应，生产过程不但没有二氧化碳生成，且产品纯度非常高，所得氢气可用于 PEMFC 质子膜燃料电池等对 CO 含量要求严格的系统。

2）等离子体温度高、范围广，有利于炭黑产品品种的多样化。

7.4.2　天然气利用过程中 CO_2 的捕集

在全球应对气候变化的紧迫任务下，碳捕集、利用与封存（CCUS）技术成为推动天然气低碳化的重要组成部分。这项技术旨在减少天然气燃烧所产生的 CO_2 排放，从而显著降低温室气体在大气中的浓度，减缓气候变化的进程。CCUS 基本原理是在天然气燃烧或生产过程中，将产生的 CO_2 气体捕集、利用、封存或运输到地下储存的技术，以减少或消除大气中的 CO_2 排放。

在碳捕集技术方面，目前已经有一些成熟的技术应用于实践中，如吸附法、吸收法和膜分离法等。在吸附法方面，吸附材料是碳捕集技术中的关键材料之一，如分子筛、硅胶、活性炭等。然而，这些材料存在一些缺点，如吸附容量较小、吸附选择性较差等。因此，研究新型吸附材料是碳捕集技术的重要方向之一。一些新型的吸附材料包括金属有机框架（MOFs）、多孔有机聚合物（POPs）、碳纳米管等，这些材料具有高比表面积、高吸附容量和高选择性等特点，能够有效提高碳捕集的效率和效果。在新型吸收材料方面，一些成熟的吸收材料包括有机胺类溶液、氢氧化钠溶液、碳酸钾溶液等，这些材料能够有效地吸收 CO_2，但仍存在腐蚀性较强、吸收容量较小等缺点。因此，人们正在对如离子液体、相变吸收剂、少水吸收剂等具有高吸收容量、低腐蚀性等特点的新型吸收材料加速攻关。在新型膜分离技术方面，目前一些成熟的膜分离技术采用聚合物膜、陶瓷膜等，这些膜具有高选择性、低能耗等特点，能够有效提高碳捕集的效率和效果。除了上述新技术外，还有一些其他的碳捕集新技术正在研究和开发中，如基于太阳能或风能的碳捕集技术、基于生物质的碳捕集技术等。

碳运输是 CCUS 的重要环节之一，将捕集的 CO_2 通过管道、船舶、车辆等方式运输到目的地。目前，碳运输技术已经比较成熟，车辆运输为目前主要运输方式，未来，将采用管道运输的方式进行长距离运输。中国石化已经建设国内首条百万吨级 CO_2 输送管道，全长109km，是目前国内规模最大、输送距离最长的 CO_2 输送管道。

在碳利用技术方面，碳利用是 CCUS 的重要环节之一，将捕集的 CO_2 转化为有价值的化学品或材料。目前，已经有一些成熟的碳利用技术应用于实践中，如 CO_2 驱油、CO_2 矿化、CO_2 转化为甲醇、乙二醇等化学品，以及 CO_2 转化为可降解塑料等材料。此外，还有一些新兴的碳利用技术正在研究和开发中，如 CO_2 制碳纳米管，碳纳米管是一种由石墨烯卷曲而成的纳米级管状材料，具有出色的力学、电学和化学性能，可用于制高性能的电池、传感器、电子器件等。CO_2 可制聚合物、塑料和橡胶等高分子材料，还可以制生物降解材料，如聚乳酸（PLA）和聚羟基脂肪酸酯（PHA）。这些材料可在自然环境中被微生物分解，减少对环境的污染。

在碳封存技术方面，注入井封存、盐水层封存等技术相对成熟，但由于碳封存可能存在安全风险和环境问题，例如，在注入后，需要对储层进行监测，以确保 CO_2 被封存在储层中。可以使用地质勘探、测井等方法进行监测，并记录 CO_2 的封存情况；在 CO_2 封存过程中，需要采取措施避免对环境造成污染和损害，可以采取一系列环境保护措施，如监测地下水水质、防止地面沉降等，并降低石油和天然气等能源的消耗，也可以带来社会及经济效益，如降低环境污染、减少能源成本等。

随着科技的不断进步和创新，CCUS 技术将不断优化和改进，主要围绕 CO_2 捕集率、利用率、封存率和安全性的提高，降低成本和风险等领域。总的来说，天然气利用过程中 CO_2 的捕集技术是实现低碳能源生产的关键一环。随着技术的不断创新和完善，相信这一技术将在未来发挥越来越重要的作用，为全球应对气候变化和实现可持续发展目标做出重要贡献。

7.4.3　天然气与新能源融合

"双碳"背景下，我国能源结构加速向多元化、清洁化和低碳化转变。天然气作为一种相对清洁高效的化石能源，是构建新型能源体系的主要能源。天然气作为新能源的"伙伴能源"，在我国能源系统转型过程中发挥重要作用。为促进天然气与新能源的融合发展，有必要对天然气与光伏发电、风电、地热、氢能等新能源融合发展路径进行研究。本节所述的新能源是指太阳能、风能、地热能、氢能、生物质能等。天然气与新能源融合主要涉及电力和热力领域，融合路径分为纵向（沿天然气产业链）和横向（与不同新能源品种）两个维度。

1. 纵向维度

天然气与新能源在纵向维度的融合发展，是指通过天然气与新能源的协同布局，技术协同创新，以及体制机制、法规标准等协同改革，推动天然气在上游生产、中游输配、下游利用等环节与新能源进行因地制宜的融合，实现能源供应更高质量，系统运行更加协调，资源利用更有效率的一种发展模式。天然气与新能源融合发展路径如图 7-21 所示。

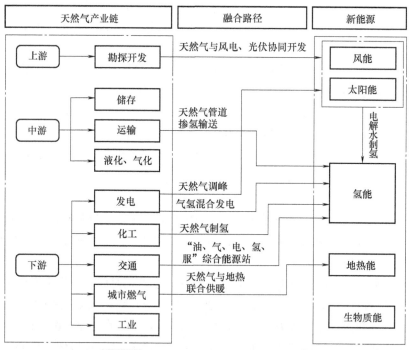

图 7-21 天然气与新能源融合发展路径

在上游领域：可以实现天然气与风能、太阳能等新能源的协同开发，提高资源利用率，同时利用新能源发电可以有效降低油气田用能，提高低碳化水平。海上风电开发与海上油气田开发具有极强的协同效应：一方面，可以利用海上油气田工程地质资料、环境数据、施工资源等，实现与海上风电开发共建共享，降低海上风电开发边际成本，同时可以利用海上风电给海上平台供电，在降碳的同时提高海上风电的经济性；另一方面，海上油气田生产的天然气用于发电可以更大规模地为海上风电资源提供调峰服务，提高海上风电的消纳，远期可以利用海上风电制氢来缓解弃风现象，这也是未来深海风电实现输送的可能方式。

在中游领域：首先可通过天然气管道掺氢输送实现与氢能的融合；其次，天然气主干管道中输送的天然气压力通常较高，而给下游终端用户的供气压力通常较低，这就需要通过调压站进行降压，在调压的过程中释放出大量的能量，可将此压力能回收利用进行发电，降低用能成本；最后，在液化天然气（LNG）汽化转化为常温气态的过程中，可以释放大量的冷能，对 LNG 冷能进行充分合理的回收利用，可以极大地提高 LNG 接收站能源利用效率，提高经济效益。

在下游领域：天然气发电可作为新能源电力的调峰电源，在天然气中掺入一定比例的氢气可以提高发电效率，提升燃气发电的经济性，并且降低碳排放。此外，利用新能源谷电制造压缩空气，可将燃气发电的效率提升 20% ~25%，碳排放相应降低。在化工领域，天然气可参与制氢。在交通领域，可打造"油、气、电、氢、服"综合能源站。在城市燃气领域，天然气可与地热能等融合实现联合供暖。

2. 横向维度

天然气与新能源在横向维度的融合，是指通过天然气与多种能源产品互补，开拓单一能源产品无法高效开发的潜在市场，主要包括天然气与风能、太阳能融合，天然气与氢能融合，以及天然气与地热能融合。

（1）天然气与风能、太阳能融合　天然气与风能、太阳能融合主要是天然气发电参与风电、光伏发电调峰。在构建新型能源体系过程中，电力系统灵活调节能力对于支撑高比例新能源并网、提高大电网运行安全性和可靠性至关重要。灵活性资源主要包括煤电灵活性改造、燃气机组、抽水蓄能和电化学储能。其中，抽水蓄能是较好的调峰方式，但受制于地理条件，发展空间受限；电化学储能大规模应用尚需时日，且发展上限需考虑锂、钴、镍等资源约束；相较于燃煤发电，燃气发电调峰技术成熟，碳排放强度约为燃煤发电的 50%，且负荷调节范围宽、响应快速，是未来较好的调峰选择。

（2）天然气与氢能融合　氢能产业主要分为上游制氢、中游储运和下游利用三大环节。氢能与天然气在产业链上具有相似的特征，具有融合发展的可能性。

上游领域的融合主要是在天然气制氢方面。可以通过以下 3 种方式进行天然气制氢：在天然气资源地重整制氢，二氧化碳就近封存，实现"灰氢"变"绿氢"；在天然气加注站利用小型设备制氢，实现气氢联合加注；依托 LNG 接收站天然气重整制氢，利用冷能的同时副产干冰。

天然气与氢能在中游储运领域的融合主要是天然气管道掺氢输送。与新建纯氢输送管道相比，天然气管道掺氢输送投资低、经济性相对较好，且可以利用天然气管道已有的终端客户资源，便于推广。但天然气管道掺入氢气后，可能造成运输效率下降，同时涉及氢脆问题等，管线钢等级越高，氢脆敏感性越大。对于在运行的天然气管道掺氢，需要根据实际情况进行评估。应继续加强在掺氢比、混氢工艺、管材相容性及终端设备适应性等方面的技术研究并完善相关标准体系，推动天然气掺氢的技术应用，促进氢能产业的大力发展。支线管网钢材等级相对较低，可以优先考虑在支线管网掺氢输送供终端用户使用，在提高能源效率的同时减少碳排放。未来，随着技术不断成熟，可将西北地区可再生能源制取的氢掺入天然气管道，大规模输送至中东部氢能需求较大的地区。

天然气与氢能在下游领域的融合主要有气氢综合加注，以及天然气与氢气混合燃料的燃气轮机。在氢燃料电池汽车尚未大规模发展时，可以"以气养氢"实现过渡。随着小型化天然气制氢设备成本下降，氢燃料电池汽车达到一定规模后，天然气加注站内制氢具有较好的经济性和较大的发展潜力。未来逐步打造"油、气、电、氢、服"综合能源站，不仅能给汽车加油、加气，还能实现充电、加氢等，实现价值最大化。此外，在对现有燃气发电厂进行适当调整后，在联合循环机组中混掺一定比例的氢气燃烧，可以大幅降低碳排放量。

（3）天然气与地热能融合　天然气与地热能融合路径主要为联合供暖。地热水通过换热器换热达到热网设计水温后进行供热，若地热井出水温度较高，可以设置多级换热器，通过充分的阶梯换热实现能源高效利用。地热能可能存在出水不稳定和衰减现象，可通过与天然气联合供热，构建以地热为基础能源，天然气作为补充能源的联合供热模式，实现能源合理配置，推动能源高效利用。

　　综上，天然气是最为清洁的化石能源和重要的工业原料，承担着服务民生、服务经济发展、服务国家战略等重要功能，"双碳"目标下将补位和替代高碳高污染能源，促进能源系统减污降碳协同发展，是中国社会经济发展和生态文明建设不可或缺的基础性能源。天然气具有灵活、高效、易储等特性，是可再生能源大规模发展的最佳伙伴，在未来新型能源体系构建中将起到稳定器和调节器作用，促进风能、太阳能等大规模开发利用和平稳外输。此外，天然气与氢气具有先天协同优势，应通过天然气制氢+CCUS、现有储运设施掺氢输送、燃气轮机掺氢发电等，在助力氢能发展的同时实现自身低碳无碳发展。

　　天然气与新能源融合发展有助于兼顾能源清洁化与能源安全双重目标，对我国实现"双碳"目标具有重要的推动作用，是未来发展的趋势。

参考文献

[1] 魏顺安. 天然气化工工艺学 [M]. 北京：化学工业出版社，2009.

[2] 杨光，王登海. 天然气工程概论 [M]. 北京：中国石化出版社，2013.

[3] 米镇涛. 化学工艺学 [M]. 2版. 北京：化学工业出版社，2006.

[4] 邹长军，张辉，张海娜. 石油化工工艺学 [M]. 2版. 北京：化学工业出版社，2024.

[5] 山红红，张孔远. 石油化工工艺学 [M]. 北京：科学出版社，2019.

[6] 贺永德. 现代煤化工技术手册 [M]. 3版. 北京：化学工业出版社，2020.

[7] 祁晓峰. 石油与人类的关系 [J]. 科技创新导报，2012 (24)：232.

[8] 李美莹，王航，尹时雨. 我国煤炭资源特点及其利用 [J]. 当代石油石化，2015，23 (11)：24-28.

[9] 苏培东，陆星好，徐学渊，等. 油气开采过程中地质环境问题研究现状与展望 [J]. 安全与环境工程，2024，31 (2)：147-163；172.

[10] 路尚怡. 天然气利用对环境影响的探讨 [J]. 化工管理，2016 (19)：144.

[11] 张波. 石油地质开采防污措施的应用方法 [J]. 中国石油和化工标准与质量，2022，42 (17)：46-48.

[12] 胡月. 论我国煤炭资源利用的环境影响现状及对策 [J]. 山西焦煤科技，2015，39 (7)：45-48；56.

[13] 张松. 新型能源体系下我国煤炭清洁高效利用途径研究 [J]. 煤炭经济研究，2023，43 (9)：71-77.

[14] 王伟刚. 新能源风力发电的研究综述 [J]. 电工技术，2024 (4)：49-52.

[15] 中国国际发展知识中心. 全球能源绿色低碳发展有待提速 [J]. 中国发展观察，2024 (4)：115-118.

[16] 葛世荣，樊静丽，刘淑琴，等. 低碳化现代煤基能源技术体系及开发战略 [J]. 煤炭学报，2024，49 (1)：203-223.

[17] 王震，刘明明，郭海涛. 中国能源清洁低碳化利用的战略路径 [J]. 天然气工业，2016，36 (4)：96-102.

[18] 林堂茂，刘小多，孙雪婷. 石化行业面对"双碳"目标的应对措施 [J]. 现代化工，2023，43 (3)：1-5.

[19] 缪明. 浅谈中国页岩气开发活动对环境的影响及建议 [J]. 西部资源，2019 (6)：44-45.

[20] 徐顺义. "双碳"背景下天然气化工技术发展及碳减排量预测探究 [J]. 化工设计通讯，2024，50 (2)：131-133；140.

[21] 黄辉，刘明明，王建良. "双碳"目标下中国天然气发展定位与政策建议 [J]. 城市燃气，2023 (6)：29-34.

[22] 温源远，蓝艳，于晓龙，等. 可再生能源的发展现状及趋势 [J]. 环境保护，2024，52 (5)：68-72.

[23] 张显，王彩霞，谢开，等. "双碳"目标下中国绿色电力市场建设关键问题 [J]. 电力系统自动化，2024，48 (4)：25-33.

[24] 王圣，庄柯，徐静馨. 全球绿色电力及我国电力低碳发展分析 [J]. 环境保护，2022，50 (19)：37-41.

[25] 许峰. 低碳经济背景下的中国能源安全战略研究 [D]. 武汉：中国地质大学，2015.

[26] 吕清刚，柴祯. "双碳"目标下的化石能源高效清洁利用 [J]. 中国科学院院刊，2022，37 (4)：541-548.